U0173455

宋代以来江南的
水利、环境与社会

孙景超　著

齐鲁书社

图书在版编目（CIP）数据

宋代以来江南的水利、环境与社会 / 孙景超著. --
济南 ：齐鲁书社，2020.4
　ISBN 978-7-5333-3789-6

　Ⅰ．①宋… Ⅱ．①孙… Ⅲ．①水利史－研究－华东地
区－宋代 Ⅳ．①TV-092

中国版本图书馆CIP数据核字(2017)第140667号

宋代以来江南的水利、环境与社会

SONGDAI YILAI JIANGNAN DE SHUILI HUANJING YU SHEHUI

孙景超　著

主管单位	山东出版传媒股份有限公司
出版发行	齐鲁书社
社　　址	济南市英雄山路189号
邮　　编	250002
网　　址	www.qlss.com.cn
电子邮箱	qilupress@126.com
营销中心	（0531）82098521　82098519
印　　刷	山东泰安新华印务有限责任公司
开　　本	880mm×1230mm　1/32
印　　张	12.5
插　　页	3
字　　数	320千
版　　次	2020年4月第1版
印　　次	2020年4月第1次印刷
标准书号	ISBN 978-7-5333-3789-6
定　　价	56.00元

序

  历史上江南区域水利和社会的研究已成为近几十年来中外学者研究的热门课题,已刊发的论文和著作可谓汗牛充栋,其中不乏高水平的论著,将江南水利和社会的研究提升到了一个很高的水平。因此,研究这个课题起点很高,要想在前人基础上有所创新,有所发现,难度较大。

  江南地区自宋代以来,成为全国经济的重心,是宋代以后历代王朝经济命脉所系。故千年以来,无论中央朝廷还是地方政府对以太湖流域为中心的江南水利格外关注。我国地域广大,自然条件复杂,各地区对水利的要求差异很大。西北地区主要怕旱,所以水利重点在蓄水;华北地区主要怕涝,所以水利重点在排水。而江南地区地形特殊,是以太湖为中心的碟形洼地,区中心地区河湖密布,水系发达,而周边地势高仰,于是出现对水环境的不同要求。高地怕旱,低地怕涝,而东边临海,又有潮汐的侵扰。由于水利环境的特殊性和复杂性,其水利措施非单纯蓄或排的措施所能解决。故宋代以来对江南地区水利措施的主张很多,论著不少,留下文献极多。特别是当地士大夫因其所处地域不同,对江南水利设施各有见解,留下的有关议论亦极多。但自明清以来,江南水利问题始终未能妥善解决。其原因盖在各局部地区利益不一之故,由此也成为后代学者研究兴趣所在。

  本书在已有的众多有关著作中,再次论及宋代以来江南水利与社会问题是否还有可读之处呢？本人作为第一读者，略陈己见。

第一，如上所言，宋代以来有关江南水利文献极为丰富。本书首先对有关文献主要是水利志书进行了细致的梳理，厘清其发展脉络，并对相关水利议论及其实际基础进行了简要评述；指出当时不同水利见解，实际是从不同地域利益出发，与不同的政治、经济等利益诉求有关；并分析了各种治水议论乃至具体治水措施的影响，揭示了这一地区水利事业的复杂性。这部分实际是对前人对江南水利主张、措施、效果的一次总结，对江南水利史的研究者当有极大启示。

第二，本书作者对江南水利研究与以往研究不同，有其特殊的视角。其是从潮汐影响入手，对江南地区感潮区的变动，包括季节差异、成分差异、地域差异以及风向的影响，造成潮汐影响的后果不同，复原了历史时期感潮区的范围及其历史变化。形成感潮区范围有几个因素：一是河流水文的影响，二是海平面的升降和海岸线的涨坍，三是人为水利工程塘坝、闸堰、洞窦的修筑。本书专门讨论了感潮区水利格局与环境，指出高田区蓄水灌溉与低田区排水防涝的矛盾，以及潮汐带来的浑潮泥沙对农耕环境造成的深远影响。

第三，潮汐对感潮地区的环境变化的影响并不仅限于自然生态层面，整个江南地区水利格局也随之改变。其中最突出的是区域水利利益博弈引发的矛盾。这种矛盾普遍存在于省际、府际、县际乃至于基层区域。本书以青浦县为例，青浦县在低乡，明清时期浑潮输入，河流淤塞，水患严重。故其主要水利是排水，姚冈泾为其主要排水干流，而姚冈泾下游在松江府城所在的娄县境内，于是上下游在筑坝、拆坝等水利措施上发生了矛盾。这在传统社会里是常态。由此可以窥测江南地区水利与社会矛盾中的一些基本问题。

第四,通过对感潮区水利问题的探索,对江南地区农业环境、生态系统与社会生活,包括土壤构成、肥力状况、生物群落的转移以及江南内部水利博弈等方面的问题予以阐述,进而考虑到今后江南地区水利的对策,具有一定的现实意义。

本书虽不能称为鸿篇巨制,但对宋代以来江南水利格局的形成和变化,从新的角度加以探索,无疑对江南水利与社会的研究,当有添砖加瓦之功。

是为序。

邹逸麟

2017 年 3 月 20 日

目　录

第一章 绪论

第一节 引论

　　水利是人类社会为了生存和发展的需要,采取各种措施,对自然界的水和水域进行控制和调配,以防治水旱灾害,开发利用和保护水资源。[①] 作为重要的生产与生活活动,水利与中国的历史进程紧密相关,中华文明的起源、传承与持续发展,都与水利有着密不可分的关系,诚如司马迁所感慨:"甚哉,水之为利害也!"[②]在中国长期的历史过程中,始终以农业经济为主,水利正是农业的命脉,其重要性不言而喻,水能为利,亦可为害,其关键在于水利事业。明代徐光启云:"水利者,农之本也,无水则无田矣。"[③]清代钱泳辩证地总结道:"水得其用,可以挽凶而为丰,化瘠以为沃,利莫大焉。水不得其用,可以反丰而致凶,化沃以为瘠,害莫甚焉。"[④]近代以来,在人民生活、城市建设、工矿业发展、水运交通等方面,水利占

---

　　①　《中国大百科全书》总编辑委员会编:《中国大百科全书·水利》,中国大百科全书出版社 2002 年版,第 1 页。

　　②　〔西汉〕司马迁:《史记》卷二九《河渠书》,中华书局 1959 年版,第 1415 页。

　　③　〔明〕徐光启撰,石声汉校注,西北农学院古农学研究室整理:《农政全书校注》,上海古籍出版社 1979 年版,"凡例"第 2 页。

　　④　〔清〕钱泳撰,张伟校点:《履园丛话》卷四《水学》,中华书局 1979 年版,第 98 页。

有重要的地位;直到今天,水利的得失依然在深刻影响着环境、经济与社会的发展。对于水利得失的衡量,既需要了解现实条件,也要求诸历史经验。

水利之于历史与社会发展的关系与影响,很早就为中外学者所关注。马克思在对"亚细亚生产方式"的论述中以印度和中东为研究对象,探讨了治水事业与东方专制社会形成之间的关系。① 这一理论被德裔美国学者卡尔・A. 魏特夫(Karl A. Wittfogel)所继承并加以发挥,于1957年提出了"东方专制主义",他认为东方社会尤其是中国,在治水活动中形成了所谓的"治水社会",并发展出了一整套"治水政治"和"治水文化",从而把"农耕文明"彻底东方化,与西方文明相对立。② 这一理论由于带有浓厚的政治意识色彩而引发了激烈的争论,可谓是毁誉参半。③ 但就其学术意义而言,它仍为我们开创了一种新的研究思路,同时引发了学界对于水利与社会政治关系问题研究的重视。冀朝鼎的经典著作《中国历史上的基本经济区与水利事业的发展》(*Key Economic Areas in Chinese History*)则备受学界推崇。④ 冀朝鼎认为中国历史上存在着"基本经济区"的区域,基本经济区相对于其他地区要重要得多;如果某一集团控制了基本经济区,就有可能获得对其他区域的支配地位,从而可能奠定其政治领导

---

① 秦晖:《"治水社会论"批判》,见《经济观察报》2007年2月19日。

② 详参〔美〕卡尔・A. 魏特夫(Karl A. Wittfogel)著,徐式谷等译《东方专制主义》,中国社会科学出版社1989年版。

③ 详参李祖德、陈启能主编《评魏特夫的〈东方专制主义〉》,中国社会科学出版社1997年版。

④ 冀朝鼎著,朱诗鳌译:《中国历史上的基本经济区与水利事业的发展》,中国社会科学出版社1981年版。按:本文为作者1934年在哥伦比亚大学的博士学位论文。

权;该集团为了建立和维护该区域的重要地位,又会给它以特别的重视。正是由于统治者对基本经济区的重要性有了深刻认知,才会力保此区域生产的繁荣而加大在该区的水利建设投入;同时,为了通过基本经济区控制其他地区,以及为了满足征收赋税的无尽欲望,统治者会兴建大型水利工程以建立连接各区域的水道系统,而且也会不时鼓励其他地区水利的兴修。冀氏的上述论点基本为中国史学界所接受,并以之为基础,展开了"经济重心转移"的学术讨论。

自唐宋以来,太湖流域即江南地区成为古代中国的"基本经济区"。唐代韩愈所言:"当今赋出于天下,江南居十九。"①明代丘濬在《大学衍义补》中,又进一步补充称:"以今观之,浙东西又居江南十九,而苏、松、常、嘉、湖五郡,又居二浙十九也。"清初顾炎武更列举出数据,"苏州一府七县,其垦田九万六千五百六顷,居天下八百四十九万六千余顷田数之中,而出二百八十万九千石税粮于天下二千九百四十余万石岁额之内,其科征之重,民力之竭,可知也已"②。直到今天,江南地区仍是中国经济最为发达的地区之一。在水乡泽国的江南地区,水利活动在这一转变过程中的重要作用自不待言。

在古代生产力水平的限制之下,江南的发展较为后起,司马迁《史记》记载秦汉时期当地的情况非常落后:"楚越之地,地广人希,饭稻羹鱼,或火耕而水耨,果隋蠃蛤,不待贾而足,地埶饶食,无饥馑之患,以故呰窳偷生,无积聚而多贫。是故江、淮以南,无冻饿之

---

① 〔唐〕韩愈:《朱文公校昌黎先生文集》卷一九《送陆歙州诗序》,《四部丛刊》本。

② 〔清〕顾炎武撰,严文儒、戴扬本校点:《顾炎武全集·日知录》卷一〇《苏松二府田赋之重》,上海古籍出版社 2012 年版,第 435 页。

人,亦无千金之家。"①经过数百年的开发,至南朝宋时,三吴地区已经是一派繁荣景象,"江南之为国盛矣……地广野丰,民勤本业,一岁或稔,则数郡忘饥"。尤其是江南地区所在的扬州最为发达,"扬部有全吴之沃,鱼盐杞梓之利,充仞八方,丝绵布帛之饶,覆衣天下"②;延至唐宋,随着人口的大量南迁与农业、水利的进步,中国完成了经济重心的迁移,"苏湖熟,天下足",由此奠定了江南地区在整个中国的经济重心地位③;此后直到明清时期,江南地区终于发展形成了精耕细作的稻麦两熟、盛产丝棉的农业体系,在此基础上,又有发达的市镇经济和对外贸易。直到今天,江南地区仍然是中国主要的经济发达地区之一。作为农业发展的重要基础,水利事业的重要性不容忽视,明清时人论道:"六郡(苏、松、常、杭、嘉、湖)所出,纯为粳稻。郊庙之粢盛在此,内府之珍膳在此,百僚之俸给、六军之粮饷亦在此;至于京师士庶以亿万计,亦皆待饱于给饷之余。是六郡之赋税,诚国家之基本,生民之命脉,不可一日而不经理也。"一旦水利出了问题,其社会影响极为重大,因此其水利事业必然要引起统治者的重视,"若水道不通,为六郡农田之害,所系亦重矣,司国计而任牧民者岂可不加之意乎?"④

显然,在整个江南地区的开发过程中,水利问题的重要性不言

①　〔西汉〕司马迁:《史记》卷一二九《货殖列传》,中华书局1959年版,第3270页。

②　〔南朝梁〕沈约:《宋书》,中华书局1974年版,第1540页。

③　关于中国古代经济重心南移的问题,很早即受学界关注,也颇有争议,具体可参考郑学檬《中国古代经济重心南移和唐宋江南经济研究》,岳麓书社2003年版。

④　〔明〕姚文灏编辑,汪家伦校注:《浙西水利书校注》之《叶给事廷缙〈请赈饥治水奏〉》,农业出版社1984年版,第101页。

而喻。从自然条件上来看,江南地区所在的太湖流域滨海沿江,受内河水系与海洋潮汐力量的多重影响,水文条件极为复杂。除内陆径流外,这一地区的水利环境又深受海洋潮汐的影响,在长期的历史过程中,人们对潮汐现象及其影响的认识、利用与应对,也是该地区水利史上的重大问题。同时,整个流域内地理环境并非铁板一块,在局部微环境上存在有相当大的差异,与之相应,各个地区的水利技术问题也复杂多样。治水既是对自然环境的适应与利用,也是对自然环境进行人工化的改造。以江南地区著名的塘浦圩田体系为代表,自然环境的人工化改造表现得尤为明显,从围湖造田开始,到后来的分圩、并圩的转变,同时还有坍田、埠田、坦田等特殊形制的圩田的存在与发展,均与这一地区水利环境的差异与变化密切相关。在具体的治水活动中,来水、排水通道的维持与开浚,经费、夫役的征派和使用等问题,又使单纯的水利从技术问题上升为复杂的社会问题;由于区域内的地区差异,这些问题在各地往往有不同的表现形式。在江南繁华之地文化发达,由于关乎切身利益,时人在这些问题上有非常多的议论与争端,上游与下游之间、高地区与低地区之间的水利矛盾很突出,行政区与水利区划的不同也往往导致矛盾丛生,有些问题甚至持续到今天尚未能圆满解决。透过对这些差异的揭示与问题的讨论,水利对江南历史发展问题的重要性得以彰显,以水利技术问题为基础,技术与环境、社会的关系问题也由此提出。无疑,以水利问题为切入点,对这些问题进行通盘考虑,才能对江南地区自宋代以来的历史轨迹有更加清晰的认识。

第二节　学术史回顾与评析

对于江南地区的研究无疑是当前学术研究中的热点之一,在经济史、社会史、农业史、水利史等方面所取得的成果之丰富，在中国的区域史研究中居于显要地位。江南地区自古即是水乡泽国，自唐、宋以来，成为古代中国的经济文化重心所在，水利文献与水利议论亦是丰富多样，仅以水利志书为例，单从数量上来看仅次于黄河与运河。因此，相关研究所取得的成果也是非常丰富。目前国内关于江南水利史研究的成果，主要来自三个方面：水利史学界的研究、农史学界的研究和历史地理学界的研究。以下分别简述之。

水利史学界的研究起步较早。民国时期为治理太湖，先后有太湖流域管理局、江苏水利协会、江浙水利联合调查委员会等机构，1931年又成立了全国性的中国水利学会，注重实地调查，推广新式水利技术，编辑出版有《太湖流域水利季刊》《江苏水利协会杂志》《江苏水利局月刊》《水利委员会汇刊》等刊物，郑肇经、姚汉源、汪胡桢、李书田、胡雨人等人留意于水利史研究，并有不少著作、文章与调查资料等成果问世。这些成果主要有汪胡桢主编"中国水利珍本丛书"系列、李书田等著《中国水利问题》（商务印书馆1936年版）等。1949年之后，对于水利史研究比较重要的研究机构是中国水利水电科学院水利史研究室（前身为创立于1936年的整理水利文献委员会）、水利部太湖流域管理局、江苏省水利厅以及中国科学院南京地理与湖泊研究所等单位。水利史学界除了有大量的资料整理和实地调查勘测工作外，也有相当多的研究成果出版，其中比较重要的是《太湖水利史论文集》（中国水利学会水利史研究会、江苏省水利史志编纂委员会编1986年版），郑肇经主编《太湖水利技术史》（农业出版社1987年版）及《太湖水利史稿》（《太湖水利史稿》编写组，河海大学出版社1993年版）。这三部著作可以说是研究太湖流域水利问题的基本论著，除了对太湖流域水利史的历史发展轨迹以及相关的重要问题予以探讨外，还在水利技术层面进行了较为完善的专业工作,为后来的研究奠定了技术基础。此外,汪家伦、张芳编著的《中国农田水利史》(农业出版社1990年版)、姚汉源的《中国水利史纲要》(水利电力出版社1987年版,2005年上海人民出版社将其更名为《中国水利发展史》再度出版)、《中国水利史稿》(水利电力出版社1985年版)以及周魁一的《中国科学技术史·水利卷》(卢嘉锡总主编,科学出版社2002年版)中的也有大量与太湖水利相关的部分,可供参考。更有一些调查勘测资料,如《苏南湖泊调查》《江苏湖泊志》等,都是极有价值的资料,还有大量的学术文章等,也有重要参考价值。水利史学界的研究者多是专业的水利工作者,具备很强的专业技术背景。其研究成果主要集中于水利工程技术层面,尤其是通过对古代水利工程文献的现代解读,复原古代水利技术的发展水平,并由此为今天的水利建设尤其是宏观的科学决策提供有益的借鉴。① 正是借助于他们的研究成果,我们才可以从现代科学的视角出发来理解古代水利技术的发展水平及其社会作用,并由此扩展研究的广度与深度。

农史学界:水利是农业的命脉,水利史也是农业史研究中的重要内容。相关的研究成果众多,中国农业科学院南京农业大学中国农业遗产研究室(现名中华农业文明研究院)所做贡献尤为突出,其前身是成立于1921年的金陵大学图书馆农业史资料组,主要关注农业史资料收集研究工作。中华农业文明研究院前后的研究成果除了陆续出版的《中国农学遗产选集》外,对于太湖流域的农田水利史研究也值得关注,其比较重要的集体成果有《太湖地区

---

① 详参考谭徐明《水利史研究室70年历程回顾》,见中国水利水电科学院水利史研究室编《历史的探索与研究——水利史研究文集》,黄河水利出版社2006年版,第3~6页。

农业史稿》（农业出版社 1990 年版）和《太湖地区农史论文集》（中国农业遗产研究室太湖农史组编辑 1985 年版），个人著作有缪启愉的《太湖塘浦圩田史研究》（农业出版社 1985 年版）、张芳《明清农田水利研究》（中国农业科技出版社 1998 年版）。这些研究成果，全面考察了太湖流域塘浦圩田的发展历史与技术细节，并深入探讨了与塘浦圩田相关的水系变迁、圩田发展与围湖造田等问题。此外，江苏省农林厅编的《江苏农业发展史略》（江苏科学技术出版社 1992 年版）、太湖流域各地市农业部门编著的"农业史志"等亦颇有价值，可供参考。[①] 农史学界研究成果的特点主要在于将水利史放在农业发展的视野之下，注重揭示水利事业在区域农业开发中的作用，有利于理解水利史与农业发展的关系，对与农业史相关的技术层面的研究也很深入。

历史地理学界：历史地理学的研究包含历史自然地理与历史人文地理两个方面，尤以历史农业地理及环境变迁的研究为主。历史农业地理方面的主要成果有韩茂莉《宋代农业地理》（山西古籍出版社 1993 年版）、吴宏岐《元代农业地理》（西安地图出版社 1997 年版）、王社教《苏皖浙赣地区明代农业地理研究》（陕西师范大学出版社 1998 年版）。这三部著作虽是断代或区域性著作，但对太湖流域均做了重点关注。环境变迁方面的成果有魏嵩山《太湖流域开发探源》（江西教育出版社 1993 年版）、冯贤亮《明清江南地区的环境变动与社会控制》（上海人民出版社 2002 年版）、《太湖

---

① 农史学界的相关成果，可参考中国农业博物馆资料室编《中国农史论文目录索引》，中国农业出版社 1992 年版；李根蟠、王小嘉《中国农业历史研究的回顾与展望》，载《古今农业》2003 年第 3 期及黄淑美、伍慕仪编《〈农业考古〉〈中国农史〉〈农史研究〉〈古今农业〉论文资料目录索引（1980—2004）》，载《农业考古》2005 年第 3 期。

平原的环境刻画与城乡变迁（1368—1912）》（上海人民出版社
2008 年版）、《近世浙西的环境、水利与社会》（中国社会科学出版
社 2010 年版），王建革《水乡生态与江南社会（9—20 世纪）》（北京
大学出版社 2013 年版）、《江南环境史研究》（科学出版社 2015 年
版），张根福等《太湖流域人口与生态环境的变迁及社会影响研究
（1851—2005）》（复旦大学出版社 2014 年版）等。这些著作皆为太
湖流域所作的专门论著，对许多问题都做了极为深入的探讨。除
了对一般性的水利发展史有所关注外，历史地理学界的研究成果
更对农业生产力水平（包括稻麦复种、经济作物的种植、市镇经济
的发展）、区域开发、环境变迁等问题有深入研究，谭其骧、邹逸麟、
魏嵩山、张修桂、满志敏、王建革、傅林祥等人对太湖流域的河道水
系、海岸线（含海塘）与河口的复原及其变迁等问题的研究都极具
参考价值。①

　　经济史、社会史学界也有诸多成果，如宋代经济史、明清经济
史等研究，江南地区都是其重要研究对象，均有大量相关成果涌
现。② 比较令人瞩目的是黄宗智、李伯重等人的生产力研究。黄宗
智提出的"过密化"理论早已在学术界引发了广泛的论战，其成果

---

　　① 历史地理学界的研究成果，可参考杜瑜、朱玲玲编《中国历史地理学
论著索引：1900—1980》，书目文献出版社 1986 年版；华林甫《中国历史地理学
五十年：1949—1999》，学苑出版社 2001 年版；林颎《中国历史地理学研究》，福
建人民出版社 2006 年版。

　　② 如中国社会科学院历史研究所、经济研究所和首都师范大学、河北大
学、郑州大学、山东大学的一批著名史学家担任各卷主编的《中国经济通史》，
经济日报出版社 2007 年版，该书共分先秦、秦汉、魏晋南北朝、隋唐五代、宋、
辽夏金、元、明、清九卷，可谓集近 50 年来经济史研究之大成；南京大学范金民
主编《江南社会经济研究》，中国农业出版社 2006 年版。该书共分六朝，隋唐
卷、宋元卷和明清卷三卷，分别由胡阿祥、高荣盛、范金民主编，对六朝至清代
的江南社会经济做了较为全面的探讨。

集中在《华北的小农经济与社会变迁》(中华书局1986年版)和《长江三角洲小农家庭与乡村发展》(中华书局1992年版)两部著作中;李伯重则是经济史学界"加州学派"的代表人物之一,他自20世纪80年代以来,有一系列成果问世,与农业经济相关的主要集中于以下5部著作中:《唐代江南农业的发展》(农业出版社1990年版)、《理论、方法与发展趋势:中国经济史新探》(清华大学出版社2002年版)、《发展与制约:明清江南生产力研究》(台湾联经出版事业股份有限公司2002年版)、《多视角看江南经济史:1250—1850》(生活·读书·新知三联书店2003年版)、《江南农业的发展:1620—1850》(王湘云译,上海古籍出版社2007年版)。黄宗智和李伯重所探讨的主要是以农业为基础的社会经济史领域,尤其是大量运用计量、统计等方法来测算15—19世纪江南的人口、农业生产力以及城乡工业化等问题,大大加深了学界对这些问题的认识,也为之后的研究者提供了有益的借鉴。[①] 此外,中国香港、台湾地区有一些相关的研究成果。[②]

国外研究中以日本学者的研究成果最为丰富,其对中国水利史的研究始于冈崎文夫的《江南文化开发史》(弘文堂1940年版)等著述,并在此后形成专业学会的研究传统,其研究成果达到了非常高的水平。比较具有代表性的专业学会是1965年成立的"中国水利史研究会"组织,该研究会主编了刊物《中国水利史研究》(每年1期),并出版《中国水利史论集》(国书刊行会1981年版)、《中国水利史论丛》(国书刊行会1984年版)、《中国水利史的研究》

---

① 对于加州学派及其学术特点,参见周琳《书写什么样的中国历史?——"加州学派"中国社会经济史研究述评》,载《清华大学学报(哲学社会科学版)》2009年第1期。

② 详参考周惠民主编《1945—2005年台湾地区清史论著目录》,人民出版社2007年版。

（国书刊行会 1995 年版）等集体著作。此外，佐藤武敏、森田明、好并隆司、长濑守等人亦有各自的著作、论文。日本学者的研究主要是从历史的角度来考察水利、水利建设、治水、灌溉、水运、社会经济史和水利的关系、都市水利以及水利和环境等，在此基础上对日本与印度、中国等国家的水利进行比较研究。① 此外，斯波义信、森正夫、川胜守、滨岛敦俊等人关于"江南"地域社会与社会经济、民间信仰等方面的研究成果也与水利史有密切关联，值得关注和参考。比较遗憾的是这些成果极少有中文译本，因此使用起来较为不便。② 除此之外，欧美一些国家的汉学界也对这一问题有所关注。③ 由于相关成果的数量实在众多，以上所列仅是将较有序列的成果列举出来，并未将所有成果包括在内，尤其是还有数量众多的学术论文，限于篇幅后文篇章在引用时会加以注明，兹不一一列举。④

---

① 〔日〕松田吉郎：《日本的中国水利史研究会的历史和现状》，载中国水利水电科学研究院水利史研究室编《历史的探索与研究——水利史研究文集》，黄河水利出版社 2006 年版，第 353～355 页。

② 目前国内可见的主要有〔日〕斯波义信著，方健、何忠礼译《宋代江南经济史研究》，江苏人民出版社 2001 年版；〔日〕滨岛敦俊著，朱海滨译《明清江南农村社会与民间信仰》，厦门大学出版社 2008 年版；刘俊文主编《日本学者研究中国史论著选译》，中华书局 1992 年版；刘俊文主编《日本中青年学者论中国史》，上海古籍出版社 1995 年版等。

③ 马钊主编：《1971—2006 年美国清史论著目录》，人民出版社 2007 年版。

④ 由于文章数量众多且较为分散，为便于检索与使用，除上述所提及著作外，研究者还可检索中国社会科学院历史研究所明史研究室编《中国近八十年明史论著目录》（江苏人民出版社 1981 年版），中国社会科学院历史研究所魏晋隋唐史研究室编《隋唐五代史论著目录》（江苏古籍出版社 1985 年版），中国社科院历史所经济史组编《中国社会经济史论著目录》（齐鲁书社 1988 年版），陈忠平、唐力行主编《江南区域史论著目录：1900—2000》（北京图书馆出版社 2007 年版），方建新编《二十世纪宋史研究论著目录》（北京图书馆出版社 2008 年版），黄爱平主编《清史书目（1911—2011）》（中国人民大学出版社 2014 年版），等等。

历史在不断前进,史学也在不断发展,以发展的眼光来看待,可以发现既有研究的问题与不足之处。王家范总结明清江南研究的成果与缺陷,得出论断:"综合观察过去的明清江南研究群体,有三个特点比较明显:(一)多数止步于1840年前,延伸至晚清不多,更少'入侵'到民国时期。(二)多数偏好于狭小太湖流域,江南成了只有'中心'而无层级、边缘推衍演变的'琼岛',研究的整体意义大为减弱。(三)主要以开发方志、笔记(附以少数文集)见长,以全'江南'、大时段的综合居多,各种专题分解不全(集中于城镇、经贸),较小单位(一县、一乡、一村)个案考察与区域内比较研究也相对薄弱,且没有形成扩散性效应,一定程度折射出目前存在史料取材重复、开发不足的缺陷,成了制约明清江南研究的瓶颈。没有这方面的显著突破,新的局面就不容易打开。"①这一评价是就当前最为热门的明清江南经济、社会等方面的研究而言的,但对于水利史研究来说,这一评价也是非常适用的。

具体来看,以往研究多以断代的短时段研究为主,"我国学者的区域研究,多以王朝兴废或政治事件断代,前后延伸不多。例如研究明清江南经济史者,所涉及时间常不出明清两代,甚至上不出正(德)、嘉(靖),下不出嘉(庆)、道(光),罕有上推至宋元,下延及清末民初者,更不用说更早与更迟了"②。断代的短时限研究固然可以使研究更加深入和精细,但也容易使研究失之于琐碎,难以总结出长时段的历史发展轨迹。就研究地域层面而言,范金民曾指

① 王家范:《明清江南研究的期待与检讨》,载《学术月刊》2006年第6期。

② 李伯重:《斯波义信〈宋代江南经济史研究〉评介》,载《中国经济史研究》1990年第4期。

出:"研究的地域范围,由于受资料的局限,实际上始终未能涵盖到整个'江南'。既有研究几乎全部集中在相当于明清时期的苏、松、太、杭、嘉、湖五府一州地域,而对江宁、镇江两府几乎未予注目,对常州一府也论者较少。"①这一论断无疑是正确的,通过对已有研究成果的检索与整理,可以非常明显地发现,对太湖流域西北部地区的专题研究,在研究的深度与广度、质量与数量上,都与东南部地区之间存在着巨大的差距。众所周知,自唐宋以来太湖流域(即江南地区)就成为中国的"基本经济区",那么作为其重要的组成部分,太湖流域西北部地区研究的缺失无疑是巨大的缺憾;目前的"江南"研究得出的结论绝大部分是建立在对太湖流域东南部地区(即苏、松、太、杭、嘉、湖等府州)史料研究的基础上,并以一种"选精"与"集粹"的研究方法来进行论证②,因此这种研究的结论自然难以完全代表整个太湖流域的真实面貌。随着环境问题日益为世人所关注,环境史学日益为学界所重视,以水利作为切入点也是环境史研究的重要手段。在具体的研究内容上,虽然水利史的研究成果很多,专注于水利与社会关系的研究也不少,但将水利、环境与社会三方面紧密结合的研究成果还并不多见,在探讨的深度和

---

① 范金民:《江南市镇史研究的走向》,载《史学月刊》2004 年第 8 期。范氏所论虽是就市镇史研究所作的评价,但对于整个江南研究的状况也同样适用。

② "选精""集粹"是李伯重在反思江南经济史研究时对当前研究存在弊端的总结,即将某些例证所反映的具体的和特殊的现象加以普遍化,从而使之丧失了真实性。显然,在目前的江南研究中,这个问题是普遍存在的,详参考李伯重《"选精""集粹"与"宋代江南农业革命"——对传统经济史研究方法的检讨》,载《中国社会科学》2000 年第 1 期。

广度上也有待加强。①

尤其是近些年来频发的海洋灾害,如 2004 年 12 月 26 日发生的印度洋大海啸,2005 年 8 月影响美国的卡特里娜飓风,以及 2011 年日本地震引发的福岛核电站泄露等,都以其巨大的破坏性给人们的生命财产造成了极大的危害,也激发了学界对海洋灾害的持续深入关注。海洋灾害及其影响研究一时间成为学术热点,一批研究成果迅速涌现,使得相关研究大为增多。② 江南地区滨海临江,从历史资料来看,正是受海洋潮汐影响最为显著的地区之一,这一影响在以往的研究中基本都被忽视;潮汐的影响并非是临时

---

① 关于国内目前环境史研究的进展,可参考张国旺《近年来中国环境史研究综述》,载《中国史研究动态》2003 年第 3 期;佳宏伟《近十年来生态环境变迁史研究综述》,载《史学月刊》2004 年第 6 期;汪志国《20 世纪 80 年代以来生态环境史研究综述》,载《古今农业》2005 年第 3 期;高凯《20 世纪以来国内环境史研究的述评》,载《历史教学》2006 年第 11 期;梁志平《近三十年来中国历史上环境与资源保护研究综述》,载《农业考古》2008 年第 6 期。关于环境史的学科属性与定义,目前国内学者多有不同意见,有"生态史""环境史""生态环境史""环境历史学"等多种不同叫法;从国际史学界来看,已经有了相当多的讨论,基本上明确了"环境史"(Environmental History)的目标是考察人与环境的历史关系,而不仅仅是"环境的历史"(The History of Environment)。关于这些讨论,详参考上述研究综述及包茂宏《环境史:历史、理论和方法》,载《史学理论研究》2000 年第 4 期;景爱《环境史:定义、内容与方法》,《史学月刊》2004 年第 3 期;高国荣《什么是环境史?》,载《郑州大学学报(哲学社会科学版)》2005 年第 1 期;王利华《生态环境史的学术界域与学科定位》,载《学术研究》2006 年第 9 期;刘翠溶《中国环境史研究刍议》,载《南开学报(哲学社会科学版)》2006 年第 2 期;王利华《生态——社会史研究圆桌会议述评》,载《史学理论研究》2008 年第 4 期;陶婵娟《中国大陆学者关于国外环境史的研究综述(1999—2006)》,载《红河学院学报》2008 年第 4 期。相关讨论的文章还有很多,在此不一一列举。

② 于运全:《20 世纪以来中国海洋灾害史研究评述》,载《中国史研究动态》2004 年第 12 期。

性的,而是始终存在并将继续存在下去的,此种影响在过去的影响范围如何,发生过哪些重大变化,其发展变化有无规律可循,其影响、方式与力度如何,其变化趋势如何等,均是急待解决的问题。以上不足与问题都需要在今后的研究中予以重视,这些问题正是本书所要关注的内容。

第三节 江南水利的特性

一、水利环境与技术的复杂性

江南地区水利的特性,首先体现在水利环境与水利技术的复杂性方面。在水利环境上,滨江沿海的地理位置,使得江南地区水利问题的复杂性超出一般地区。在水系格局上,江南水乡泽国河网密布,"三吴,泽国也,万水所归,东环沧海,西临具区,南抵钱塘,北枕扬子。其中潴蓄者,则有庞山、阳城、沙河、昆城诸水;宣泄者,则有吴淞、浏河、白茅、七浦诸水,纵横联络"①。不同水体的具体名目则更为复杂繁多:"浙西地面,有江、海、河、浦、湖、泖、荡、漾、溪、涧、沟、渠、壕、塘、港、汊、泾、浜、漕、溇等名,水有长流活水、潴乊死水、往来潮水、泉石迸水、霖霆雨水、风决涨水、潮泥浑水、两来交水、风潮贼水、海啸浧水等性。"除了些名称之外,在崇明岛上还有"溦""洪"这样的特殊河流称呼。在这种情况下,"河名水性既异,则整治方法亦殊"②。复杂的水情,使得其治理方略也有所不同,"江南之水,纡回百折,趋纳有准,其患在塞。虽仰天贶,而人职其

---

① 〔清〕钱泳撰,张伟校点:《履园丛话》卷四《水学》,中华书局1979年版,第87~88页。

② 〔元〕任仁发:《水利集》卷二,《续修四库全书》第851册,上海古籍出版社2002年版,第16页。

功。大都论水于江北其利在漕,论水于江南其利在田。江北惧水,黄河之徙,江南病水,太湖之溢。以治河之法治江,恐未必有济;以治河之费治江,则事半而功倍矣"①。

因此,在治水时要针对不同的环境情况,来解决具体问题。宋代朱长文曾云:"观昔人之智亦勤矣,故以塘行水,以泾均水,以塍御水,以堁储水,遇淫潦可泄以去,逢旱岁可引以灌,故吴人遂其生焉。"②元代任仁发总结道:"治水之法,须识潮水之背顺,地形之高低,沙泥之聚散,隘口之缓急。寻源溯流,各得其当,合开者开之,合闭者闭之,合堤防者堤防之。庶不徒劳民力,虚费钱粮。"③之后明清时期总结江南的水利对策,总计有以下几种:"治田之法、分支脉之法、开淤塞之法、疏远流之法、浚下流之法、障来导往之法。"④历代水利著作中列举使用治水工具也多种多样,"浙西治水之具,有水闸、水窦、斗门、堈门、堰门、水碶、水砝、堰坝、水函、石仓、石囤、篷篓、土埽、剌子、水管、铜论、铁筢、铁锹、木枚、木井、竹箬、木匣、水车、风车、手戽、桔槔等器"⑤,其适用环境与使用方法也各不相同。

单从水利技术层面来看,江南水利的情况已然非常复杂。而

---

① 〔清〕钱泳撰,张伟校点:《履园丛话》卷四《水学》,中华书局1979年版,第87页。

② 〔北宋〕朱长文撰,金菊林校点:《吴郡图经续记》卷下《治水》,江苏古籍出版社1999年版,第51页。

③ 〔明〕张国维:《吴中水利全书》卷二一《任仁发言开江》,《景印文渊阁四库全书》第578册,台湾商务印书馆1986年版,第765页。

④ 〔清〕翁澍:《具区志》卷五《水利》。按对江南治水之法的总结,最早见于明代蔡升的《震泽编》卷四《水利》,其名目基本一致,唯原书缺第3页而遗漏"浚下流之法",且排列顺序有所不同。

⑤ 〔元〕任仁发:《水利集》卷二,《续修四库全书》第851册,上海古籍出版社2002年版,第16页。

以上所述,还仅局限于内河水系的情况。不能忽视的是,该地区的河流水文还受到海洋潮汐的严重影响,其范围所及,"舟有行止,必随潮之涨退;田无潦潴,必因潮之盈缩。其导引汲取家至户到,则备物致用之无穷"①。潮汐的作用及其影响范围的变化,不仅限于沿海地区,其对整个太湖流域的水利事业也产生了深远的影响,不但带来了与之相关的水利任务,如堤坝堰闸的修建、频繁的河道疏浚,而且导致了高田区蓄水灌溉与低田区排水防涝、上游排水与下游防潮之间的矛盾,使得整个流域的水利问题更趋复杂化。从更为长远的角度来看,潮汐及其带来的浑潮泥沙在长期的历史过程中,对感潮地区的土壤与农业耕作环境造成了深远的影响,进而影响到了包括感潮地区施肥方式在内的农业生产格局,并对该地区的生态系统与社会文化等产生重大影响。

自宋代以来,江南地区的河流体系发生过巨大变化。其中最大的变化是入海通道"三江","三江"的演变趋势是三江(唐以前)—塘浦(唐末五代)—泾浜(宋以降),河道大势转移明显,旧有的三江体系日益衰落,吴淞江的主干位置为黄浦江所取代,同时塘浦泾浜等中小河道增多,河网呈细碎化,如太仓地区,"环州境皆水道,纵则有浦,横则有塘、门、堰,以堤防之,泾、沥以流泄之,小而曰浜、曰漕、曰沟、曰潭,布列其间,不可胜纪"②。太仓位于地势较高的冈身地带,相对于太湖以东低洼地区而言,其河水道之数已经算是较少的,低洼地区河网的密度之高可想而知。不同等级的河流,在流域内的水利地位不同,其治理的方式也大不相同。由于牵涉到不同利益群体的博弈,单纯的水利问题往往上升为社会问题,使

① 〔明〕张国维:《吴中水利全书》卷二一《张寅海潮论》,《景印文渊阁四库全书》第578册,台湾商务印书馆1986年版,第773~774页。
② 嘉靖《太仓州志》卷一《堤》,明嘉靖二十七年刻本。

得水利问题政治化、复杂化。

从自然条件来看,江南是在整体上呈碟形的低洼地,但区域内水利条件的差异相当明显。从地势上来看,"浙西之地低于天下,而苏州又低于浙西,淀山湖尤低于苏州,此低之最低者也"①。从西北部的镇江经常州到东南部的苏州、松江,地势差异更为明显,镇江地区,"据京口上游,其地高于苏、松数十丈,水势趋下,如骏马下坂",因此"镇郡水政之便宜,与苏、松、常未可同类而语"②。常州府的情况与苏松地区也不一致,明代的唐顺之在与人讨论救荒问题时对此有所比较:"苏、松、常、镇并为邻郡,而地利之高下、水势之浅深迥然不同。或遇水荒,则苏、松特甚而常、镇尚可;或遇旱荒,则常、镇为剧而苏、松得利。试以运河测之,则常州水止尺许,而苏、松尚有至于丈余者,此其地利、水势显然可见,恐明公以为苏、松未尝告荒,而常州独若哓哓然者。"③由此,不同的救荒情况反映了各地区的水利情况存在较大的差别,"合四府而言,则常、镇常苦旱,苏、松常苦涝"。在常州府内,其情况亦有差异,"合一郡而言,则梁溪(无锡)、荆溪(宜兴)常苦涝,兰陵(武进)、澄江(江阴)常苦旱;合两邑而言,则武进常苦旱,阳湖常苦涝"。原因在于,"武邑滨江地多高仰,阳湖滨湖地多卑下",因此"濒湖多苦潦,濒江多苦旱"。治理的关键在于根据具体情况,因势利导,"高者利在明其源,源明则旱涝有资,卑者利在悉其委,委悉则农桑攸赖"④。即使

---

① 〔元〕任仁发:《水利集》卷二,《续修四库全书》第851册,上海古籍出版社2002年版,第15页。
② 〔明〕张国维:《吴中水利全书》卷一《镇江府全境水利图说》,《景印文渊阁四库全书》第578册,台湾商务印书馆1986年版,第61页。
③ 〔明〕唐顺之:《与人论旱荒》,见《荆川集》,《四部丛刊初编》本。
④ 道光《武进阳湖县合志》卷三《舆地志·水利》,清道光二十三年刻本。

在情况较为类似的、地势较为低平的苏州(清代分出太仓)与松江地区,亦由于冈身地带的存在而分为高田区和低田区。两个地区依然存在着较大的差异,"出海三道泥沙易壅,浚不及时,则嘉定、太仓、常熟高乡之水反泻,吴邑山乡之水顺倾,吴江、昆山、长洲、常熟之低乡,宁不为壑?"①由此导致不同区域在水利上有不同的要求,大致情况是,"松江东乡惧旱,宜闸水以种田;西乡惧潦,宜作堰以截水"②。这是其相似之处,两府之间在水利、农产等方面仍有着较为明显的差异。③

这些区域水利环境的差异,导致太湖流域内部不同地区的工农业结构、市镇经济的发展水平呈现明显的差异。李伯重等据此将整个太湖流域划分为"稻作区"(包括常州府属诸县、松江府属西部县及苏州府属诸县)、"蚕桑区"(湖州府东部诸县、嘉兴府属西部诸县、苏州府属南部诸县)、"棉稻区"(太仓州大部、松江府东部诸县、苏州府属沿江诸县)的分异。④ 水利、环境与经济方面的不同,也导致了赋税上的差异,从苏州、松江到常州再到镇江,赋税、徭役呈递减趋势,"国税徭役自常而镇,则例渐轻,兼有夏麦输租,不似苏松之仅征秋谷,穷檐蔀屋,皆精治田"⑤。由水利环境与技术引发的影响已经不止于农田水利,而是深入到整个江南的社会经济

---

① 〔明〕张国维:《吴中水利全书》卷一《苏州府全境水利图说》,《景印文渊阁四库全书》第578册,台湾商务印书馆1986年版,第28页。

② 〔明〕张内蕴、周大韶:《三吴水考》卷九《刑部主事张衍总论水利》,《景印文渊阁四库全书》第577册,台湾商务印书馆1986年版,第325页。

③ 〔清〕钦善:《松问》,见〔清〕贺长龄等编《清经世文编》卷二八《户政三·养民》,中华书局1992年版。

④ 李伯重:《明清江南农业资源的合理利用》,载《农业考古》1985年第2期。

⑤ 〔明〕张国维:《吴中水利全书》卷一《常州府全境水利图说》,《景印文渊阁四库全书》第578册,台湾商务印书馆1986年版,第52页。

层面。

二、大水利与小水利

江南的水利环境是在自然水资源丰富的基础上,施以人工改造形成的,自唐末五代以来,江南地区的河流体系与水利格局经历了较大的变化。在江南的河流水系中,不同级别的河流在水利上的作用明显不同,其所产生的影响也大有差别。明代吕光洵指出,三吴水利的关键之处在于,"导田间之水悉入于小浦,小浦之水悉入于大浦,使流者皆有所归,而潴皆有所泄"①。清代钱泳则指出:"三江为干河,诸浦为枝河。干河则用孟子之水利,浚河导海是也。枝河则用孔子之水利,尽力沟洫是也。"②唯有注重干支流的疏浚,使本地区纵浦横塘交错,排水通畅,才是解决水旱灾患的根本途径。

江南地区河流水系大致可以分为三个等级:流域干河(三江)—区域干河(塘浦)—支河(泾浜)。流域干河如吴淞江、黄浦江、浏河、白茆等河流,数量不多,但关系到整个地区的整体利益,因此在水利活动中极受重视,其治水活动往往由国家来承担和管理。区域干河数量略多,地位略低,其水利任务往往由流经的地区协作承担,如清光绪十六年(1890)开浚吴淞江,"照道光七年成案,以上海、嘉定、青浦、元和、宝山、吴江、震泽、昆山、新阳、太仓、镇洋十一州县承挑"③。最小的河流泾浜,数量最为众多,虽对地方民众有直接利益关系,"凡民田落在官塘者,不过百分中之一分,其田多

---

① 〔明〕吕光洵:《修水利以保财赋重地疏》,见〔明〕陈子龙等编《明经世文编》卷二一一,中华书局1962年版,第2207页。

② 〔清〕钱泳撰,张伟校点:《履园丛话》卷四《水学》,中华书局1979年版,第94页。

③ 范钟湘等修,金念祖等纂:民国《嘉定县续志》卷四《水利志·治迹》,民国十九年铅印本。

在腹内,其利多在枝河"①。但支河由于细碎,最易被忽视,其变动也最大,"大凡浚治水利者,往往于大工告成之后,力疲力懈,不复议及善后经久之计,每置枝河于不问,辄曰且俟异日,而不知前功尽弃矣"②。河流级别的具体划分标准,亦与行政级别有相当密切的关系。以嘉定县为例,"支干之分,古无标准,今差为四。曰境际河,全河之疏浚,举必谋及邻邑,邻邑之疏浚亦必谋及我邑者也,是为一等干河;曰全境河,纵横贯全邑,或几贯全邑者也,是为二等干河;曰隅分河……凡河流之利害偏于一隅,或几偏于一隅,或兼及二隅者也,是为三等干河。淤塞之疏凿,堤防之设备,皆当以全邑之力赴之。其他皆为支河"③。这是河流水系上的大水利与小水利。

从地势上来看,江南虽以水乡泽国著称,其内部仍存在着区域微环境的差异。就其东南部平原地区来看,可分为西部低田区和东部高田区两大部分。宋代郏亶论述过这种区域差异:

> 昆山之东,接于海之堰陇。东西仅百里,南北仅二百里。其地东高而西下,向所谓东导于海,而水反西流者是也;常熟之北,接于北江之涨沙,南北七八十里,东西仅二百里。其地皆北高而南下,向所谓欲北导于江,而水反南下者是也。是二处,皆谓之高田。而其昆山堰身之西,抵于常州之境,仅一百五十里。常熟之南抵于湖、秀之境,仅二百里。其地低下,皆谓之水田。④

---

① 〔清〕钱泳撰,张伟校点:《履园丛话》卷四《水学》,中华书局1979年版,第94页。
② 〔清〕钱泳撰,张伟校点:《履园丛话》卷四《水学》,中华书局1979年版,第95页。
③ 范钟湘等修,金念祖等纂:民国《嘉定县续志》卷四《水利志·治迹》,民国十九年铅印本。
④ 〔南宋〕范成大撰,陆振岳点校:《吴郡志》卷一九《水利》,江苏古籍出版社1999年版,第266页。

高、低田的水利情况不同,其治理之法也不相同:"吴中之田,近湖沿江,地皆卑下,平时积水已多,一遇久雨,众水毕集,常有水患;近山沿海,地皆高阜,不能引江湖之水以资灌溉,常有旱灾。……昔人治高田之法,有塘、有溇、有潭,凡潴水以灌田者皆是也;其治低田之法,则绕田四围筑堤,谓之圩。圩者,围也,内以围田,外以围水。……故低田赖圩岸支河甚于都邑之赖城池也。"①自宋代开始,随着区域开发的深入,高田区与低田区间的矛盾开始显露出来,"高田者常欲水,今水乃流而不蓄,故常患旱也。唯若景祐、皇祐、嘉祐中则一大熟尔。水田者常患水,今西南既有太湖数州之水;而东北又有昆山、常熟二县瑶身之流,故常患水也。唯若康定、至和中,则一大熟尔"。但当时低水田与高田区的经济地位并不对等,社会对其的态度亦不同,"天下之地,膏腴莫美于水田。水田利倍,莫盛于平江。缘平江水田,以低为胜。昔之赋入,多出于低乡"。但"水田多而高田少,水田近于城郭,为人所见,而税复重。高田远于城郭,人所不见,而税复轻。故议者唯知治水而不知治旱也"②。

南宋以后,随着冈身高地区与沿海滩涂区的开发日渐成熟,尤其是棉花等经济作物的推广与普及,高田区经济地位随之上升,形成了与桑区、稻区并列的棉区,其在水利上的要求也日益突出。"上流诸县,以江水通利,直达海口,使震泽常不泛滥为利。而下流诸县逼近海口,常患海潮入江,沙挟潮入,不能随潮出,沙淤江口,则内地之纵浦横塘亦淤,农田水利尽失,因之与上流诸县利害相

---

① 〔明〕张国维:《吴中水利全书》卷一四《周凤鸣条上水利事宜疏》,《景印文渊阁四库全书》第578册,台湾商务印书馆1986年版,第438页。

② 〔南宋〕范成大撰,陆振岳点校:《吴郡志》卷一九《水利》,江苏古籍出版社1999年版,第266页。

反,而主蓄清捍浑。"①高地区与低地区即上游与下游的不同利益所在,是区域利益上的大水利与小水利。

在区域内部,乃至更为微观的圩田内部,也存在这种大水利与小水利的争端。在区域层面,圩田的防涝与排水功能,所关注的对象一般仅限于圩内之田,田主往往各自为政;要保持这种地区性水道的通畅,必须有地区之间的复杂协作,这种协作只有政府才有能力组织实施。在圩田内部,由于地势的高低差别(分为上塍田、中塍田、下塍田乃至圩心水面),往往具有不同的水利要求,单以修筑圩岸来说,"种高坨者十之五不筑,虽减收亦无大害,筑则似为低区均徭,未免劳力伤财;种低坨者亦十之五不筑,惟希冀水之不来,筑则高坨之人不肯协力,遂致力有不逮"②。同时,由于土地产权与使用权(即该地区常见的田底权与田面权)的分离,以及产权的细碎,泾浜等小河沟也可分为"官沟"与"私沟",经常出现"心力不齐"之弊。从心理层面来看,水宽民慢,"苟且偷安者十居七八",社会心态上大众事先不预为措置,洪水时只能徒唤奈何。这是微观层面上的大水利与小水利。

纵观历代太湖治水方略,从其侧重点来看,大致可以分为三大派,即治水派、治田派和综合治理派。治水派中,因着眼点不同,又可分为上节下泄派和下游泄水派。在太湖灌水出路的处理上,又有洪涝合流和洪涝分流两种见解。这些类派是互相关联的,但各有侧重,有主有从。③ 对于这些水利议论,显然不可偏听偏信,应结

① 范钟湘等修,金念祖等纂:民国《嘉定县续志》卷四《水利志·治迹》,民国十九年铅印本。
② 〔清〕孙峻:《筑圩图说》,清同治年间刻本。
③ 汪家伦:《古代太湖地区的洪涝特征及治理方略的探讨》,载《农业考古》1985年第1期。

合当时、当地的具体情况,以及当事人所处的情境与地域来具体分析和理解。前人对此也有所认识,"从来讲求水政,辨析利害,或著论,或著议,或著说,或对策,随时揆势,臆见异同,不相踵袭"。但存在的问题也是普遍的,"然言持一家,议主一时,惠偏一郡一邑,或师古而悖今,或详今而略古"①。清代康基田批评单锷:"于淞江体势,未得要领。"②民国时人亦总结指出:"宋、元、明、清人之论三吴水利者,郏亶之眼光不出于昆山,单锷之眼光不出于宜兴,周文英之眼光不出于昆山、常熟,耿橘之眼光不出于常熟。"③显然,这些问题并不是单独存在的,而是相当普遍的现象,后人在对水利文献判读、引用时须加留意。

小水利一般代表个人、小团体乃至局部地区的利益,而大水利是整个地区、整个流域的利益所系;从根本上来说,两者具有一致性,但在具体的操作时,又往往由于利益的不同、识见的差异而导致矛盾丛生。小水利钻法令的空子不断进行扩张的现象,可以说自有水利之始,就从来没有停止过,但由于其一般是日常行为,影响往往只是局部性的,常常为人所忽视,只有当其发展到一定程度,并威胁到整个地区整体的大水利利益时,才有可能被重视并得到解决。

三、水利技术、环境与社会

宋代以来江南地区水利事业的发展,并不单纯取决于水利环境的变化与水利技术的发展,而是环境、技术与社会三重因素共同

---

① 〔明〕张国维:《吴中水利全书·凡例》,《景印文渊阁四库全书》第578 册,台湾商务印书馆 1986 年版,第 22~23 页。

② 〔清〕康基田:《河渠纪闻》卷八,《四库未收书辑刊》第 1 辑第 28 册,北京出版社 2000 年版,第 749 页。

③ 秦绶章等辑:民国《江南水利志》卷一,民国十一年刻本。

作用的结果。从宏观的视角来看,水利事业的开展,往往会涉及社会利益的分配与调整,尤其是夫役、经费、管理与地方利益。对于江南水利的大规模讨论始于宋代,历元、明、清而不衰,在整个江南几乎形成了人人争言水利的局面。不同的社会群体,出于各自地域、阶层利益考量,针对特定水利环境及其变化情况,提出不同的意见,乃至于著书立说,阐述己见。原本纯粹的水利与环境问题的探讨,超越了技术层面的讨论,演变成社会政治、经济问题。在一定程度上来说,治水技术之争往往只是表面现象,具体技术的改变是水利环境变化大背景的反映,更深层的则是地域原因、利益之争、政治斗争、家族亲友关系等利益的博弈,此外更涉及选任官员的个人素质,以及人力、费用的筹集与使用等问题,由此使得江南水利更加复杂起来。

江南水利的复杂,首先体现在对历代水利人物的评判上。清代邵长蘅总结历代水利议论:“谈吴中水利者,言人人殊。大较宋人亟议复五堰,复十四斗门,治吴江岸;明人亟议浚吴淞,浚浏河,导白茆港,类皆祖郏氏、单锷诸书。”①对于开创“江南水学”的郏亶、单锷等人,其水利议论均为后人所重视,历代皆有所传承,但存在着不同的臧否评价。有高调赞扬者,宋代薛季宣推崇单锷:“单锷《吴中水利书》,其言宣泄陂堰之宜,曲尽古今之变,即采而用,禹迹无难复者。……单君之论于吴之水害,真膏肓之针石也,读其书者其可忽诸!”②明代屠隆认为:“昔人之推水学者曰郏亶、曰单锷,郏亶详于治田,单锷详于治水,兼而用之,水政举矣。”③清代陆陇其

---

① 〔清〕邵长蘅:《毗陵水利议》,见〔清〕卢文弨辑《常郡八邑艺文志》卷一,《续修四库全书》第 917 册,上海古籍出版社 2002 年版,第 365 页。

② 〔南宋〕薛季宣:《浪语集》卷二七《书单锷〈吴中水利书〉后》,《景印文渊阁四库全书》第 1159 册,台湾商务印书馆 1986 年版,第 423~424 页。

③ 〔明〕屠隆:《东南水利论》,载〔明〕张国维《吴中水利全书》卷二一,《景印文渊阁四库全书》第 578 册,台湾商务印书馆 1986 年版,第 784 页。

更予以辩证的分析："前代治东南之水者,宋莫详于郏亶、单锷,而明莫详于夏原吉。郏亶主于筑堤捍田,而单锷主于涤源浚流。亶之说,可以防一时之害;而锷之说,可以规百世之利。故急则宜从亶,而缓则宜从锷,二者相时而举之可也。"①钱泳也评价道:"郏亶言水利专于治田,单锷言水利专于治水。要之治水即所以治田,治田即所以治水。总而言之似瀚漫而难行,柝而治之则简约而易办。"②也有以己之所见为准,对各种人物加以非议的,明人姚文灏不认同郏亶,其在编《浙西水利书》时,"于宋不取郏议者,为其凿也""以其大指失之,故不得而录也"。③清代康基田批评单锷:"单锷本毗陵人,故多论荆溪运河古迹地势……独于淞江体势,未得要领。"④清代嘉庆《直隶太仓州志》则对二人全盘否定:"郏之说不尽可用,单之术及身试之而民怨沸腾,则水利之不轻言也。"⑤对于这些评判显然偏听则暗,比如郏亶的具体治水活动由于政治原因以失败告终,在退职后将自己的理论运用于家乡:"已而归,治所居之西积水田曰大泗瀼者,如所献之说,为圩岸、沟洫、井舍、场圃,俱用井田之遗制。于是岁入甚厚。即图其状以献,且以明前日之法非苟然者。"⑥对于纷杂的

---

① 〔清〕陆陇其:《三鱼堂外集》卷四《东南水利》,《景印文渊阁四库全书》第 1325 册,台湾商务印书馆 1986 年版,第 246 页。

② 〔清〕钱泳撰,张伟校点:《履园丛话》卷四《水学》,中华书局 1979 年版,第 88 页。

③ 〔明〕姚文灏编辑,汪家伦校注:《浙西水利书校注》,农业出版社 1984 年版。

④ 〔清〕康基田:《河渠纪闻》卷八,《四库未收书辑刊》第 1 辑第 28 册,北京出版社 2000 年版,第 749 页。

⑤ 〔清〕王昶等纂修:嘉庆《直隶太仓州志》卷二〇《水利下》,《续修四库全书》第 697 册,上海古籍出版社 2002 年版,第 315 页。

⑥ 〔南宋〕龚明之撰,孙菊园校点:《中吴纪闻》卷三"郏正夫"条,上海古籍出版社 1986 年版,第 58 页。

水利人物及水利议论,我们必须在清晰了解水利环境的基础上有所取舍,正如朱长文所言之"至于群言众说,各有见焉,择其可行者裁而行之,斯善矣"①。

在治水体制上,吴越纳土之后,治水之权收归朝廷,其虽有治水之举,但多为中央派员管理,治水者不解下情,成为当时治水一大弊端。郏侨曾论:"暨纳土之后,至于今日,其患始剧。盖由端拱中转运使乔维岳,不究堤岸堰闸之制,与夫沟洫畎浍之利,姑务便于转漕舟楫,一切毁之……至天禧、乾兴之间,朝廷专遣使者兴修水利。远来之人,不识三吴地势高下,与夫水源来历,及前人营田之利,皆失旧闻。受命而来,耻于空还,不过遽采愚农道路之言,以目前之见为长久之策。"②李庆云亦曾批评道:"在上者,惟取夏秋之税,而不知治水之源委;在下者,求遂衣食之愿,而每遭连年之旱涝。"③上官不解下情,小民又只顾眼前之利,由此导致水灾频繁。

针对这一弊病,时人也早有相关对策议论。范仲淹特别提出,江南的地方官在选择任命时要"择精心尽力之吏,不可以寻常资格而授",原因就在于"畎浍之事,职在郡县,不时开导,刺史、县令之职也。然今之世,有所兴作,横议先至,非朝廷主之,则无功而有毁。守土之人,恐无建事之意矣。苏、常、湖、秀,膏腴千里,国之仓庾也。浙漕之任及数郡之守,宜择精心尽力之吏,不可以寻常资格而授,恐功利不至,重为朝廷之忧,且失东南之

---

① 〔北宋〕朱长文撰,金菊林校点:《吴郡图经续记》卷下"治水"条,江苏古籍出版社1999年版,第55页。

② 〔明〕归有光:《三吴水利录》卷一《郏侨书》,中华书局1985年版,第18页。

③ 〔清〕李庆云:《上李司空开白茆港策》,见王鸿飞纂《双浜小志·水利》,民国稿本。

利也"①。既见水利之难,也反映了对这一地区水利事业的重视。明代给事中吴严评论:"东南水利之切要者四事:曰疏浚下流,曰修筑圩岸,曰经度财力,曰隆重职任。"②针对江南地区的特殊情况,设置治水专官,成为一种普遍的呼声。

宋代前期不甚重视太湖流域的治理,将吴越钱氏开江、撩浅等治水机构废去。但因水灾频繁,朝廷仍然采取了一些措施。神宗元丰六年(1083),设苏州开江兵八百人,专治浦闸;徽宗崇宁元年(1102)置提举淮、浙澳闸司官一员于苏州。南渡以后,朝廷较为重视水利,孝宗乾道九年(1173)置堰官于亭林,理宗朝曾一度恢复撩浅制度:"创立魏江、江湾、福山水军三部三四千人,专一修江湖河塘。"③但因北患不断,军政费用浩大,朝廷更汲汲于搜括财富,水利大坏。元代治水比较曲折,成宗大德二年(1298)设都水庸田使司于平江路,由任仁发等负责,开浚吴淞江、淀山湖及练湖等,之后废置无常:大德五年(1301)罢都水庸田使司,八年(1304)又立行都水监于平江路,泰定元年(1324)复立都水庸田使司于松江,明宗天历元年(1328)复罢之,顺帝至正元年(1341)复设都水庸田使司,历尽曲折,周而复始,难以稳定发挥其作用。④

明代在地方普遍设置治水官,宪宗成化八年(1472),改设水利

① 〔北宋〕范仲淹:《上吕相公并呈中丞咨目》,见李勇先、王蓉贵校点《范仲淹全集》卷一一,四川大学出版社2002年,第266页。

② 〔明〕张内蕴、周大韶:《三吴水考》卷一〇《工科给事中吴岩水利奏》,《景印文渊阁四库全书》第577册,台湾商务印书馆1986年版,第363页。

③ 〔元〕任仁发:《水利集》卷三,《续修四库全书》第851册,上海古籍出版社2002年版,第24页。

④ 〔明〕张国维:《吴中水利全书》卷九《水官》,《景印文渊阁四库全书》第578册,台湾商务印书馆1986年版,第323页。按:都水庸田使司最早设于五代吴越时期,北宋统一后废除。

金事(浙江按察带衔);九年(1473)添设苏、松、常、嘉、湖五府劝农水利通判,属县县丞各一员。① 但官员品级不高,主要负责日常的圩岸修筑、低级河道的疏浚等工程,且废置不常。重大干河(如吴淞江、白茆等)的治水事业一般都是由中央高级官员(如部臣、巡按御史等)直接负责,"明有天下三百年,命官修治三吴水利者亦三十余次"②。由于职权、见识、能力的差异,各人治水的效果也大不相同。其大致可分为三类,一为重臣,如夏原吉、徐贯、俞谏等,由于是皇帝钦派,位高权重,有可能取得成功;但也有失败的风险,如万历末年的许应逵等人。二是部臣,多由具有技术经验的工部官员担任,代表人物有姚文灏、傅潮、林应训、颜如环等,其治水效果一般较好。因为他们具备专业技术背景,且与其职权特点也有一定的关系。"部臣姚文灏、傅潮、林文沛、颜如环四人,专职勤事,劳绩于今未泯。"原因在于"盖部郎甲榜初硎,朝气方锐,事体归一,不辞琐屑。又官秩未尊,可与巡抚每事咨决,巡按亦得旁察短长,凡出行省视,驺从稀少,不縻供亿。职列京衔,不受各差节制,假以玺书柄操,举劾府佐州县长,并势分相临,呼吸立应,上下各便"③。第三类是地方官员如府县长官等,位卑权小,兴作困难,除了耿橘等少数能员干吏外,大多没有显著成绩。清代基本沿用明制,但随着督抚制度的稳定,重大水利工程一般均由总督、巡抚或布政使直接负责。从历史轨迹来看,江南地区在宋元之时还有开江兵、都水监等

---

① 〔明〕沈㾕:《吴江水考》卷二《水官考》,《四库全书存目丛书·史部》第221册,齐鲁书社1996年版,第657页。

② 〔清〕钱泳撰,张伟校点:《履园丛话》卷四《水学》,中华书局1979年版,第89页。

③ 〔明〕张国维:《吴中水利全书》卷一四《李模请浚吴淞白茆议复水利部臣疏》,《景印文渊阁四库全书》第578册,台湾商务印书馆1986年版,第502页。

专职机构,至明清时反而没有像黄河、运河那样有常设的高级治水官,临时委官,事毕即归,这也是江南水利问题难以彻底解决的重要原因。

政区对水系的分隔对整个江南的治水事业也有所影响。明初嘉兴、湖州二府划归浙江,由于水系格局的变化,浙西杭、嘉、湖三府之水要转向东北借道出水,王凤生对此种情况进行了描述:"计郡(嘉兴)水之由秀水出平望者十之四,由善、平二邑归泖湖者十之六。今淞、娄二江淤塞不通,在江省尚难宣泄,故秀邑之水无所归输。黄浦之流甚畅,似于善、平出泖为宜。然淞、娄二江浅狭,不能受水,苏松积潦并太湖洪流泛滥,而横趋淀泖,惟黄浦是争。故浙西水口,先为江境所占。黄浦虽深通,岂胜两省下游同时并纳?将彼此抵触,不克畅流,为害一耳。"[①]这一问题一直持续到近代,由于太湖流域分属江、浙、沪三省(市),又无统一的水利机构管辖,专职负责的太湖流域管理局仅有协调之权,"负责省际水事纠纷的调处工作",无实质的管辖权,二省一市的水利矛盾仍然相当突出。[②] 三方共同修筑的太浦河工程久拖不决,直到1991年发生了影响整个太湖流域的大洪水之后,太浦河工程方才最终打通。江浙边界的"零点事件",以及2013年3月的黄浦江死猪事件,均反映出政区对水系的割裂影响仍然在持续。

第四节　思路、方法与资料

本书所讨论的江南地域范围,即水利区划上的太湖流域,与传

---

①　〔清〕王凤生纂修:《嘉兴府水道总说》,见《浙西水利备考》,清道光四年刻本。

②　太湖局机构与职能,见水利部太湖流域管理局网站:http://www.tba.gov.cn//tba/zwgk/m_zwgk_jgzn.html。

统意义上的"江南"大致相同,但为了避免出现歧义和争论,即使在使用"江南"一词时,也特指太湖流域,而不包括流域外的地区。①具体到政区设置上,基本对应清代的苏州府、松江府、常州府、镇江府、杭州府、嘉兴府、湖州府和太仓州地区,在讨论部分问题时,也会包括江宁府地域在内。这七府一州之地不但在内部生态条件上具有统一性,同属于太湖水系,在经济方面的相互联系也十分紧密,其外围有天然屏障与邻近地区形成了明显的分隔。② 研究时段,则自江南水利大讨论的宋代开始,下至清末至民国时期;在具体的资料使用上,一般会有向前的延伸和向后的扩展。具体的研究思路与方法,主要有以下几点:

一、长时段

本书所涉及的研究时段,自宋代开始,至清末民国。之所以如此选择,正是因为自宋代开始,江南地区的水利环境自身变化巨大,水利问题开始为大众所关注;选择如此长的时段(1000 年左右),自然是想透过长时段的考察,将问题的起源、发展历程、结果及其影响更为明晰地呈现出来。这一研究方法,符合当前水利史研究的发展趋势,水利史专家张含英曾提出:"由于自然条件和社会情况的不同,各个国家的水利都有自己的特点,正确地把握这些特点进行建设,将会取得事半功倍的效果。而从历史上看,从一二

---

① "江南"是一个历史名词,从古到今,其范围变动很大,学界在研究时也往往根据需要对研究地域作出界定,因此标准并不统一。具体可参考周振鹤《释江南》,载《中华文史论丛》第 49 辑,上海古籍出版社 1992 年版;李伯重《简论"江南地区"的界定》,载《中国社会经济史研究》1991 年第 1 期;徐茂明《江南的历史内涵与区域变迁》,载《史林》2002 年第 3 期;邹逸麟《谈历史上"江南"地域概念的政治含义》,载《浙江学刊》2010 年第 2 期。

② 李伯重:《简论"江南地区"的界定》,载《中国社会经济史研究》1991年第1 期。

千年的长时间来看,能更清楚地认识这些特点和规律。"①从史学的发展来看,长时段的研究也在成为一种趋势。法国年鉴学派的代表人物之一布罗代尔,在其代表作《菲利普二世时代的地中海和地中海世界》(唐家龙等译,商务印书馆1996年版)中提出了著名的三种历史时段理论。布罗代尔认为,历史学之所以不同于其他社会科学,主要体现在时间概念上。历史时间就像电波一样,有短波、中波和长波之分,即短时段、中时段和长时段。短时段可称之为事件时间,如突发性的革命、战争、地震等。中时段,也叫社会时间,如人口消长、物价升降、生产增减,以节奏较慢、周期变化为特征。长时段,也叫结构或自然时间,主要指历史上在几个世纪中长期不变和变化极慢的现象,如地理气候、生态环境、社会组织、思想传统等。"长时段"对当前历史研究的意义尤为重要,"长时段是社会科学在整个时间长河中共同从事观察和思考的最有用的河道"②。

具体就中国的水利史研究来看,除了像黄河这样河性较为特殊、在短时期内会有较大变化的河流外,多数河流、湖泊的变化及其影响都只有经过较长时期才能显现出来。江南所处的太湖流域的水利环境变化正是如此,从最早的三江入海,到后来的黄浦取代吴淞,一江独大,其时间从水利问题开始出现的南朝宋算起,到明代嘉靖年间完成,前后经历了上千年之久;即便从水利问题开始严重化的北宋算起,也有五六百年的时间;与之相伴的塘浦圩田体系出现、扩展及其后来的分圩、并圩等演变过程,更是与整个太湖流

---

① 张含英:《中国科学技术史·水利卷》"序言",科学出版社2002年版。

② 〔法〕布罗代尔(Braudel, F.)著,顾良、张慧君译:《资本主义论丛》,中央编译出版社1997年版,第202页。

域地区开发、发展的轨迹相一致并紧密相联;滨江邻海地区的海岸线变化、受潮汐的影响,则贯穿了整个历史时期。以水利环境变化为基础,进而对该地区的河口生态系统造成了极为严重的影响,此类影响甚至深入到社会生活层面,并为人们所认知与记载,出现了"状元谶"这样具有迷信色彩的记载方式。这些环境变化既非一成不变,也非匀速前进,而是以不同的方式、不同的速率与不同的程度发生着,并将长期持续下去。

水利问题又绝非单纯的技术问题,它与社会的发展紧密相关。生活在历史时期的人们,正是在水利环境不断变化的背景之下,在对环境变化感知的同时,从自身(个人、家族、地区)的利益出发,做出对环境变化的应对,并在其中选择最适合自身利益的措施。显然,只有将这些问题置于较长的研究时间段内予以考察,才能对这一时期太湖流域的水利、环境与社会的关系有更加清晰的认识,才能更加清楚地复原其演变轨迹。

二、生态史观

随着当代环境问题的日益严重,生态环境史研究也开始日渐为学界所重视,水和水利问题自然是其中非常重要的方面,甚至可以说是具有先天优势的学术切入点之一。刘翠溶曾建议,对于有兴趣从事环境史研究的历史学者,可以就十个问题做更深入的研究,水环境的变化的研究正在其中,具体内容包括:"用水与人类日常生活及生产活动有密切的关系。水利灌溉一直是中国历史研究的一个重要课题……人们如何投入与用水有关的建设,如水库与水坝,以及这些建设对环境的影响如何,都值得更深入的探讨,也可以作比较研究。此外,水体(河川、湖泊、地下水)的变化,也是重要的问题。"[①]地球上的

———————————

① 刘翠溶:《中国环境史研究刍议》,载《南开学报(哲学社会科学版)》2006 年第 2 期。

水体,除了内陆水系外,还包括海洋这一地球上最大的水体,其影响虽然巨大,但在以往的研究中长期为人们所忽视。对此,环境史专家麦克尼尔(John R. McNeill)特别予以强调,在研究中国环境史中需要着重讨论海洋问题,"中国的水生环境确实值得更多的注意,尤其是海洋生态系统。进一步研究水利工程、河川和湖泊,虽是受欢迎的,然海洋正在招手"①。近年来,随着海洋日益被全社会所重视,已经有一些研究机构开始此项研究,相关成果也大量涌现。②

由于水利环境的复杂性(江河海湖多重因素影响)、水利问题的重要性(基本经济区的地位与内部地区差异),以及与水利相关的丰富社会内容(国家、社会、民众三者间的关系),江南地区成为研究水利环境变化的典型地区,再加上该地区丰富的研究材料,完全可以满足上述研究的要求。虽然古人对环境的认识与应对与今人差别极大,有些可能在今人看来是荒诞不经的,但并不代表古人对此毫无认识;相反,恰恰说明古人对此有着敏锐的感觉与认识,只是表达方式不太符合今日的科学知识体系而已。在江南地区丰富的文献资料中,我们可以找出大量承载有对水利环境及其变化的认识和应对措施等信息的材料。显然,我们可以利用这些材料,对历史时期江南的水利环境及其变化进行较为准确的复原。在复原变化的基础上,更加注意探索这种变化的原因、影响、应对技术及其选择,并加以分析,以揭示这一较长时段内水利技术、环境、社

---

① 〔美〕约翰·麦克尼尔(John R. McNeill):《由世界透视中国环境史》,见伊懋可、刘翠溶主编《积渐所至——中国环境史论文集》,"中研院"经济研究所 1995 年版,第 39~66 页。

② 具体研究成果主要有杨国桢主编的"海洋与中国丛书"和"海洋中国与世界丛书",这两套丛书共 20 册,近 400 万字,其内容涵盖了经济、社会、文化等诸多方面,均由江西高校出版社出版。

会三个层面的变化及其相互关系,将江南历史发展的多面性与复杂性更好地展示出来,而这也正是本书的努力方向。

三、资料

江南地区是中国地方文献最为丰富的地区之一,有大量流传至今的专门论述水利的水利志书,其覆盖范围从整个太湖流域,到区域内部(浙属杭、嘉、湖,苏属苏、松、常、镇)乃至一河、一湖、一圩等小规模水体,卷帙浩繁,内容极为丰富,且往往是第一手的资料;这一地区更有着现存最多的地方志,从省志、府州志、县志到乡镇志乃至村志,而且往往有不同时期的编纂版本,其中保留了大量的水利资料,这些水利志书与地方志仍是本书的主要资料来源。尽管这些材料在以往研究时已经被大量使用,但仍有重要价值。同时,本书在具体利用时,会更加注意利用地方性水利志书与小区域方志(如乡镇志乃至村志),尤其注意发掘其中承载有区域环境特征及其变化的资料,通过对上述的地方性知识的利用,力争从细节上把握大变化。这些资料可以称之为"地方性知识"(local knowledge)。① 从知识体系上来看,由于每个地区都有区别于其他地区的特点,相对于普遍性知识的"地方性知识"是普遍存在的,在江南这一文献资料丰富的地区更是如此。如前所述,江南地区的水利问题具有自己的特点,如独特的塘浦圩田体系、深受潮汐力量影响的水环境等,如何将这些特点准确复原出来,并探讨这些特点对于太湖流域环境变化乃至社会文化的影响,正需要发掘这些"地方性知识"。应当指出的是,对于这些知识,古人并非毫无认识,尤其是

① 地方性知识是美国结构主义人类学家吉尔兹提出的概念,他用"贴近感知经验"和"遥距感知经验"来区别普遍性知识与地域性知识,详参考〔美〕克利福德·吉尔兹著,王海龙、张家瑄译《地方性知识:阐释人类学论文集》,中央编译出版社2000年版。

生活在这种环境下的人们,对此往往有着相当清晰的感觉与认知。也许因为多数人往往习惯于这些知识而忽视或忘却,或采用其他非常规的知识表达方式,甚至是以充满迷信色彩、荒诞不经的方式来记载,由此使得这些知识又往往被作为地区性的一般常识所覆盖,或为其他知识表达方式所代替,我们必须在对太湖流域的基本情况获得必要的了解之后,对其进行抽丝剥茧般的分析,才能获得这些知识和对它们的正确理解。

在充分使用上述资料的同时,本书也注意了对其他史料的发掘与利用,如碑刻、文集、政书、诗词歌赋、家谱、地图、游记、笔记小说等资料;近代以来,随着西方现代水利技术的传入,亦有大量的实地调查与勘测资料,由此结合史料,可以更加清楚地理解水利问题与环境变化的科学原理与变化过程。近代以来,有相当多的地方相关档案保留下来,尤其是1949年以后,历次大规模的农田水利建设过程中(包括集体化、人民公社、“农业学大寨”、园田化等),往往都对过往及现状有一定的回溯与描述。[1] 对于以上资料,自然要尽可能地搜集利用。同时,本书对于已有研究成果,包括水利史、农业史、社会经济史乃至正在兴起的环境史等研究的成果,也注意加以吸收和借鉴。尽管今天的太湖流域由于经济发展等原因,其景观与人们印象中传统的“江南”在各方面都已经有了很大的不同,但通过对以上资料的综合利用,仍然能以多样的方式复原“江南”地区复杂而丰富的历史。

---

[1] 如在“农业学大寨”运动中,“(江苏)省委要求以县为单位,每个县、社、队都搞出自己的全面规划,普遍搞了三张图,一张原状图,一张现状图,一张规划图”(见《农业学大寨——农田基本建设专辑》第22辑,农业出版社1978年版,第83页),这些资料显然非常有用,目前已经部分开放。

第二章　历代水利文献与治水议论

　　研究宋代以来江南地区的水利史及其相关问题，首先应当从最基本的水利文献资料入手，理清该地区水利史相关的资料分布情况、发展脉络，准确评定其利用价值。在此基础上，本章对相关资料进行细致梳理，对各种治水议论进行分类整理，并对其做出恰当的评价；同时，结合对治水人物的相关分析，尝试厘清其复杂的社会背景因素。在充分掌握这些资料的基础上，我们方可对宋代以来江南地区的水利及相关问题的历史过程获得较为清晰的认识。

第一节　历代水利志书

　　江南地区的太湖是中国五大淡水湖之一，把低洼的水乡泽国改造成著名的鱼米之乡，水利与之关系极大。"江南故泽国也，郡邑之志乘，公私之著述，罔弗注重于水利。"①在长期的历史过程中，这一地区留下了丰富的水利志书资料，其数量仅次于黄河和运河的水利著作。据水利史专家汪家伦估计有五六十种。据《中国水利史稿》的附录《常用水利文献一览表》统计，与太湖流域相关的有60余种。②据笔者的粗略统计，太湖流域的水利志书至少在80种

---

　　①　秦缓章等辑：《民国江南水利志》卷首，民国十一年刻本。
　　②　水力水电科学研究院《中国水利史稿》编写组：《中国水利史稿（下册）》，水利电力出版社1989年版，第504～507页。

以上(详参本书附录)。由于经济文化发展较为后起,因此在唐代之前,这一地区没有水利专著,其他水利资料也较少,正如明代归有光所总结的:"汉司马迁作《河渠书》,班固志《沟洫》,于东南之水略矣。自唐而后,漕挽仰给天下,经费所出,宜有经营疏凿利害之论,前史轶之。宋元以来,始有言水事者。"①北宋时,相关的水利志书开始出现,历南宋与元朝,至明清时期,水利志书呈现繁荣状态,数量极为众多。丰富的水利志书资料,对于水利史的研究自然十分有利,但卷帙过多,资料的冗杂、重复与地域偏差现象比较严重,也使其利用不便。明代张国维曾总结道:"东南水利曰集、曰录、曰书、曰考,种种繁夥。然言持一家,议主一时,惠偏一郡一邑,或师古而悖今,或详今而略古。"②对于这些水利志书资料,目前虽有一些个体性的整理工作和研究成果,但仍然缺乏相关的系统性研究,本节即拟对江南的历代水利志书发展脉络予以梳理,并作简要述评。

一、宋元时期

从唐末五代历宋至元代,水利志书从无到有,逐渐发展增多。在此之前的资料除了数量较少外,大多也都已佚失,只能在后人著作中寻得只言片语。现存较完整的宋代水利著作主要有三部,其中两部的作者是郏亶、郏侨父子,郏亶的水利著作为《吴门水利书》(后人所辑),包括《苏州治水六失六得》和《治田利害七论》两部分,其主要观点在于提出"治低田,浚三江""治高田,蓄雨泽",治水治田相结合的原则和"高圩深浦,驾水入港归海"的方案。郏侨继承父业,著有《水利书》,对其父的水利论点进行补充,两书皆保存在南宋范成大的《吴郡志》之中。稍后则是单锷的《吴中水利书》。

---

① 〔明〕归有光:《三吴水利录》卷一,中华书局1985年版,第1页。
② 〔明〕张国维:《吴中水利全书・凡例》,《景印文渊阁四库全书》第578册,台湾商务印书馆1986年版,第22页。

　　单锷是宜兴人,北宋嘉祐四年(1059)进士,考取功名后,并未做官,而是在宜兴及太湖沿岸一带,专心研究地势河道,实地考察地方上的水利情况。"尝独乘小舟,往来于苏州、常州、湖州之间,经三十余年。凡一沟一渎,无不周览其源流,考究其形势。因以所阅历,著为此书。"①其水利观点主要是拦蓄上游来水,开浚下游出水河道。这些著作不但对太湖流域的水利状况进行了论述,更提出了独到的治水主张,对太湖水利的相关问题皆有涉及,后世的水利论说或宗郏氏,或从单氏,大多不出其范围之外。②　如清初陆陇其所云:"(郏)亶之说,可以防一时之害;而(单)锷之说,可以规百世之利。故急则宜从亶,而缓则宜从锷,二者相时而举之可也。"③元代国祚较短,最主要的水利志书是任仁发的《水利集》(又名《浙西水利议答》)。④　任氏为松江青龙镇人,曾任都水庸田副使,主持过元成宗大德年间的太湖水利事业。任氏精于治水,于黄河、运河和海塘等水利事业均有建树,史称其"治河为天下最,大工大役,省臣皆委之"⑤。其水利主张主要继承范仲淹、赵霖等人,总结历代治水之

---

　　①　〔清〕纪昀总纂:《四库全书总目提要》,河北人民出版社2000年版。

　　②　关于此二书及其评价,可参考汪家伦《郏亶和他的〈水利书〉》,载《中国水利》1983年第4期;《北宋单锷〈吴中水利书〉初探》,载《中国农史》1985年第2期。

　　③　〔清〕陆陇其:《三鱼堂外集》卷四《东南水利》,《景印文渊阁四库全书》第1325册,台湾商务印书馆1986年版,第246页。

　　④　关于任仁发与其著作,可参考施一揆《元代水利家任仁发》,载《江海学刊》1962年第10期,刘春燕《元代水利专家任仁发及其〈水利集〉》,载《上海师范大学学报(哲学社会科学版)》2001第2期。另按:此书历来多被引用,但全本甚为少见,今所见为《续修四库全书》据上海师范大学图书馆藏本的影印本,另有《四库全书存目丛书》影印明钞本,两书参校,内容完全一致。

　　⑤　柯绍忞:《新元史》卷一九四《任仁发传》,吉林人民出版社1995年版,第3006页。

法,"大抵治水之法有三：浚河港必深阔,筑围岸必高厚,置闸窦必多广",提出"以开江、围岸、置闸为第一义",并将其付诸实践,其治水理论与实践皆集录于著作之中。

除了这些水利专著外,还有许多其他文献也保存了不少相关资料,比较值得关注的是正史中的资料,《宋史·河渠志》和《元史·河渠志》两部正史河渠书,对于江南水利都列有专门篇章。[①] 其他部分如《五行志》《食货志》等部分亦有相关内容。《宋会要辑稿》专列有"水利"一门,记录了不少当时的水利奏议及其施行状况,是非常珍贵的档案性材料;王应麟编著的大型类书《玉海》中亦有相关资料可供参考。从宋代开始,地方志保留至今的相当多,如朱长文《吴郡图经续记》、范成大《吴郡志》、卢宪《镇江志》、俞希鲁《镇江志》等方志,大多列有"水利"一门,辑录有相关资料。宋元时期,也留下了相当多的诗词歌赋文章等,其中关于水利的内容非常丰富,多保留在后人所编的宋元文献中,如《全宋文》《全宋诗》《全元文》《元文类》等,尤其是范仲淹、沈括、苏轼、杨万里、陆游、杨维桢等人的诗文集,颇为值得注意。宋元时代留下的几部农书,如陈旉《农书》、楼璹《耕织图》和王祯《农书》(又名《东鲁王氏农书》)等,其中的许多内容反映了当时的水利技术与农田水利发展状况,值得参考。

二、明清时期

明清时期,由于江南经济文化的高度繁荣,关于江南的水利著作极为丰富,在数量上远远超过前代,流传至今的占现存水利专书

---

① 按：历代正史中共有七部中有《河渠书》《沟洫志》或《河渠志》,关于其内容与评价,可参考邹逸麟《历代正史〈河渠志〉浅析》,载《复旦学报(社会科学版)》1995 年第 3 期。

的90%以上,内容与体例也较前代更加丰富与细化。① 这一时期
水利志书的重要特点之一就是丰富,除了不少新的理论著作外,还
有一些资料汇编和工程案牍,汇集了诸多前人的议论。以下分别
论述之。

新著水利书主要有:

伍馀福《三吴水利论》:全书1卷,分为8篇:一论五堰,二论九
阳江,三论夹苧干,四论荆溪,五论百渎,六论七十三溇,七论长桥百
洞,八论震泽(即太湖)。其文所论均为吴中水利要害,亦多有创
见。沈启《吴江水考》:全书共5卷,前两卷为《水道考》《水图考》
《水源考》《水官考》《水则考》《水年考》《水蚀考》《水治考》《水栅
考》,后三卷为《水议考》,汇集历代水利议论。《吴江水考》虽以吴
江为名,但论述范围广及苏、松、常、镇、杭、嘉、湖七郡,除了述三
江、太湖源委之外,更详考吴江地区水利,保存了著名的"吴江水则
碑"资料。四库馆臣评价该书"于治水条规,颇为明备",但限于篇
幅,"支派曲折,尚不能一一缕载也"。② 清代黄象曦有增辑,主要
增补了沈启以后的有关水利著述。吴韶《全吴水略》:该书首载松、
苏七府总图,次作捍海塘纪,次列太湖三江及诸水源委,并详采疏
导、修筑历代职官之事,全书共七卷。王圻《东吴水利考》:该书论
述了太湖地区的水利问题,尤详于苏、松、常、镇四郡,全书共10
卷,前九卷为图并附说,后一卷为历代名臣奏议。

资料汇集性的水利志书主要有以下几种:

姚文灏《浙西水利书》:姚文灏曾任工部主事,主持过弘治年间

---

① 水力水电科学研究院《中国水利史稿》编写组:《中国水利史稿
(下)》,水利电力出版社1989年版,第504~507页。

② 〔清〕纪昀总纂:《四库全书总目提要》卷七五,河北人民出版社2000
年版,第1978页。

的治水事业,纂成此书。该书收集了宋代至明初治理太湖的论述,姚文灏又加以删削汇编而成。该书主张以开江、置闸、围岸为首务,河道、田围兼修。全书共 3 卷 47 篇,计宋文 20 篇,元文 15 篇,明文 12 篇,查找使用较为方便。由于姚氏有实际治水经验,因此收录前人议论时有所取舍,"诸家之书,取其是而舍其非,如不录宋郏氏诸议及元人置闸篇是也。一家之书,详其是而略其非,如删单书七十二会、任书十闸、金书顺形势,正纲领之类是也。亦有虽是而重言复出者亦略之……又有以常事而饰异名以炫人者,皆所不录……笔有为笔,削为有削,非苟然也。与我同志者详考实验之,自当了然"①。四库馆臣评价其书:"其于诸家之言,间有笔削弃取。如单锷《水利书》及任都水《水利议答》之类,则详其是而略其非。而宋郏氏诸议,则以其凿而不录。盖斟酌形势,颇为详审,不徒采纸上之谈云。"②也正由于这个原因,在摘引相关水利议论时,最好对照原文,以免偏颇。

《吴中水利通志》:作者不详,成书于明代。该书详述苏、常、镇、杭、嘉、湖诸府之水以及历代修浚之迹、考议、奏疏等,叙述迄于明世宗嘉靖二年(1523),全书共 17 卷。归有光《三吴水利录》:全书共四卷,前三卷辑录了前代郏亶、单锷、任仁发、周文英、金藻等人的治水理论外,又"自作《水利论》二篇以发明之",并作"《三江图》附于其后"。因此,该书可以说半是编纂,半是著作,其主旨在于"以治吴中之水,宜专力于松江。松江既治,则太湖之水东下,而

---

① 〔明〕姚文灏编辑,汪家伦校注:《浙西水利书校注》,农业出版社 1984 年版,"凡例"第 1~2 页。

② 〔清〕纪昀总纂:《四库全书总目提要》卷六九,河北人民出版社 2000 年版,第 1860 页。该书有汪家伦校注本(农业出版社 1984 年版),对此有所补充。

他水不劳余力"。虽然如此,亦有人认为归氏过于迂腐于经典,不明变化之理,但归有光家乡在昆山,中年以后又迁居安亭,所置田产庐舍都在吴淞江边上,对当地情况应当是十分熟悉的。因此四库馆臣评价道:"然有光居安亭,正在松江之上。故所论形势,脉络最为明晰,其所云'宜从其湮塞而治之,不可别求其他道'者,亦确中要害。言苏松水利者,是书固未尝不可备考核也。"①显然对其颇为推许。

有明一代,水利论著中内容丰富、价值较高的是以下两种:

张内蕴、周大韶《三吴水考》:张内蕴是吴江生员,周大韶是华亭监生。该书内容多记万历年间林应训治理江南水利之成绩,张、周二人参与其事,并亦有所论。全书共十六卷,共分十二考:《诏令考》一卷,《水源考》一卷,《水道考》三卷,《水年考》一卷,《水官考》一卷,《水议考》三卷,《水疏考》三卷,《水移考》一卷,《水田考》一卷,《水绩考》一卷,《水文考》一卷。② 内容相当丰富,《四库全书总目提要》评价此书:"虽体例稍冗,标目亦多杜撰,而诸水之源流,诸法之利弊,一一详赅。盖务切实用,不主著书,固不必以文章体例绳之矣。"③

张国维《吴中水利全书》:张国维曾主持过万历年间的江南治水,"建苏州九里石塘及平望内外塘、长洲至和等塘,修松江捍海堤,浚镇江及江阴漕渠,并有成绩"④。该书广采历代关于苏、松、

---

① 〔清〕纪昀总纂:《四库全书总目提要》卷六九,河北人民出版社 2000 年版,第 1862 页。

② 《四库全书总目提要》言十六卷合计则为十七卷。核内容后水议考实为二卷,即《四库全书总目提要》有误,实为十六卷。

③ 〔清〕纪昀总纂:《四库全书总目提要》卷六九,河北人民出版社 2000 年版,第 1863~1864 页。

④ 〔清〕张廷玉等修:《明史》卷二七六《张国维传》,中华书局 1974 年版。

常、镇四府的水利文献,分类编纂,汇集了明代及之前的绝大多数水利议论。全书共 28 卷,所录资料丰富,内容涉及图说、水源、水脉、水名、河形、水年、水官、水治、诏命、敕书、奏状、章疏、公移、书、志、考、说、论、议、序、记、策对、祀文、诗歌等。该书最大的特点在于地图,首列东南七府水利总图,之后各府、县均有图幅,并有太湖、三江各项专题地图共 52 幅。清代四库馆臣评价道:"所记虽止明代事,然指陈详切,颇为有用之言。……是书所记,皆其阅历之言,与儒者纸上空谈固迥不侔矣。"①张国维作为明末重臣,其论著《抚吴疏草》等在清代被列为禁书,此书却收入《四库全书》,显见其重要性。

清代新著水利书不多,新著的主要有:

陈士镴《江南治水记》。该书记录了以夏原吉为主的明代人治理太湖的事迹,大致主张广浚分支,共享三江之水,多为尾闾,以杀震泽之怒,全书共 1 卷。②钱中谐《三吴水利条议》,全书共 1 卷,分六篇,首论设水官以专责成,次论太湖三江五堰,又次论开吴淞江,又次论水势,最后论五堰不可决。该书博考群书,言之有据,可谓熟悉水利之言,现存有《昭代丛书》本。顾士琏等辑《新刘河志》《娄江志》,新刘河为太仓知州白登明开凿朱泾旧迹而成。顾士琏创议兴工,参与其事,故辑其始末为 1 卷,以自著水利诸论以及治水要法各编附刊于后,二书合为一种,现存有《吴中开江书》本。沈恺曾《东南水利》,全书共 8 卷,前四卷辑录康熙以来关于太湖治理的奏议,后四卷记载相关水利沿革。张崇儒《东南水利论》,全书共

①〔清〕纪昀总纂:《四库全书总目提要》卷六九《史部·地理类·吴中水利全书》,河北人民出版社 2000 年版,第 1864 页。
②关于此书可参考冯贤亮《明代江南水利简史一种——介绍〈明江南治水记〉》,载《文献》2000 年第 1 期。

3卷。上卷论吴松江水利,中卷论嘉(定)、宝(山)水利,下卷论松南水道,各卷均有图说,具有有较浓厚的地方色彩。

其中比较重要的是王凤生《浙西水利备考》和凌介禧《东南水利略》。前书记述了作者在道光年间奉命勘查浙西的途中见闻,并证以前贤之论,首冠东南七府水利总图,次为三江大势情形;次为杭、嘉、湖三府所属州县水道。《东南水利略》又名《蕊珠仙馆水利集》,共六卷,卷一为太湖沿湖水道图,共25幅;二、三两卷论三江太湖源流异同;四、五两卷分论各地水道要害;六卷为当道往来讨论书札。① 从内容上来看,二书主要关注于杭(州)嘉(兴)湖(州)地区的水利状况,对太湖南岸地区水利史研究有较高的价值。

其余水利志书以工程案牍资料汇编为主,主要有以下三种:(1)《三江水利纪略》,该书前题名为庄有恭,实为苏尔德等撰,主要记叙乾隆二十八年(1763)江苏巡抚庄有恭兴修苏、松、太三江水利事。首列三江图及奏议公文,次列章程条议,然后叙述各河源委、工程量及经费情况,全书共四卷。(2)陈銮的《重浚江南水利书》,该书记载道光间陶澍、林则徐等人治理太湖地区水害的工程情况,书首列江苏水道图等11幅,末考历代治水事迹。全书共75卷,附叙录8篇。② (3)李庆云等人编纂的《续纂江苏水利全案》,为续陈銮《江南水利书》而作,体例亦与之相仿,系收集同治五年(1866)至光绪十四年(1888)兴修江苏四府一州水利案牍编纂而成,全书正编40卷,卷首1卷,附编12卷。

这一时期水利著述的另一个突出特点是记叙对象的细化,具

① 丁海斌:《中国古代科技文献史》,上海交通大学出版社2015年版,第527页。

② 按:《清史稿·艺文志》中有题名陶澍撰的同名书,经核对,二书内容基本相同。

体到一县、一河、一湖、一堰都有专题著述。薛尚质《常熟水论》和耿橘《常熟县水利全书》,详细描述了明代常熟地区的水利状况。尤其是耿橘《常熟县水利全书》,系统地总结了圩区分级控制、分区排水等圩田水利技术,对当时的水利技术如"开河法""筑岸法"等有详细记载,是不可多得的宝贵资料。① 胡景堂《阳江舜河水利备览》《薛家浜河谱》《延寿河册》,王铭西《常州武阳水利书》《浚河录》等书都是关于常州、镇江一带的地方水利志书。王凤生《乌程长兴二邑溇港说》则详细描述了乌程、长兴二县所属的数十条溇港,并配以图说。徐用福《横桥堰水利记》(又名《浙西泖浦水利记》)详细记载了松江、嘉兴二府交界附近横桥堰的水利形势及其变化。②《芙蓉湖修堤录》《治湖录》专门记载旧芙蓉湖地区(武进、无锡、江阴三县交界地区)从湖泊到圩田的转变过程。其他如《镇江水利图说》《金陵水利论》等亦属此类。这些细化的资料,往往是研究小地域水利与社会的宝贵资料。

同时,专题水利志书如湖泊志、海塘志等也开始大量出现。湖泊志主要有以下几种:

关于太湖的主要有明代蔡升撰《震泽编》,本名《太湖志》,王鏊重修时改为今名。该书首记五湖、七十二山、两洞庭,次述石泉古迹、风俗人物、土产贡赋,全书共 8 卷,是现存最早的关于太湖的专志。《具区志》,清代翁澍撰,该书以明代蔡升《太湖志》、王鏊《震泽编》为基础,参酌增损,续成此书,于濒湖港渎介绍独详,全书共16 卷。《太湖备考》清金友理撰,金玉相续增,全书 16 卷。详细介

---

① 关于此书可参考张芳《耿桔(橘)和〈常熟县水利全书〉》,载《中国农史》1985 年第 3 期。

② 冯贤亮:《清代江南乡村的水利兴替与环境变化——以平湖横桥堰为中心》,载《中国历史地理论丛》2007 年第 3 期。

绍分析了太湖的地理、水系、山体、物产、民俗等,并总结了它们之间的相互关系,具有重要的历史价值和科学价值。该书收入"江苏地方文献丛书"(江苏古籍出版社 1988 年版),在整理时附入吴曾《湖程纪略》和郑言绍《太湖备考续编》。

丹阳练湖在江南运河史上有重要地位,其志书主要是《练湖志》,清代黎世序撰。该书收集了历代关于练湖治理的奏章、公牍、论说、图考、碑记、诗文等,广泛征引正史、野史资料和地方志资料,完整呈现了练湖的发展演变轨迹。全书共 10 卷。关于练湖,还有汤谐的《练湖歌叙录》,主要辑录了湖田争夺的案牍。二书后人均有增补。杭州西湖既是著名的风景区,也是重要的水利工程,其志书主要有明代田汝成《西湖游览志》24 卷、《西湖游览志余》26 卷,以及清代沈德潜《西湖志纂》12 卷,以上诸书内容较为庞杂。对水利记述较为详细的是雍正十二年(1734)由浙江总督李卫监修、傅王露总纂的《西湖志》,共 48 卷,另有吴农祥的《西湖水利考》。余杭南湖是太湖上游东苕溪上的重要水利工程,自汉代兴筑以来历史悠久,至迟至宋代即有相关水利议论(北宋宣和年间成无玷《南湖水利记》),其志书主要有明代陈幼学的《南湖考》、陈善《南湖水利图考》和清代的《续浚南湖图志》。近人辑为《南湖牍文》,收入"余杭历史文化研究丛书"(西泠印社 2009 年版)。

海塘是中国古代与长城、运河并列的三大工程之一,也是太湖流域重要的水利内容。现在最早的专著是明代仇俊卿《海塘录》,"万历十五年海盐塘溃重修,俊卿因录其图式案牍为此书",此书也属于工程资料汇编。清代是太湖流域海塘修筑的高峰时期,关于海塘的志书数量大增,主要有乾隆十六年(1751)方观承主修《两浙海塘通志》20 卷,记述乾隆年间两浙(浙东、浙西)海塘修筑情况;乾隆二十九年(1764)翟均廉所修《海塘录》26 卷,专记浙江杭州、海宁、海盐等地海塘内容;乾隆五十五年(1790)琅玕《海塘新志》6

卷,接方观承书续至乾隆五十五年止,而嘉庆十三年(1808)杨镕的
《海塘揽要》则集之前诸书之大成。此外还有钱文瀚的《捍海塘志》
1卷,道光十九年(1839)富呢扬阿《续海塘新志》4卷,光绪十六年
(1890)李庆云所修《江苏海塘新志》8卷等。

除了上述资料之外,亦有许多其他的水利资料。文集之类,可
参考陈子龙等编《明经世文编》、黄宗羲《明文海》、万表《皇明经济
文录》、黄虞稷《千顷堂书目》、《明史·艺文志》、贺长龄《皇朝经世
文编》、盛康《清朝经世文正续编》等,并可由此按图索骥,深入探
寻。明清时期,亦是类书编纂的高峰时期,顾炎武《天下郡国利病
书》《肇域志》,顾祖禹《读史方舆纪要》,陈梦雷主编《古今图书集
成》及王锡祺《小方壶斋舆地丛钞》等类书中,均保留了大量的太湖
流域水利资料。其中尤以傅泽洪等人所编的《行水金鉴》为最,辑
录了自先秦至康熙末年的水利资料,黎世序等人的《续行水金鉴》,
记载时间自雍正元年至嘉庆末年止(1723—1820),虽以黄河、运河
为主,但亦有江南水利的相关资料。

江南地区的地方志资料极为丰富,除了全国性的《大明一统
志》《大清一统志》外,各省通志,各府、州、县志,乃至于乡镇志、村
志都有大量留存。① 目前比较常见的有《中国地方志集成乡镇志专
辑》《上海乡镇旧志丛书》等此外还有大量金石碑记资料可供参考。
在中央一级,又有大量的档案资料,如明清两朝的会典、圣训、朱
批、官员奏折、上谕档、实录,有关水利的资料甚多,也有相关的整
理成果,如中国科学院地理科学与资源研究所、中国第一历史档案
馆编《清代奏折汇编——农业·环境》(商务印书馆2005年版)等,

---

① 关于各地方志的编修与保存情况,可参考陈金林、徐恭时《上海方志
通考》,上海辞书出版社2007年版;陈其弟《苏州地方志综录》,广陵书社2008
年版。

均可供参考。

此外,清代考据学大兴,有诸多考据成果涉及太湖水利问题,陆陇其、魏源、包世臣、沈垚等人的文集值得参考。明清的农书、水工技术书等,如明代邝璠《便民图纂》、徐光启《农政全书》,清代乾隆时官修《授时通考》,以及民间孙峻《筑圩图说》①、陈瑚《筑围说》②等,亦可一窥当时的水利技术状况。晚清经世学派兴起,亦有诸多相关议论。

三、民国时期

民国时期,虽然政局动荡,水旱灾害频繁,加之战争的破坏与影响,水利建设成就有限。但由于水利界人士的努力及西方现代水工技术的传播,政府成立了一些相关工程管理机构,如"江苏水利局""太湖水利工程局""太湖流域水利委员会"等,引入现代西方水利技术,大兴实地调查勘测,水利议论不断,相关的志书、刊物亦逐步发展。③

水利志书主要有两种,一是江南水利局所编民国《江南水利志》,该书署名为沈佺,实出秦绶章、姚文枏等人之手,记事自 1912年至 1920 年 6 月,共 10 卷,分别为议论、财用、测量、河工、塘工等内容,主要是江南水利局的档案汇编,其最大亮点是反映了西方现代水利工程技术在太湖流域水利事业中的传播与应用。④

---

① 该书经汪家伦整理,与明代耿橘的"筑圩法"合编为《筑圩图说及筑圩法》,由农业出版社于 1980 年出版。

② 见《棣香斋丛书》,收入《续修四库全书》第 975 册《子部·农家类》。

③ 详参考冯贤亮、林涓《民国前期苏南水利的组织规划与实践》,载《江苏社会科学》2009 年第 1 期。

④ 关于此书,可参考程家祥、张经文《读〈民国江南水利史志〉》,载《水利志史专刊》1988 年第 2 期;叶舟《民国〈江南水利志〉研究》,载《江苏地方志》2006 年第 2 期。

二是《江苏水利全书》,武同举(1871—1944)纂,曾任《江苏水利协会杂志》主编、国民政府江苏水利署主任,兼河海工科大学水利史教授,主要著作有:《淮系年表全编》、《再续行水金鉴》(与赵世暹合著)、《江苏水利全书》、《江北行水今昔观》、《会勘江北运河日记》、《测勘海州港口乡导记》等。《江苏水利全书》为武同举历时13年编纂而成,本为编纂《江苏通志水工志稿》而收集资料,后独自编纂成书。凡手稿14巨册,150余万字。全书共计7编43卷,包括长江、淮河、运河、太湖水利,江南海塘、里下河及盐垦区水利与淮北沂沭流域水利,记事上起先秦,下至民国二十六年(1937),堪称研究江苏水利的资料宝库,其中太湖流域的资料占据巨大篇幅,现有南京水利实验处刊本。①

此外尚有扬子江水利委员会所编《白茆河水利考略》、钟歆《扬子江水利考》及李书田等《中国水利问题》等书;汪胡桢主持的中国水利工程学会,也选取水利古籍之珍贵罕见者进行收集与整理,印为《水利珍本丛书》;武同举、赵世暹等人亦收集资料,承继前书,编成《再续行水金鉴》,这些资料均可参阅。

相关水利刊物有:江苏水利协会《江苏水利协会杂志》,太湖流域水利工程处《太湖流域水利季刊》,此外《江苏建设季刊》《浙江建设》《水利月刊》《水利通讯》《农业周报》等刊物亦有不少关于太湖流域水利问题的文章,尤其是前二者,刊有诸多实地调查资料,这些实地调查极为珍贵,标志着中国水利技术从古代向近代的转变。不过这些刊物质量参差不一,有些刊物内容偏重于各机关的工作情况报道,使得刊物类似于文件和资料的汇编。由于政局动荡,水利机构变动频繁,这些刊物的发行也多受影响,大部分印数

---

① 关于武同举的生平与著述,可参考唐元海《自学成才的水利史专家——武同举》,载《治淮》1996年第7期。

少,质量差,发行时间一般也较短,少有超过 10 年以上的,因此查找利用起来颇感不便。① 此外,李书田、林保元、胡雨人、孙辅世等人亦有诸多文章可供参考,关于黄浦江的水利航运状况,有浚浦局的相关档案可以参阅。

由上可见,江南地区水利志书资料极为丰富,但从目前的研究利用程度来看,还远不够充分。近年来学者和相关部门已经做了大量的整理出版工作,比较重要的有以下几项:

由水利电力部水管司、水利水电科学研究院主编《清代江河洪涝档案史料丛书》,该丛书系根据清代档案材料中的洪涝资料汇编而成,包括雨情、旱涝灾情、河道变迁及治理等诸多史料,先后出版的有海河滦河流域、淮河流域、黄河流域、长江流域和西南国际河流、辽河松花江黑龙江流域、浙闽台地区诸流域等几大流域的资料,均由中华书局出版,极为珍贵,其中长江流域编与太湖水利直接相关。此外,中国水利水电科学研究院水利史研究室也整理出版了许多水利志书如《再续行水金鉴》等。成系列的出版物主要有以下两种:一是《中华山水志丛刊》,由石光明、董光和、杨光辉主编,线装书局 2004 年出版。此丛刊系国家图书馆集中力量,从其馆藏明清山水志中,精选出 316 种,上为山志,下为水志,有不少稀见志书。二是《中国水利志丛刊》,马宁主编,郑晓霞、张智副主编,汇辑我国内地所藏历代水利志书 90 余种,包括水利总论、各省水道考说及具体河道的研究著作,广陵书社 2006 年出版。其收录的书目多为同类丛书中未出版过的,一些名气较大而又较通行的品种因为曾多次出版,不予重复收录。《中国水利志丛刊》中收录有比较少见的明清钞本、稿本等,每种前均有题解,详叙该书的作者、

---

　　① 民国时期水利刊物甚多,具体可参考颜元亮《民国时期水利刊物概要》,载《水利志丛刊》1988 年第 5 期。

内容和版本等。

相关资料比较集中的还有,谭其骧主编七册本《清人文集地理类汇编》(浙江人民出版社 1986 年版),与水利相关的内容多有搜集,亦具参考价值。《京杭运河(江苏)史料选编》编纂委员会编《京杭运河(江苏)史料选编》(人民交通出版社 1997 年版),汇集了上自先秦,下至中华人民共和国成立前京杭运河江苏段的有关史料,引用书刊典籍近 300 种,选录相关条目 3190 余条,太湖流域部分(镇江至杭州段)占相当大的比重。① 张芳、王思明主编《中国农业典籍目录》(北京图书馆出版社 2003 年版)列有"水利"一门,对国内外的水利志书的存佚及其馆藏情况做了总结,使用甚为方便。陈述主编《杭州运河文献》(杭州出版社 2006 年版),主要收录了运河杭州段的相关资料,如《东城杂记》《艮山杂志》《北隅掌录》《三塘渔唱集》等作品。

以上是笔者就所见有关江南的水利志书,做一简要论述,手眼所限,难免挂一漏万。相信随着研究、整理工作的进一步深入,还会有更多新资料和新成果出现。这些丰富的水利志书,保存有丰富的水利兴废、环境变迁、地方经济开发、民间信仰乃至社会形态等多方面的重要资料,对于水利史、农业史、社会史、环境史乃至历史文献研究都有着非常重要的作用②,对其进一步地做整理、研究工作也就显得更为重要。而研究太湖流域的水利史,其资料也远远不止这些,大量丰富的正史(主要是河渠志、灾异志与食货志部分),档案资料(如实录、上谕档等),地方志(从一统志到省志、府州

---

① 王云:《近十年来京杭运河史研究综述》,载《中国史研究动态》2003年第 6 期。

② 石光明:《明清时期山水志书的学术价值研究》,载《农业考古》2006年第 1 期。

志、县志、乡镇志乃至村志),政书,文集乃至诗词歌赋等,均有大量的相关内容值得注意,在此不再赘言。深入发掘并认真利用这些资料,对现有研究工作的推进作用不言自明。

第二节　历代治水议论述评

一、历代治水议论

　　江南地区的开发与社会历史进程,可以说是与水利问题相始终。随着区域经济社会的发展与细化,水利问题日益凸显。早在南朝时,已经出现了"松江沪渎壅噎不利"的情况,时人已有治水之议。[①] 但当时问题还并不严重,之后又有唐末五代时期尤其是吴越国的大力修治,河流水系维持了较长时期的稳定。到了北宋初年,政治上偏重于漕运而忽视了农田水利,"自皇朝一统,江南不稔则取之浙右,浙右不稔则取之淮南,故慢于农政,不复修举。江南圩田、浙西河塘太半隳废,失东南之大利"[②]。加之人工水利工程(吴江长桥及塘路、五堰等)大量修建,以"高圩大浦"为主要特征的塘浦圩田体系遭到破坏,以吴淞江为主干的河流体系淤塞情况已经非常严重。"庆历二年,欲便粮运,筑北堤,横截江流五六十里,致震泽之水,常溢而不泄""江尾与海相接处汙淀,茭芦丛生,沙泥涨塞"。[③] 由此导致的后果是水旱灾害的频发,如苏轼所描述:"臣到吴中二年,虽为多雨,亦未至过甚,而苏、湖、常三州皆大水害稼,至十

---

①　〔南朝梁〕沈约:《宋书》卷九九,中华书局 1974 年版,第 2435 页。

②　〔北宋〕范仲淹:《答手诏条陈十事》,见《范文正公政府奏议》卷上,《丛书集成续编》第 45 册,上海书店 1994 年版,第 875 页。

③　〔北宋〕单锷:《吴中水利书》,《景印文渊阁四库全书》第 576 册,台湾商务印书馆 1986 年版,第 4 页。

七八,今年虽为淫雨过常,三州之水遂合为一,太湖、松江与海渺然无辨者。"①对此,范仲淹等人虽进行过治理,但都不成体系。这时的治水议论,也都停留在小地域层面,少有全流域的通盘规划。

王安石变法期间,全国兴起兴修水利的高潮,北宋熙宁二年(1069),颁布《农田水利法》,"分遣诸路常平官,使专领农田水利",同时鼓励官民建言,"吏民能知土地种植之法,陂塘、圩埠、堤堰、沟洫利害者,皆得自言;行之有效,随功利大小酬赏"②。以此为契机,大量水利议论出现。尽管在具体实施过程中不乏政治斗争的色彩,但也正是这些争论,使得对太湖流域的水利问题的探讨更为深入。其中,被奉为太湖流域两大治水派别之祖的郏亶和单锷,就是在这一背景下出现的。

郏亶(1038—1103),字正夫,苏州人。嘉祐二年(1057)进士,历任睦州团练推官、广东安抚司机宜,熙宁五年(1072)除司农寺丞,历江东转运判官、温州知府等官。郏亶的水利著作是《吴门水利书》,包括《苏州治水六失六得》《治田利害七论》两部分,全书凡一万两千余言,篇幅虽不长,内容却很丰富,并有不少独特的见解。《吴郡志》记载了其上书的内容:

> 熙宁三年,昆山人郏亶,自广东机宜上奏:以谓天下之利,莫大于水田,水田之美,无过于苏州。然自唐末以来,经营至今,而终未见其利者,其失有六。今当去六失,行六得。③

郏亶系统地总结了太湖水利发展的历史经验,对唐五代时期

---

① 〔北宋〕苏轼:《进单锷〈水利书〉状》,《苏轼全集·文集》卷三二,上海古籍出版社2000年版,第1265页。

② 〔元〕脱脱等:《宋史》卷一七三《食货志》,中华书局1977年版,第4167页。

③ 〔南宋〕范成大撰,陆振岳点校:《吴郡志》卷一九《水利》,江苏古籍出版社1999年版,第264页。

的塘浦圩田体系进行了认真的研究,其间虽然不乏对吴越水利制度的溢美之词,后人也以为其多夸张之词,但具体来看,其议论并非空谈,有很多实地踏勘的结论。在太湖水利史上,郏亶第一次辩证分析了太湖流域地形的高低分区:

> 苏州五县,号为水田。其实昆山之东,接于海之瑶陇。东西仅百里,南北仅二百里。其地东高而西下……常熟之北,接于北江之涨沙,南北七八十里,东西仅二百里。其地皆北高而南下……是二处,皆谓之高田。而其昆山瑶身之西,抵于常州之境,仅一百五十里。常熟之南抵于湖、秀之境,仅二百里。其地低下,皆谓之水田。①

由于微地貌方面的差异,高田、低田两大地区在水利上也存在着较大的不同。高田地区"地皆高仰,反在江水之上,与江湖相远。民既不能取水以灌溉,而地势又多西流不得蓄聚。春夏之雨泽,以浸润其地。是环湖之地,常有水患;而沿海之地,常有旱灾"。而低田地区,"地皆卑下,犹在江水之下,与江湖相连。民既不能耕植,而水面又复平阔,足以容受震泽下流,使水势散漫,而三江不能疾趋于海"②。

在此基础上郏亶中肯地分析了北宋前期太湖水利的诸多弊病,即"自唐末以来,经营至今,而未见其利者,其失有六"。他认为主要弊端在于"只知决水,不知治田""惟知治水,不知治旱""上下因循,修修补补",不注意统一规划和整体治理,只有局部的小修小补。要从根本上解决这些问题,"必欲治之,固当去其六失,得其六得"。其基本方法是:根据高田区与低田区的地形特点,充分借鉴

---

① 〔南宋〕范成大撰,陆振岳点校:《吴郡志》卷一九《水利》,江苏古籍出版社 1999 年版,第 266 页。

② 〔南宋〕范成大撰,陆振岳点校:《吴郡志》卷一九《水利》,江苏古籍出版社 1999 年版,第 269 页。

前人尤其是五代吴越时的经验;以治田为本,将治水与治田有机结合;蓄泄兼施,旱涝并治;整体规划,合公私之力,大力整治。在此基础上,郏亶提出了高圩深浦、驾水入港归海的治水方略。具体治理措施是:按照太湖地区四周高仰、中部低洼的特点,将全区分为高田区和低田区。外缘高田区以深浚塘浦为主,并于高低接界处设置堰闸,以旱涝来调节控制蓄泄。腹里低田区以高筑堤岸为主,利用开挖河渠的土方来修筑圩岸,形成高圩深浦、位位相承的圩田系统,分布高田区和低田区的横塘纵浦,既相互贯通,又有所节制,"水不乱行",使低田区御洪与高田区引灌灌溉相辅为用。太湖洪水则依农田—塘浦—三江—大海的顺序,最终入海。①

郏亶的上书,正迎合了王安石变法时的政治需要,很快受到重视,其治水经过如下:

> 朝廷始得亶书,以为可行,遂真除司农寺丞,令提举兴修。亶至苏兴役,凡六郡、三十四县,比户调夫,同日举役。转运、提刑,皆受约束。民以为扰,多逃移。会吕惠卿被召,言其措置乖方。熙宁元年正月一日,有旨郏亶修圩,未得兴工。官吏所见不同,各具利害奏闻,人皆欢然。十三(五)日,庭下方张灯,吏民二百余人,交入驿庭,喧哄斥骂。灯悉踩践,驿门亦破。亶幞头堕地,一小儿在旁,亦为人所挈。前此,方尽遣诸县令,出郊标迁圩地。至是,诸令鸣铙散众,遂罢役。亶追司农寺丞,送吏部流内铨。②

---

① 关于郏亶的水利书及其治水理论,可参考汪家伦《郏亶和他的〈水利书〉》,载《中国水利》1983 年第 4 期。

② 〔南宋〕范成大撰,陆振岳点校:《吴郡志》卷一九《水利》,江苏古籍出版社 1999 年版,第 280 页。按郏亶上书为熙宁三年,此处云熙宁元年,疑为五年之误。

郑亶的具体治水活动由于诸多原因尤其是政治原因而以失败告终,但在退职之后,他将自己的水利理论运用到自己家乡,并取得了不错的效果。郑亶被重新起用,"复召为司农寺主簿,稍迁丞,预修司农寺敕式,颇号完密"。郑亶通过个体的水利实践,论证了其治水理论的合理性。

单锷(1031—1110),字季隐,宜兴人,嘉祐年间进士。单锷潜心于太湖水利,他首先总结了宋代前期治水的失误之处,在于缺少认真的调查研究,不了解水患的症结所在,"朝廷屡责监司,监司每督州县,又间出使者,寻按旧迹,使讲明利害之原。然西州之官求东州之利,目未尝历览地形之高下,耳未尝讲闻湍流之所从来,州县惮其经营,百姓厌其出力,均曰:'水之患,天数也。'按行者驾轻舟于汪洋之陂,视之茫然,犹摘埴索途,以为不可治也。间有忠于国,志于民,深求而力究之。然犹知其一而不知其二,知其末而不知其本,详于此而略于彼"①。显然,将水灾的原因全部归结为自然是片面之词,太湖水利的复杂性,也非寻常人可掌握,由此而论治水,自然不得要领。

对于当时水利问题的原因,存在着不同的认识,大致有以下几种:一是认为由于塘浦圩田解体,削弱了防御洪涝的能力;二是认为因出水港浦淤塞,导致宣泄不畅;三是以为由于吴江长堤壅阻,导致吴淞江流缓滞;四是认为胥溪五堰的毁坏,增加了太湖来水;还有人以为是荆溪百渎的湮塞所导致。单锷认为,这些见解虽然不无道理,但都失于偏颇。他主张从全局形势着眼来看待并解决问题,并以人的身体来类比太湖水系,"以锷视其迹,自西伍堰,东至吴江岸,犹人之一身也。伍堰则首也,荆溪则咽喉也,百渎则心也,震泽则腹也,旁通震泽众渎,则脉络众窍也,吴江则足也"。水

---

① 〔北宋〕单锷:《吴中水利书》,《景印文渊阁四库全书》第576册,台湾商务印书馆1986年版,第1页。

患的原因正是由于这些部位出了问题,"桎其手,缚其足,塞其众窍,以水沃其口"。结果"沃而不已""纳而不吐",最终"腹满而气绝",导致水灾频繁。①

单锷以为导致水灾的真正原因在于来水增加而去水不畅:"上废五堰之固,而宣、歙、池九阳江之水不入芜湖,反东注震泽;下又有吴江岸之阻,而震泽之水,积而不泄。"而这两者之中,又以吴江岸的作用为主。他比较了两者的作用后评价道:"百渎非不可治,伍堰非不可复,吴江岸非不可去,盖治有先后。且未筑吴江岸之先,伍堰之废已久。然而三州之田,尚十年之间熟有五六,伍堰犹未为大患。自吴江筑岸已后,十年之间,熟无二三。"②若要真正治理太湖水利,一定要处理好来水、去水和库容三者之间的关系。单锷的治水论点和措施,可以概括为"杀其入,宣其出,利其泄",主要措施如下:上治五堰,使西水不入外;下治吴江岸,为木桥千所,使太湖水东注于海;置常州运河十四斗门,导水入江;开夹苧干渎,泄洮㵼湖水入江。③ 单锷的治水理论侧重于排泄洪水,也为后世多数治水者所重视。

对于郏亶、单锷二人的水学,后代虽褒贬不一,但大都承认他们的意见具有开创之功,对后世影响巨大。清代王铭西在《常州武(进)阳(湖)水利书》中,把单锷《吴中水利书》的问世看作是三吴水利大兴的标志。对于郏亶、单锷二人的分异,宋代赵霖评价道:"郏亶言水利专于治田,单锷言水利专于治水。"也正由此,后人一

---

① 〔北宋〕单锷:《吴中水利书》,《景印文渊阁四库全书》第 576 册,台湾商务印书馆 1986 年版,第 1 页。

② 〔北宋〕单锷:《吴中水利书》,《景印文渊阁四库全书》第 576 册,台湾商务印书馆 1986 年版,第 4 页。

③ 汪家伦:《北宋单锷〈吴中水利书〉初探》,载《中国农史》1985 年第 2 期。

般将郏亶称为治田派,而将单锷称为治水派。其中也不乏门户之见而或褒或贬,尤以明代归有光的意见最为尖锐(详见后论)。其他如清代的嘉庆《直隶太仓州志》批评道:"郏之说不尽可用,单之术及身试之而民怨沸腾。"①宋代的薛季宣高度推崇单锷:"单君(锷)之论于吴之水害,真膏肓之针石也,读其书者其可忽诸!"②清代黄象曦却批评单锷,"锷宜兴人,宜兴水之归震泽者大半从五堰来,所以云然。不知震泽之水在宜兴以北来者十之三,在杭湖二郡来者十之六七也"③。清代康基田也批评道:"郏氏父子,荆公所用之人,世因以废其书,至观其规画之精,自谓范文正公不能逮,非虚言也。单锷本毗陵人,故多论荆溪运河古迹、地势蓄泄之法,其一沟一港,皆躬自相视,独于淞江体势,未得要领。"④

但多数人都认为此二人已经曲尽三吴水利之精髓,当综而用之。比如明代屠隆认为:"昔人之推水学者,曰郏亶、曰单锷,郏亶详于治田,单锷详于治水,兼而用之,水政举矣。"⑤清代陆陇其予以辩证的分析:"郏亶主于筑堤捍出,而单锷主于涤源浚流。亶之说,可以防一时之害;而锷之说,可以规百世之利。故急则宜从亶,而缓则宜从锷,二者相时而举之可也。"⑥清代邵长蘅《毗陵水利议》

---

① 嘉庆《直隶太仓州志》卷二〇《水利下》,《续修四库全书》第 697 册,上海古籍出版社 2002 年版,第 315 页。

② 〔南宋〕薛季宣:《浪语集》卷二七《书单锷〈吴中水利书〉后》,《景印文渊阁四库全书》第 1159 册,台湾商务印书馆 1986 年版,第 423~424 页。

③ 〔清〕黄象曦增辑:《吴江水考增辑》卷三《水议考上》。

④ 〔清〕康基田:《河渠纪闻》卷八,《四库未收书辑刊》第 1 辑第 28 册,北京出版社 2000 年版,第 749 页。

⑤ 〔明〕张国维:《吴中水利全书》卷二一《屠隆东南水利论》,《景印文渊阁四库全书》第 578 册,台湾商务印书馆 1986 年版,第 784 页。

⑥ 〔清〕陆陇其:《三鱼堂外集》卷四《东南水利》,《景印文渊阁四库全书》第 1325 册,台湾商务印书馆 1986 年版,第 246 页。

总结历代水利议论后评价："宋人亟议复五堰,复十四斗门,治吴江岸;明人亟议浚吴淞,浚浏河,导白茆港,类皆祖郏氏、单锷诸书。"①钱泳总结道："故郏亶言水利专于治田,单锷言水利专于治水。要之治水即所以治田,治田即所以治水。总而言之似瀚漫而难行,析而治之则简约而易办。高田之民自治高田,低田之民自治低田,高田则开浚池塘以蓄水,低田则挑筑堤防以避水。池塘既深,堤防既成,而水利兴矣。"②郏、单二人的水利议论均为后人所重视。

在此之后,郏亶之子郏侨,总结郏亶、单锷之说,采其合理之论,弃其片面之见,参以己意,提出综合治理方略。在郏侨看来,太湖水患的日益加剧,一是堤防堰闸之制的毁坏,一是来水去水的不平衡。因此,治水治田应当密切结合,同时并举,方能奏效。在治水规划方面,其基本精神可以概括为:减少进入太湖的水量,畅通太湖泄水通道,扩大排水出海的能力,广辟水路,宣泄地区径流,以达到"旁分其支脉之流,不为腹内畎亩之患"。稍后的赵霖则从技术角度出发,总结治水之法有三:"一曰开治港浦,二曰置闸启闭,三曰筑圩裹田。"③之后,元代的任仁发亦认为要以"开河、围岸、置闸为第一义"。此后,在治水理论方面并无太多创新。

由于该地区经济地位的日益重要,与太湖水利治理的相关论述也越来越多,这些人或为朝廷重臣,或为地方官吏,或是饱学有识之士。仅就宋代而言,除了前述诸位外,还有范成大、丘与权、许光凝、向子諲、史才、周环、赵子潇、陈正同、陈弥作、丘寀、薛元鼎、毛渐、章

---

① 〔清〕邵长蘅:《毗陵水利议》,载〔清〕卢文弨辑《常郡八邑艺文志》卷一,《续修四库全书》第 917 册,上海古籍出版社 2002 年版,第 365 页。

② 〔清〕钱泳撰,张伟校点:《履园丛话》卷四《水学》,中华书局 1979 年版,第 88 页。

③ 〔南宋〕范成大撰,陆振岳点校:《吴郡志》卷一九《水利》,江苏古籍出版社 1999 年版,第 288 页。

冲、王彻、罗点、张叔献、徐谊、李珏、沈度、任古、卫泾等,对太湖水利均有所言,但其所论,大多不出前述的讨论范围。

之后的元、明、清历朝,有关太湖水利的文献愈益繁多,至明清时,"在廷之臣争言水利"甚至成为一种社会风气。然论述治水方略者,多师承宋人之说,在此基础上加以引申、评论、补充和发挥,除了任仁发、周文英、金藻、归有光等少数人之外,新颖的见解不多。治水者大都着眼于除水患,或重于上游分杀,或重于下游宣泄,总之,只要能把水排入大海,就算大功告成。当然,各个时期由于形势不同,治水的侧重点也有所不同,但这些议论依然不出郏、单之论,"类皆祖郏氏、单锷诸书"①。而随着环境与水利形势的变化,元代以后太湖的出水问题越来越突出。因此,绝大多数论述太湖治水者大都贯注于下游一隅,涉及上游问题者甚少,这些人被统称之为下游泄水派,可以说是名副其实。同时,由于水患严重,多数治理措施只着眼于排泄洪水,对于基本的农田水利建设较为忽视,即"只知决水,不知治田",这也是治水工程屡兴(据武同举《江苏水利全书》统计,明代治水工程在 1000 次以上,而清代更在 2000 次以上),但不能取得长久效果的重要原因。

二、"三江水学"与江南水利

在中国古代,水利事业往往受政治、学术等因素影响,张含英曾指出,中国古代的治水事业,由于受到尊经崇古思想的制约,即使有所发明创新,也往往不得不引经据典,以附会经典来寻找理论依据,这在黄河的治理中尤为明显。② 在江南地区的水利史中也有

---

① 〔清〕邵长蘅:《毗陵水利议》,载〔清〕卢文弨辑《常郡八邑艺文志》卷一,《续修四库全书》第 917 册,上海古籍出版社 2002 年版,第 365 页。

② 张含英:《我国古代治水的尊经崇古思想》,见张含英《余生议水录》,中国水利水电出版社 1999 年版,第 21~22 页。

类似现象,尤其是三江为核心的"三江水学",因与儒家经典《尚书·禹贡》关系密切,对于太湖水利史的进程影响也最大。《尚书·禹贡》云:"淮海惟扬州,彭蠡既潴,阳鸟攸居。三江既入,震泽底定。"震泽就是太湖,世所公认。对于三江的解释,自汉代以来有多种不同说法,莫衷一是,争论颇大。清代钱泳曾总结道:"三江之说,自昔互异。或以班固、韦昭、桑钦诸家为是,或以孔安国、郭璞、张守节、程大昌为是。"①从理论争论上来看,争论的核心问题在于《禹贡》所指的三江,是否就是太湖分流入海的三条河道。

《禹贡》作为描述全国地理情况的著作,所言河流情况自以名山大川为主,故三江皆为"扬州川"。从自然地貌来看,长江下游干流自身,并不存在分流入海的情形。② 由此导致历代学者在考订三江时陷入了经典记述与实际地理情况不符的情况,故而三江之争中,长期掺杂着对经典的附会与糅合,尤其是历代经学家抱经守典,即吴骞所论,"自汉以来,诸儒释三江者纷纶纠错,几于聚讼。由三江非一,又有经流源委之不同,古今堙通之异势,说愈繁而岐(歧)愈多"③。多种因素的纠葛,使得三江问题长期难以明确。

综合来看,在太湖水利史上,对于三江的认识,有一个"《禹贡》三江"向"太湖三江"的概念转移。④《禹贡》所提三江,是指

① 〔清〕钱泳撰,张伟校点:《履园丛话》卷四《水学》,中华书局1979年版,第91页。
② 有观点认为古胥溪即是班固《汉书》所言之东江,但尚未得到完全证实。且即使此观点可以确认,亦不合三江之数。
③ 〔清〕吴骞:《桃溪客语》卷四,《续修四库全书》第1139册,上海古籍出版社2002年版,第557页。历代对三江的认识,可参考沈铨《关于太湖三江与禹贡三江》,见中国水利学会水利史研究、江苏省水利史志编纂委员会编《太湖水利史论文集》,第87~90页。
④ 王建革:《从三江口到三江:娄江与东江的附会及其影响》,载《社会科学研究》2007年第5期。

"扬州"地域的大河流。在早期的古汉语中,"江"是长江的特指。当时太湖流域只是扬州的一部分,太湖可能有多条入海水道,但达不到古人所说的"江"的级别。除了《禹贡》外,《周礼·职方》也说道"东南曰扬,其川三江,其浸五湖",其所论的"三江"也是就九州观念中的"扬州"地域而论。因此,后来汉代的经学家解释三江时,一般认为是北江(今长江)、中江(今荆溪)和南江(今钱塘江),班固《汉书·地理志》"丹阳郡芜湖县"条云:"中江出西南,东至阳羡入海,扬州川。"[1]后世依之,文献中的中江之说正是此论的地理依据。

　　自唐代以后,亦有人采用郦道元、张守节等人的说法,认为"太湖三江"就是"《禹贡》三江"。其主要依据是庾仲初的《扬都赋》:"今太湖东注为松江,下七十里有水口,分流东北入海为娄江,东南入海为东江,与松江而三也。"[2]唐代张守节《史记正义》解释道:"三江者,在苏州东南三十里,名三江口。一江西南上七十里至太湖,名曰松江,古笠泽江;一江东南上七十里至白蚬湖,名曰上江,亦曰东江;一江东北下三百余里入海,名曰下江,亦曰娄江,于其分处,号曰三江口。"庾仲初、张守节所言,是由松江一江下流至分水口(三江口),分为三支,分别从东北、东、东南三个方向入海。从地理实际出发,陈吉余等通过对表层沉积物的分析,发现在太湖的尾闾地带,存在着三个显著的线形低砂地带向着太湖辐集。这三个地带,两个与娄江、吴淞江符合,另一个则由淀泖地区向着东南至海盐附近。沿这一地带在地貌上是一低洼地区,比起附近的地面

---

　　① 〔东汉〕班固:《汉书》卷二八,中华书局1962年版,第1592页。
　　② 〔北魏〕郦道元撰,陈桥驿校释:《水经注校释》卷二九,杭州大学出版社1999年版,第515页。

低数十厘米至 1 米,证明了太湖尾闾过去曾经有着三条入海的河流。① 这是太湖三江的地理基础,随着唐代以后江南地区的开发,其经济文化日益繁荣,太湖三江之说也更加常见。即三江为娄江、松江(吴淞江)和东江,都是太湖的排水通道。但刘河并不是娄江,东江也早已无迹可寻。清初顾祖禹说得很清楚:"(娄江)上流自长洲县界接陈湖及阳城湖诸流,又东益汇诸浦港之水,势盛流阔,入太仓州界,为刘河口以入海。近志以此为吴淞江,《一统志》以为三江口,皆误也。《辨讹》云:自唐、宋以来,三江之名益乱,东江既湮,而娄江上流亦不可问,土人习闻吴淞江之名。凡水势深阔者,即谓之吴淞江,而至和塘自娄门而东,因意以为娄江,所谓差之毫厘,谬以千里也。"②之所以会有太湖三江,王建革认为主要起源于对三江口的附会。唐代之后,随着太湖地区成为全国的经济中心,这一地区的水利形势也开始被关注,太湖三江被附会成《禹贡》三江。③三江口最早见载于东汉袁康《越绝书》,但语焉不详。《吴地记》中这样描述三江口:"一江东南流,五十里入小湖;一江东北流,二百六十里入于海;一江西南流,入震泽,此三江之口也。"④《中吴纪闻》亦载:"松江之侧,有小聚落,名三江口。郦善长云:'松江自湖东北径七十里,至江水分流,谓之三江口。'《吴越春秋》云:'范蠡去越,乘舟出三江之口,入五湖之中。'皆谓此也。三江,即《禹贡》所

① 陈吉余等:《长江三角洲的地貌发育》,载《地理学报》1959 年第3 期。
② 〔清〕顾祖禹撰,贺次君、施和金点校:《读史方舆纪要》卷二四《南直六》,中华书局 2005 年版,第 1173 页。
③ 王建革:《从三江口到三江:娄江与东江的附会及其影响》,载《社会科学研究》2007 年第 5 期。
④ 〔唐〕陆广微著,曹林娣校注:《吴地记》,江苏古籍出版社 1999 年版,第 82~83 页。

指者。"①

单从字面来看,三江口乃是三江分流之口,而且"一江西南流入震泽"也可能将河水的流向记反了,与之前庾仲初所述有比较大的不同。之后相关的争论也很多,有不少人对此进行辨析,比如明代归有光对此有比较深入的研究,他认为"盖松江之有娄江、东江,如岷江之中江、北江、九江,其实一江耳""说者徒欲寻求二江,而不知由松江细弱,所以奇分之水,遂不可见",因此,以三江口来附会三江,并"以此解松江下之三江口,非以为《禹贡》之三江也"。② 清代的李慈铭也发现了这一问题,"六朝以后吴地之三江,必非《禹贡》之三江"③。尽管学理上的辨析已经较为清楚,但以"太湖三江"为"《禹贡》三江"的思想在学术史与太湖水利史上仍然非常流行。

早在宋代,东、娄二江即已不可见,只有吴淞一江通水。但随着太湖三江概念的流行,为了迎合经典论述,人们又开始寻找三江。由于位置相近,人们往往将浏河(有至和塘、太仓塘等不同称呼)指为娄江,而将东南入海诸港浦指为东江旧迹。同时,吴淞江作为三江中仅存的一江,其主导地位被固定化,并一直维持了下去。这一思想可称之为"三江水学",虽然其概念和内容前后有所变化,但对后来的治水议论和治水措施产生了重大影响。

吴淞江早在南朝时就已经有淤塞情况出现,但当时的情况还不是很严重。至宋代,由于自然环境和人为因素的变化,吴淞江的

---

① 〔南宋〕龚明之撰,孙菊园校点:《中吴纪闻》卷一"三江口"条,上海古籍出版社 1986 年版,第 23 页。

② 〔明〕归有光:《三吴水利录》卷四《松江下三江口图序说》,中华书局 1985 年版,第 54 页。

③ 〔清〕李慈铭:《〈禹贡〉注》,见《越缦堂读书记》,上海书店出版社 2000 年版,第 24 页。

淤塞情况开始加重,吴中地区水患加重,为此政府也曾数次开浚,虽基本上维持了通畅的局面,但淤塞的趋势一旦出现,就难以扭转。至元代中期,吴淞江下游淤塞严重,"地势涂涨,日渐高平",当时已经有人提出了由刘家港分泄水的建议。之后,周文英明确提出了"弃吴淞江东南涨之地",实施导淞入浏。这一设想在明初为夏元吉所采用并付诸实施。夏元吉采用了周文英的建议,实属创新之举,但他仍从三江观念中去寻找理论依据:"臣因相视得嘉定之刘家港即古娄江,径通大海,常熟之白茆港,径入大江,皆系大川,水流迅急。宜浚吴淞南北两岸安亭等浦引太湖诸水入刘家、白茆二港使直注江海。又松江大黄浦乃通吴淞要道,今下流壅遏难疏,旁有范家浜,至南跄浦口可径达海。宜浚令深阔,上接大黄浦以达湖泖之水,此即《禹贡》三江入海之迹。"①

然而令夏元吉没有想到的是,导淞入浏并没有维持很长时间,吴淞江、浏河均未能维持其主流地位,倒是当时不起眼的黄浦日益发展,最终取代了吴淞江的主导地位。自黄浦扩大,历来有人目黄浦为"乱流",尤其是金藻提出所谓"正纲领""顺形势":"七郡之水有三江,譬犹网之有纲,裘之有领也……湖水分于三江,江水入于大海,初无与于浦也……松江乃东西之水,其势大而横……黄浦乃南北之水,其势小而纵。……太湖之定位在西,大海之定位在东,必藉东西之江以泄之,则为顺而驶;若藉南北之浦以泄之,则为逆而缓。"②即黄浦的出现与扩大,与经典中的三江体系是相违背的,金藻目的仍是维持、恢复吴淞江在三江体系中的主导地位。对于这一观点,早在明代的归有光就有所阐发,他认为:"千墩、新洋、黄

---

① 〔明〕张国维:《吴中水利全书》卷一四《夏原吉浚治娄江白卯港疏》,《景印文渊阁四库全书》第578册,台湾商务印书馆1986年版,第418页。

② 〔明〕归有光:《三吴水利录》卷三,中华书局1985年版,第43~44页。

浦,皆乱流也,水道何由而顺乎?"①为了证明其观点,归有光重新解释《禹贡》三江,认为三江的概念是"顾夷张守节注地理之误"。"松江之有娄江、东江,如岷江之中江、北江、九江,其实一江耳"。因此"以为治吴之水,宜专力于松江,松江既治,则太湖之水东下,而余水不劳余力矣"。②归有光进而批评当时泥于三江之说的治水事业,"诚恐论者不知此江之大,漫与诸浦无别,不辨原委,或泥张守节、顾夷之论,止求太湖下之三江,用力虽劳,反有支离湮汩之患也,但欲复禹之迹,诚骇物听"③。

尽管理论上争论得很厉害,但由于浏河与黄浦相对通畅,已成事实上的大河,面对如此形势,也有不少人从现实出发,将吴淞、浏河(或白茆)、黄浦重新解释为三江。尤其是到了清代,虽然大开吴淞江之议仍如前,但官员和学者都承认黄浦江是泄水大川了。郭起元直接说道:"今浏河口,即古娄江故道;大黄浦,即古东江遗迹;吴淞,即古松江也。"④清顺治时的江宁巡抚土国宝称吴淞江、大黄浦是苏松泄水之大道。雍正间的张宸讲:"宜使江(吴淞江)之水入于浦(黄浦江),不可使浦之水入江。"⑤雍正、乾隆间叶凤毛《三江说》一文中说,太湖五路水道泄水入黄浦江,吴淞江是五路中之一路,所以,"黄浦江者,乃震泽之尾闾也"。乾隆中,巡抚庄有恭《三

① 〔明〕归有光著,周本淳校点:《震川先生集》卷一六《光禄署丞孟君浚河记》,上海古籍出版社1981年版,第421页。
② 〔明〕归有光:《三吴水利录》卷四《水利论》,中华书局1985年版,第48、54页。
③ 〔明〕归有光:《寄王太守书》,见《三吴水利录·续录》,中华书局1985年版,第62页。
④ 〔清〕郭起元:《讲水利》,《介石堂集·古文》卷三《策》,《四库存目丛书·未收书辑刊》第10辑第20册,北京出版社2000年版,第116页。
⑤ 〔清〕张宸:《浚吴淞江建闸议》,见〔清〕贺长龄等编《清经世文编》卷一一三《工政十九·江苏水利下》,台湾文海出版社1972年影印本。

江水利疏》中,将吴淞江、娄江、黄浦江列为三江;常州通判张世友称,黄浦江"水势浩瀚,不但远胜娄江,亦大于松江数倍"①,吴淞江亦要靠黄浦江泄水。清钱中谐著《三吴水利条议》认为,太湖治水不必复泥三江之故迹,也未可专恃吴淞一江,"今以吴淞为纲,而以刘河、白茆为之辅,则浙西有三大川,可无虑水之溢;以七鸦、许浦、杨林诸泾浦为之纬,则三大川又有分流,以广其趋下之路,亦可无虑三大川之壅"②。主张保持黄浦的泄水效能,让它承泄太湖东南委输之水,并浚吴淞、白茆、浏河,组成"今日之三江"。这些议论,可以看作是对太湖三江理论的修正。从实际情况来看,淞塞浦畅,是不可逆转的自然变化。更多的人虽然不便悖逆经典,也提出要依据实际情况而动,如王炳燮云:"《禹贡》云'三江既入,震泽底定',此言水利之权舆也。震泽即今太湖,三江之说不一。就苏松而言,则不必远求,第言太湖下流之三江可也。东江、娄江,故久湮,惟吴淞一江,尚仍其旧。则就今日而言,亦不必泥古三江,第言今日之水道可也。明季以来,言吴中水利者,以刘家河、白茆河合吴淞江,为湖水入海之三大支,以当古之三江。"③清初顺治年间,太仓知州白登明开浚朱泾等河道,顾士琏等辑其资料命名为《娄江志》,其《凡例》云:"自娄门至昆山则名至和塘,太仓塘犹称至和者,州未建时隶昆山也。自州西关起,东迤于海,则名浏河,总为娄江。"亦反映出此种认识。

当然,由于受三江水学的影响,吴淞江为泄水正脉之说仍然很有影响,所以在明、清时期,官府曾多次大事开浚。钱泳曾言:"近

① 〔清〕张世友:《议浚吴淞江书》,见〔清〕贺长龄等编《清经世文编》卷一一三《工政十九·江苏水利下》,台湾文海出版社 1972 年影印本。
② 〔清〕钱中谐:《三吴水利条议》,见〔清〕张潮编《昭代丛书》壬集,上海古籍出版社 1990 年版。
③ 〔清〕王炳燮:《苏松水利考》,见〔清〕盛康辑《皇朝经世文续编》卷一一五《工政十二江·南水利上》,台湾文海出版社 1972 年影印本。

世言东南水利者,辄引《尚书》'三江既入,震泽底定'二语,以开浚三江为首务。"①直到清末光绪年间,江苏巡抚刚毅整治水利时,仍对吴淞江进行开浚。结果自然是随浚随淤,劳而无功,吴淞江终于退化成太湖地区不起排水主要作用的一条次要河道。反而是范家浜不浚自深,最终发展成为代替吴淞江并胜于吴淞江的唯一排水大河黄浦江。在清朝的近三百年中,黄浦始终通畅,吴淞、浏河、白茆等河,屡浚屡淤。明清的太湖治水事业中,吴淞江的疏浚工程占了很大比例,这也正是三江水学在实际治水工作中的影响。

表2-1　明初至民国时期疏浚吴淞江概况

序号	时　间	概　况
1	明建文四年(1402)	浚吴淞古江
2	明正统五年(1440)	开浚吴浚古道
3	明天顺二年(1458)	浚江自嘉定徐公浦至夏驾浦2000丈
4	明成化八年(1472)	浚江自嘉定徐公浦至夏驾浦30里
5	明成化十年(1474)	浚江自夏驾浦至庄家港11700余丈
6	明弘治元年(1488)	浚中段40余里
7	明弘治七年(1494)	浚大石、赵屯纵浦
8	明正德十六年(1521)	浚江6326丈
9	明隆庆三年(1569)	浚江80余里
10	明万历五年(1577)	浚中段45里
11	明万历十六年(1588)	浚80余里
12	清康熙十年(1671)	浚11800余丈
13	清雍正五年(1727)	浚36里西起黄渡艾祁口东至野鸡墩
14	清雍正十三年(1735)	建闸于上海金家湾

---

① 〔清〕钱泳撰,张伟校点:《履园丛话》卷四《水学》,中华书局1979年版,第94页

续表

序号	时 间	概 况
15	清乾隆二十八年（1763）	开越河 640 丈
16	清乾隆五十一年（1786）	浚黄渡旧江 913 丈
17	清嘉庆二十三年（1818）	浚 11000 余丈
18	清道光七年（1827）	浚 10887 丈 8 尺
19	清道光二十二年（1842）	再浚吴淞江
20	清咸丰六年（1856）	浚自龙王渡起至野鸡墩计程 28 里，面阔三丈至六七丈不等
21	清咸丰十一年（1861）	捞浅吴淞江，自盘龙江口起，东至新泾口
22	清同治二年（1863）	浚曹家渡段
23	清同治三年（1864）	机浚东老河口至双庙间河道
24	清同治十年（1871）	浚黄渡至新闸西，又机浚黄渡新闸东西河道
25	清同治十一年（1873）	浚吴淞江 7000 余丈，挑土约 32 万立方米
26	清同治十二年（1873）	挑浚曹家渡至大王庙
27	清光绪五年（1879）	浚吴淞淤沙
28	清光绪十二年（1886）	浚吴淞江，以工代赈
29	清光绪十六年（1890）	浚横娄口至新闸大王庙
30	民国八年（1919）	机浚纪王渡一带
31	民国九年（1920）	机浚梵王渡以西
32	民国十三年（1924）	机浚新闸桥至梵王渡及新闸以东至庙浦
33	民国二十三年（1934）	嘉定、青浦合浚吴淞江
34	民国二十四年（1935）	浚虞姬墩并裁弯三处

资料来源：太湖水利史稿编写组《太湖水利史稿》，河海大学出版社 1993 年版，第 168～170、211 页。

三、治水人物分析：归有光及其《三吴水利录》

对水利问题复杂性的分析，最终还要回到具体人物的身上。唐宋以降，以太湖流域为中心的江南地区成为国家的经济文化重心，作为典型的水乡泽国，水利在江南历史上发挥了不可或缺的重要作用。正由于此，对于江南水利问题，历代涌现出诸多的讨论者与实践者。在这些人当中，归有光并不是最有名气的，却是一种类型人物的代表。他在文坛负有盛名，推崇写实的唐宋古文，具有相当的社会威望；虽从未从事过具体的治水事业，却有着中国传统知识分子的普世价值观，对水利、马政等"时务"问题积极建言；纵观其人生履历，在60岁后外出做官之前，他主要生活在昆山—安亭一带，其家园、田产等也皆位于吴淞江边，水利问题又与归有光家庭切身利益息息相关，使其必然要对此有所建言。透过对归有光及其所著《三吴水利录》的分析，我们可以对太湖水利的复杂性有更为深刻的认知。

归有光（1507—1571），字熙甫，号项脊生，别号震川，人称震川先生，明代昆山人，后徙居安亭（今上海嘉定区安亭镇）。嘉靖十九年（1540）举人，但之后八次应试不第，嘉靖二十一年（1542）后移居安亭二十余年。直到嘉靖四十四年（1565）中进士，授长兴知县，累官至南京太仆寺丞，参与撰修《世宗实录》。著作有《易经渊旨》《马政志》《三吴水利录》《震川尺牍》等，多收入《震川先生集》（40卷）。《明史》有传，归庄、汪琬、孙岱等先后为其作有年谱①，民国时张傅元、余梅年作有《归震川年谱》，对其生平、家世、著述、政绩等有详细记载，可供参考。②

---

① 按：归庄、汪琬所作已佚，孙岱所作年谱收入《归（有光）顾（炎开）朱（柏庐）三先生年谱合刊》，归有光年谱乃其中之一，现藏于上海图书馆。

② 张傅元、余梅年：《归震川年谱》，商务印书馆1936年版。

归有光在明代文坛有着非常重要的地位,董其昌曾评价他"前非李、何,后非晋江、毗陵,卓然自为一家",与王慎中、唐顺之并称为明代三大散文家。归有光与同时代的茅坤、唐顺之等人共同反对当时流行的空洞无物的文学描写,推崇文风淳厚和描写平实的唐宋古文;而屡次应试不第、长期蛰居乡里也使他有机会关注到社会基层的实际问题。因此,归有光并不崇尚空谈,而留心于水利、马政、防御倭寇等实际事务。他自己也说道:"有光学圣人之道,通于《六经》之大指。虽居穷守约,不录于有司,而窃观天下之治乱,生民之利病,每有隐忧于心。"①因此,他关心水利,著录《三吴水利录》,以表达自己的经世主张,也是很自然的事情。

从历史上来看,唐宋以降,随着开发力度的加强,江南地区的经济地位日益上升;与此同时,该地区水利上的问题越来越严重,水旱灾害的发生日趋频繁,因此,水利问题也成为时人讨论的热点。而最主要的水利问题在于,吴淞江排水不畅导致其日益淤废,进而影响到整个流域的水利形势。针对这一问题的形成原因与解决方法,从宋代的范仲淹开始,郏亶、郏侨父子,单锷,元代的任仁发、周文英、潘应武、张弼等人都有深入的议论与对策。至明初,夏元吉治水时实行"掣淞入浏",实际上放弃了对吴淞江干流的疏浚,而使江水横趋刘家港入海,同时开浚范家浜,形成了黄浦江水系,由此导致吴淞江更趋于淤废。归有光长期居住的昆山、安亭一带,位于吴淞江中游沿岸,正是吴淞江河床淤塞最为严重的地段。"当时堤防废坏,涨沙几与崖平,水旱俱受其病。"②在这种背景下,归有

① 〔明〕归有光著,周本淳校点:《震川先生集》卷一七《家谱记》,上海古籍出版社1981年版,第437页。
② 〔清〕纪昀总纂:《四库全书总目提要》卷六九,河北人民出版社2000年版,第1862页。

光留心于水利之学,辑录历代之说而成书,如他所记述:"某生长东南,祖父皆以读书力田为业,然未尝窥究水利之学。闻永乐初夏忠靖公治水于吴,朝廷赐以《水利书》,夏公之书,出于中秘,求之不可得见,独于故家野老搜访,得书数种,因尽阅之,间采其议尤高者汇为一集。"①其子归子宁也追述其父编书之志,"先君尝有志于经国之务,因居吴淞江上,访求故家遗书,得郏氏、单氏与任氏诸书,择其最要者,编为《水利录》四卷"②。这就是今日所见之《三吴水利录》。

《三吴水利录》全书共四卷,后有续录,除第四卷和续录的文章为归有光自己撰写外,其他主要是辑录前人作品;其书并未注明成书时间,从内容上来看,当是归有光徙居安亭、考中进士之前所作(嘉靖四十四年即 1565 年之前)。该书为《明史·艺文志》著录,并收入《四库全书》,另有《借月山房》《涉闻梓旧》等本③,民国年间商务印书馆主编《丛书集成》,据《涉闻梓旧》本影印出版,是目前较常见的版本。

归有光总结前代水利之学后认为,"自唐而后,漕挽仰给天下,经费所出,宜有经营疏凿利害之论,前史轶之。宋元以来,始有言(江南)水事者。然多命官遣史,苟且集事,奏复之文,搵引涂说,非较然之见。今取其颛学二三家,著于篇"④。因此在前三卷中"采集前人水议之尤善者七篇",主要辑录了宋代以来讨论江南水利的

---

① 〔明〕归有光:《奉熊分司水利集并论今年水灾事宜书》,见《三吴水利录·续录》,《丛书集成初编》本,中华书局 1985 年版,第 59 页。

② 〔明〕归子宁:《论东南水利复沈广文》,见《三吴水利录·附录》,中华书局 1985 年版,第 3 页。

③ 〔清〕张之洞撰,范希曾补正,徐鹏导读:《书目答问补正》,上海古籍出版社 2001 年版,第 111 页。

④ 〔明〕归有光:《三吴水利录》卷一,中华书局 1985 年版,第 1 页。

郏亶、郏侨、苏轼、单锷、周文英、金藻等人的水利议论。第四卷中"自作《水利论》二篇以发明之,又以《三江图》附于其后",在其水利论中对历代治水议论进行了评价,并提出自己的水利见解。具体篇章结构如下:

卷一:《郏亶书二篇》《郏乔(侨)书一篇》;卷二:《苏轼奏疏》《单锷书一篇》;卷三:《周文英书一篇》《附金藻论》;卷四:《水利论二篇》《〈禹贡〉三江图序说》《松江下三江口图叙说》《松江南北岸浦》《元大德开江丈尺》。四卷正文之后附有《续录》一卷(《奉熊分司水利集并论今年水灾事宜书》《寄王太守书》)和归子宁所著附录一卷,书后附有清代道光年间蒋光煦(《涉闻梓旧丛书》的编者)的跋语。

该书前三卷主要是辑录了宋元以来主要的江南水利著作,有保存文献之功。尤其是单锷的《吴中水利书》和周文英、金藻的著作,由于长期没有单独成书,因此寻觅不易。更为难得地是,归氏在收集时是全文著录,基本上未作改动,对于使用者来说较为便利。归有光自己的水利思想,则集中反映在第四卷中,他自己总结道:"有光既录诸家之书,其说多可行,然以为未尽其理,乃作《水利论》。"①在阐述其水利观点时,归有光又对历代诸家治水之说进行评点。

对于郏亶,归有光予以高度推崇:"郏大夫考古治田之迹,盖浚畎浍沄距川潴防沟遂列浍之制,数千百年,其遗法犹可寻见如此。昔吴中尝苦水,独近年少雨多旱,故人不复知其为害,而堤防一切,废坏不修。今年雨水,吴中之田淹没几尽,不限城郭乡村之民,皆有为鱼之患。若如郏氏所谓塘浦阔深,而堤岸高厚,水犹有大于此者,亦何足虑哉!当元丰变法,扰乱天下,而郏氏父子,荆舒所用之

---

① 〔明〕归有光:《三吴水利录》卷四,中华书局 1985 年版,第 47 页。

人,世因以废其书。至其规画之精,自谓范文正公所不能逮,非虚言也。"①

与对郏亶的态度相反,对于单锷"修复五堰、开通夹苧干以减少太湖来水"的水利主张,归有光持反对态度。他严厉批评道:"单君锷,本毗陵人,故多论荆溪运河古迹,地势蓄泄之法,其一沟一港皆躬自相视,非苟然者。独不明《禹贡》三江,未识松江之体势,欲截西水入扬子江,上流工绪支离,未得要领。扬州薮泽曰具区,其川三江,盖泽患其不潴,而川患其不流也。今不专力于松江,而欲涸其源,是犹恶腹之胀,不求其通利,徒闭其口而夺之食,岂理也哉!"②

元代周文英首先提出了放弃吴淞江下游,向东北方向另辟排水通道(浏河、白茆等),对此归有光评价道:"周生胜国时,以书干行省及都水营田使司,皆不能行。其后伪吴得其书,开浚诸水,境内丰熟,迄张氏之世,略见功效。至论松江不必开,其乖谬之甚,有不足辨者。寻周生之论,要亦可谓之诡时达变,得其下策者矣。"明代华亭诸生金藻提出了"正纲领"的意见,认为黄浦扩大是夺吴淞江之嫡,治水时应当正纲领,恢复吴淞江的干河地位。对此,归有光评价道:"近世华亭金生纲领之论,实为卓越。然寻东江古道于嫡庶之辨,终犹未明。诚以一江泄太湖之水,力全则势壮,故水驶而常流;力分则势弱,故水缓而易淤。此禹时之江,所以能使震泽底定,而后世之江所以屡开而屡塞也。松江源本洪大,故别出而为娄江、东江,今江既细微,则东江之迹,灭没不见,无足怪者。故当

---

① 〔明〕归有光:《奉熊分司水利集并论今年水灾事宜书》,见《三吴水利录·续录》,中华书局1985年版,第59页。

② 〔明〕归有光:《奉熊分司水利集并论今年水灾事宜书》,见《三吴水利录·续录》,中华书局1985年版,第59页。

复松江之形势,而不必求东江之古道也。"①

归有光的这些评论,不能说毫无偏颇,但无论褒奖还是批评,都有其独到之处。他的评论,又与其治水思想密切相关。归有光认为江南水利的问题主要在于吴淞江淤塞,排水不畅:"所谓吴淞江者,顾江自湖口,距海不远,有潮泥填淤反土之患。湖田膏腴,往往为民所围占,而与水争尺寸之利,所以松江日隘。议者不循其本,沿流逐末,取目前之小快,别浚浦港,以求一时之利,而松江之势日失。所以沿至今日,仅与支流无辨。或至指大于股,海口遂至湮塞。此岂非治水之过与?"②他认为历代以来治水的失误在于:"徒区区于三十六浦间,或有及于松江,亦不过浚蟠龙白鹤汇,未见能旷然修禹之迹者。"③这一见解相当有洞察力。

通过对前人的评伦,归有光的治水思想也得以体现:"某迂末之议,独谓大开松江,复禹之迹,以为少异于前说。"④其主要的水利观点可归纳如下:"余以为治吴之水,宜专力于松江。松江既治,则太湖之水东下,而余水不劳余力矣。"⑤"故治松江,则吴中必无白水之患,而从其旁钩引以溉田,无不治之田矣。然治松江,必令阔

---

① 〔明〕归有光:《奉熊分司水利集并论今年水灾事宜书》,见《三吴水利录·续录》,中华书局 1985 年版,第 59~60 页。

② 〔明〕归有光:《三吴水利录》卷四《水利论》,中华书局 1985 年版,第 47 页。

③ 〔明〕归有光:《三吴水利录》卷四《水利论》,中华书局 1985 年版,第 48 页。

④ 〔明〕归有光:《奉熊分司水利集并论今年水灾事宜书》,见《三吴水利录·续录》,中华书局 1985 年版,第 60 页。

⑤ 〔明〕归有光:《三吴水利录》卷四《水利论》,中华书局 1985 年版,第 48 页。

深,水势洪壮,与扬子江埒,而后可以言复禹之迹也。"①但限于当时的人力与物力,"复禹之迹"显然比较渺茫,比较现实可行的具体措施为:"略寻近世之迹,开去两岸菱芦,自昆山慢水江迤东至嘉定、上海,使江水复由跄口入海。"②

为了从经典理论上寻找支持,归有光特别对"三江"进行了考证,提出了不同以往的新观点。《尚书·禹贡》云"三江既入,震泽底定",历来经学家多以松江、东江和娄江解释为三江。这一看法也极大了影响了历代在江南地区的治水措施。为此,归有光对"三江"进行了仔细的考证,他认为传统的"震泽所以入海,明非一江也",是"顾夷、张守节妄注地里之误"。他考证道:

> 太湖一江西南上为松江,一江东南,上至白蚬湖为东江,一江东北下曰娄江。不知二水皆松江之所分流。《水经》所谓长渎历河口东,则松江出焉。江水奇分,谓之三江口者也,而非《禹贡》之三江。惟班固《地理志》,南江自震泽,东南入海。中江自芜湖,东至阳羡入海,北江自毗陵北入海。郭景纯以为岷江、松江、浙江,此与《禹贡》之说为近。盖经言三江既入,震泽底定,特纪扬州之水。今之扬子江、松江、钱塘江,并在扬州之境,故以告成功。而松江由震泽入海,经盖未之及也。由此观之,则松江独承太湖之水。故古书江湖通谓之笠泽,要其源近,不可比拟扬子江。而深阔当与相雄长。范蠡云,吴之与越,三江环之,则古三江并称无疑。故独治松江,则吴中必无白水之患,而从其旁钩引以溉田,无不治之田

---

① 〔明〕归有光:《三吴水利录》卷四《水利论》,中华书局1985年版,第48页。

② 〔明〕归有光:《奉熊分司水利集并论今年水灾事宜书》,见《三吴水利录·续录》,中华书局1985年版,第61页。

矣。然治松江,必令阔深,水势洪壮,与杨子江埒,而后可以言复禹之迹也。①

他根据自己的亲身经历,特别提道:"余家安亭,在松江上,求所谓安亭江者,了不可见。而江南有大盈浦,北有顾浦,土人亦有三江口之称。"②他的结论是:"《禹贡》之文本不相蒙,二江并是吴淞江之支流,只有一江,并无三江。""吴淞江之所以为利者,盖不止此,独以其直承太湖之水以出之海耳。"③在这里,归有光否定了长期流传的太湖三江就是《禹贡》所记三江的传统观点,认为这一观点对于江南地区的治水工作有着消极的影响:"某(有光)诚恐论者……或泥张守节、顾夷之论,止求太湖下之三江,用力虽劳,反有支离湮汨之患也,但欲复禹之迹,诚骇物听。"④由此也更加强调了他"专力于淞江"的论点。

在实际治水工作中,某些地方如常熟、太仓的官员与百姓认为,他们所处的地方并不濒临吴淞江,因此不需要参与吴淞江的修治。对此,归有光评论道:"江水自吴江,经由长洲、昆山、华亭、嘉定、上海之境,旁近之田,固藉其灌溉。要之,吴淞江之所以为利者,盖不止此。独以其直承太湖之水以出之海耳。今常熟东北江海之边,固皆高仰,中间与无锡、长洲、昆山接壤之田,皆低洼多积

---

① 〔明〕归有光:《三吴水利录》卷四《水利论》,中华书局 1985 年版,第48 页。

② 〔明〕归有光:《三吴水利录》卷四《水利后论》,中华书局 1985 年版,第 49 页。

③ 〔明〕归有光:《寄王太守书》,见《三吴水利录·续录》,中华书局 1985 年版,第 61 页。

④ 〔明〕归有光:《寄王太守书》,见《三吴水利录·续录》,中华书局 1985 年版,第 62 页。

水,此皆太湖东流不快之故。若吴淞江开浚,则常熟自无积水。"①由于吴淞江的通塞关乎整个江南地区的水利,虽然吴淞江的水利地位下降,归有光认为对此仍需要予以重点关注。

对于归有光的治水见解,历来有不同的评价。有诸多学者对其予以推崇,如清代丁元正言:"其所著《三江》《水利》等篇,南海海公(海瑞)用其言,全活江省生灵数十万。先生经术之发为文辞者,其效已可概见。"②钱邦彦评价道:"自来言吴中水利者,自宋迄明不下数十家,而得其要领者,惟震川氏最为近之。震川氏产于昆山而侨居安亭者也,熟复吴淞古道,故言之最确。"③晚清著名的民族英雄林则徐曾历任江苏按察使、布政使、巡抚,在治理江南水利时,亦亲作挽联,将归有光的水利贡献置于文学成就之先:"儒术岂虚传,水利书成,功在三江宜血食;经师偏晚达,篇家论定,狂如七子也心降。"④

但由于对传统经典的解释与主流不合,很多学者及官员认为,归有光虽"见解独特",然"语多偏激,脱离实际,不足取法"。从明清的治水实践来看,归氏的主张也只被海瑞等少数治水者所采纳。清代四库馆臣认为:"寻其(吴淞江)湮塞之流,则张弼《水议》所谓'自夏原吉浚范家浜直接黄浦,浦势湍急,泄水益径。而江潮平缓,易致停淤。故黄浦之阔,渐倍于旧;吴淞狭处,仅若沟渠'。其言最

---

① 〔明〕归有光:《寄王太守书》,见《三吴水利录·续录》,中华书局1985年版,第61～62页。

② 〔明〕丁元正:《修复震川先生墓记》,载沈新林《归有光评传》,安徽文艺出版社2000年版,第388页。

③ 《钱邦彦三吴水利今说》,见光绪《昆新两县续补合志》卷一八《集文》,台湾成文出版社1983年版,第840页。

④ 〔明〕林则徐:《嘉定县归震川先生祠联》,载余德泉主编《清十大名家对联集(上册)》,岳麓书社2008年版,第183页。

为有理。有光乃概以为湖田围占之故,未免失于详究。"①这显然是对归有光的一种批评。

但归氏的看法也有其可取之处,"然有光居安亭,正在松江之上。故所论形势,脉络最为明晰,其所云'宜从其湮塞而治之,不可别求其他道'者,亦确中要害。言苏松水利者,是书固未尝不可备考核也"②。从当时的实际情况来看,吴淞江趋于衰落,黄浦日益扩大,这是整个江南地区水利环境变化所引发的必然结果;但对于吴淞江沿岸地区,尤其是下游冈身地区的嘉定、宝山等地而言,该河仍有一定的灌溉功能;从整个江南地区的水利形势来看,维持吴淞江的排水功能也仍有必要。四库馆臣的评价在这一层面上还是较为允当的。

当然,我们现代人应该以更加广阔的视角来观察与评价归有光及其水利议论,以发现水利问题背后的深层社会问题。自宋代以来,关于江南地区水利的论著可谓汗牛充栋,而从地理上来看,江南地区内部也存在着相当大的差异;由于时代、利益的局限,诸多水利论著的作者,也往往是从本地区、本家族乃至本阶层的利益出发来讨论水利问题的。归有光的田园就位于吴淞江边,水利不兴导致当地的灌溉、排水都有困难,这种情况见于归有光的记载:"自昆山城水行七十里,曰安亭,在吴淞江之旁。"当地正处于太湖东部高低地分界区,"田高,枯不蓄水,卒然雨潦,又无所泄。屡经水旱,百姓愁苦失业"③,他的家庭田产亦在此地,"予妻治田四十

① 〔清〕纪昀总纂:《四库全书总目提要》卷六九,河北人民出版社2000年版,第1862页。

② 〔清〕纪昀总纂:《四库全书总目提要》卷六九,河北人民出版社2000年版,第1862页。

③ 〔明〕归有光著,周本淳校点:《震川先生集》卷二四《安亭镇揭主簿德政碑》,上海古籍出版社1981年版,第561页。

亩,值岁大旱,用牛挽车,昼夜灌水"①。显然,吴淞江的河流状况直接关系到归有光自家田园的生产与生活。同时,水利的兴修也关系到当地赋税和劳役的征收与豁免,与当地社会的生产、生活紧密相关。吴淞江的淤废和水利不修,直接导致昆山、嘉定两县沿江支流塘浦的淤塞,"吴淞既塞,故瓦浦、徐公浦皆塞;瓦浦塞,则(嘉定)十一、十二保之田不收;徐公浦塞,则十三保之田不收"。河道淤塞、水利不兴最终导致当地人民逃亡,赋税逋欠。而"开吴淞江,则昆山、嘉定、青浦之田皆可垦"。由此出发,归有光得出的结论必然是"非开吴淞江不可"②。在这里,归有光成为该地区的利益代言人,为本地争取利益。显然,归有光的水利议论与其为民兴利的政治志向有关,但也难免有为自身谋私利之嫌。

对归有光及其水利著作的剖析,为综合理解明清时期的江南水利树立了范例:在阅读为数众多的相关水利著作时,除了应当对其人其书的时代与环境背景有所认知外,还应当了解这些作者们的生活地域、时代特征、社会地位与政治主张等。从这些方面出发进行综合性的理解,方可对江南水利获得更加全面、深入的认识。

本章小结

江南水利史研究历来是学界研究的热点,水利志书则是进行此项研究的基本资料。本章首先对这一地区宋代以来的水利志书资料进行了较为细致的梳理,整理了其发展脉络,并对主要水利志

---

① 〔明〕归有光著,周本淳校点:《震川先生集》卷一七《畏垒亭记》,上海古籍出版社1981年版,第427页。

② 〔明〕归有光著,周本淳校点:《震川先生集》卷八《论三区赋役水利书》,上海古籍出版社1981年版,第169页。

书做了简要述评。通过这一工作可以发现,江南地区的水利志书数量众多、内容丰富。其发展历程自宋代开始,从无到有,从少到多,到明清时期开始繁荣起来。在编纂体例上,除了一般的全流域性的水利志书外,内容也更加细化,出现了小区域水利书和专业水利志书如河志、湖志、海塘志等。在这些水利志书中,保存了大量的治水议论与水利实践工作的材料,是研究江南水利史及其相关问题必不可少的资料。但从目前的利用情况来看,对这些资料发掘的力度和深度都还有待于进一步的加强。在对水利志书资料进行梳理的基础上,对宋代以来江南水利的相关议论与实际环境进行分析,并对其进行分类整理,重点讨论了以郏亶为代表的治田派和以单锷为代表的治水派的水利议论,并分析了他们对后世治水理论与水利事业的影响。水利是江南社会的基础,历代治水事业受到诸多因素的影响,如政府的重视程度、治水官员的选任、行政区划对水系的分割等的影响;本章尤其关注了社会文化因素在水利活动中的影响,对较少被论及的"三江水学"加以分析,辩明了太湖三江与《禹贡》三江的关系,并对其在江南水利事业中的影响进行分析;诸多的治水理论与实践,最终仍需落实到个人身上。本章以明代归有光这样一个非典型治水人物为个案,对治水人物及其议论进行分析,讨论了在实际水利需要之外,不同的政治、经济等利益诉求乃至社会文化等因素对治水议论乃至具体治水措施的影响,从而揭示出水利史的复杂与丰富。

第三章 潮汐影响与江南的水利环境

以太湖流域为中心的江南地区,北依长江,东濒大海,其河流水系与水文状况受潮汐影响的范围很大。在历史时期,由于自然环境的变迁以及人类活动的影响,感潮地区的范围有过很大的变化,其变化过程受到多重因素的影响。感潮地区范围的变化及其相关影响,对这一地区的水利环境造成了重大影响。本章将讨论历史时期江南地区感潮区范围的变迁及其影响因素,进而探讨其对该地区水利环境的影响。

第一节 江南的水利环境

一、水利环境概况

江南地区以太湖流域为中心,北滨长江,南依钱塘江,东临大海,西以茅山和天目山脉为界,总面积约 36895 平方公里。① 其地理位置处于长江、钱塘江入海口之间,中国海岸线的中部,自然环境和地形地貌较为复杂。总体而言,江南地区地势较为低平,呈由西向东倾斜的态势,大致以太湖沿岸洼地为中心,形成周边高、中心低的碟形,它的北、东、南三面地势较高,称为碟缘高地和滨海平

---

① 黄宣伟编著:《太湖流域规划与综合治理》,中国水利水电出版社2000 年版,第 1 页。

原。在流域西部及西南部有山丘绵亘,北部和东北部环湖地带间有低山孤丘点缀,占流域面积的 16%,河湖水面占 16%,平原洼地占到 68%。作为著名的水乡泽国,江南地区的地面高程大多在海拔 4~5 米之间,淀泖低地在 3.5 米以下,最低处还不到 2 米。平原上湖泊棋布,港汊交错,人工河道和天然河浜密如蛛网,早在唐末五代时就已经形成了"五里七里一横塘,七里十里一纵浦"的水系,历经变迁,至今依然以水乡著称,平均河网密度为每平方千米 3.24 千米,密集区可达每平方千米 6~7 千米,部分地区甚至高达每平方千米 20 千米。[①] 河流中以黄浦江为主干,连通各大小支流、湖荡,上连太湖,中通杭州湾,水流经长江口,注入东海,江、河、湖、海互相连通,使之兼备海洋性、河口性、水网性、湖源性等特性,构成湖源性强的感潮平原河网。由此,潮汐的影响范围非常广阔。吴淞口的最高潮位高达 5.72 米,黄浦江上游松江米市渡的历史最高潮位也达 3.80 米,每当洪汛和江海高潮时,大部分地区均在高潮位以下。[②] 因此构筑海塘、江堤和圩岸,是本地区水利建设必须优先考虑的问题。

历史时期太湖流域的水系格局发生过重大变化。《尚书·禹贡》有"三江既入,震泽底定"之说,唐代以前,一直大致维持着三江(东北娄江、中松江、东南东江)分流入海的格局,虽然娄江和东江都较早湮塞,但中路的松江(即吴淞江)比较稳定,是主要的排水通道。自北宋时起,这种格局开始发生变化:东北的昆山地区,"濒海之田,惧咸潮之害,皆作堰坝以隔海潮,里水

---

① 黄宣伟编著:《太湖流域规划与综合治理》,中国水利水电出版社 2000 年版,第 10 页。

② 段绍伯编著:《上海自然环境》,上海科学技术文献出版社 1989 年版,第 56~58 页。

不得流外"①。由此导致昆山地区原有入海港浦的湮塞。东南杭州湾沿岸,为防止咸潮危害,开始修筑海塘,至南宋时完全阻断了古东江的入海通道,这里的河流多折向东北改由吴淞江入海。杭州湾的潮汐基本上被限制在海塘以外,影响太湖流域的潮汐主要来自于长江口。东流的吴淞江由于下游潮汐泥沙反壅,日渐淤塞,旧的三江水系已无法维系下去。明永乐二年(1404),夏元吉开通范家浜以后,黄浦江水系开始形成,并最终取代吴淞江成为该地区的主要水系。

在水文条件上,太湖流域滨江沿海水域受东海潮汐的剧烈影响,长江口和黄浦江属中等强度的潮汐河口、河流,杭州湾则是强潮河口。在流量对比上,尽管该地区的径流量大,但相对于潮流量来说仍处劣势,最大的内河黄浦江年径流量约 100.6 亿立方米,年进潮量约 409 亿立方米②,是径流量的 4 倍。尽管长江年径流量高达 9500 亿立方米,居全国各河之冠,但河口年进潮量亦是径流量的 3 倍以上,两者力量对比,"江水朝宗之性,终不胜大海怒张之气",故本地区陆域水系多处在潮流界范围内,同时受潮流和太湖径流的双重影响。水流在潮流和径流两股动力作用下往复流动,呈现出复杂多样的水文特征。

河口地区是河流淡水与海洋盐水相互混合和作用的水域,也是河流动力和海洋动力(主要是潮汐和波浪)相互交接过渡和相互作用的地带。其水体盐度的变化是一种冲淡水(淡、咸混合水),河水进入河口区稀释着随潮汐涨落而进出的海水。由于"江涛轻淡

---

① 〔南宋〕范成大撰,陆振岳点校:《吴郡志》卷一九《水利》,江苏古籍出版社 1999 年版。

② 《上海水利志》编纂委员会编:《上海水利志》,上海社会科学院出版社 1997 年版,第 100 页。

而剽疾,海潮咸重而沉悍"①,江水和海水之间存在密度差并发生混合,造成河口区的水体含盐度的纵向和横向的变化。河水轻于海水,使得前者"浮"在后者之上流动而形成盐水楔,其位置随潮汐的变化而上下移动。通常是丰水期向外海后退,枯水期迫近乃至入侵内河,造成严重的影响。同时,由于淡、咸水含盐量不同,比重较大的海水在涨潮时会在淡水面下呈现楔形,借助于海潮的冲击,卷起水底的泥沙,从而形成浑潮,泥沙随潮流涌入内河,引起河道淤塞。尤其是在水道繁杂的多口门河口,潮水四通八达,常发生潮流相汇,称为会潮点,这里水流缓慢,泥沙大量沉积。这些水文特点在江南地区都普遍而持久地存在着。

二、潮汐的特点及差异

潮汐是沿海地区习见的自然现象,有其自身的变化规律。我国拥有漫长的海岸线,生活在沿海的人民在长期的生活实践中,对海边经常发生的潮汐现象积累了十分丰富的知识,也留下了大量宝贵的文献资料。② 江南地区滨海临江,深受潮汐影响。影响潮汐的因素众多,除了太阳、月球的天文引潮力外,潮汐活动主要受径流和潮流控制,其他影响因子包括河口形状、河道水系格局、风力风向、海平面变化等。

天文潮汐动力影响最稳定,与太阳、月球的运行轨迹有关,因此具有较稳定的周期性,其周期性主要表现为日周期及半月周期。潮汐在长江口外为正规半日潮,长江口内由于受陆地河口的影响,为不正规半日潮,以上海地区为例,每24小时48分内,有涨潮、落

---

① 〔明〕郭濬:《宁邑海潮论》,见〔清〕翟均廉《海塘录》卷一九《艺文》,《景印文渊阁四库全书》第583册,台湾商务印书馆1986年版,第674页。
② 王成兴:《中国古代对潮汐的认识》,载《安徽大学学报(哲学社会科学版)》1999年第5期。

潮过程各两次。日周期表现在农历每月的初一(朔)、十五(望)日，正当日、月、地球三者约在同一直线上，这时日、月对地球的引潮力较大，形成大潮；初七、八(上弦)和二十三(下弦)日，日、月、地球三者在相对位置约成直角时，这时引潮力较小。但在实际中，海底、河床地貌对潮流的阻滞延缓作用，往往使大潮汛日期推迟到朔、望之后两三天，故该地区每月大潮汛多发生在农历的初三、十八两天，此时潮汛最大；小潮汛则多发生于上弦、下弦后两三天的初十、廿五两天，每天的涨潮和落潮时间都比前一天推迟约48分钟。[1]对于潮汐的这些特点，人们早有认识。江南地区的文献与方志中广泛地记载有当地的潮候表，其形式多样，比如明代娄元礼《田家五行》中每半月逐日潮候时就有诗诀云："午未未申寅寅卯卯辰辰巳巳午午，半月一遭轮。夜潮相对起，仔细与君论。卜三、廿七名曰'水起'，是为大汛，各七日；二十、初五名曰'下岸'，是为小汛，亦各七日。谚云：初一月半午时潮；又云：初五二十下岸潮，天亮白遥；又云：下岸三潮登大汛。凡天道久晴，虽大汛，水亦不长。谚云：晴干无大汛，雨落无小汛。"[2]

也有人以民谣的形式、形象的语言总结了潮汐的规律："初一十五子午潮，初三廿七潮长日出，初五六潮来煮夜粥，初八廿三真小信，潮来直到五更头，十一、十二吃饭不及，初三潮十八水，一霎时没了嘴。"[3]

①　段绍伯编著：《上海自然环境》，上海科学技术文献出版社1989年版，第58页。

②　〔明〕娄元礼：《田家五行》卷下《论潮》，《续修四库全书》第975册，上海古籍出版社2002年版，第347页。

③　〔清〕倪大临纂，陶炳曾补辑：《茜泾记略·潮信》，清钞本，第664页。

表3-1　　清代黄浦江潮候分四时表

日　期	春　秋		夏		冬	
	时　刻	潮汛	时　刻	潮汛	时　刻	潮汛
初一、十六	巳正亥初	大	巳初戌末	大	巳正戌末	大
初二、十七	巳末亥正	大	巳末亥初	大	巳末亥初	大
初三、十八	午初亥末	大	午初亥末	大	午初亥正	大
初四、十九	午正子初	大	午末子初	大	午正亥末	大
初五、二十	午末子正	下岸	午末子正	下岸	午末子初	下岸
初六、二十一	未初子末	渐小	未初子末	小	未正子末	渐小
初七、二十二	未正丑初	渐小	未正丑初	小	未末丑初	小
初八、二十三	未末丑末	渐小	未末丑正	小	申初丑末	小
初九、二十四	申正寅初	小	申初酉初	小	申正寅初	小
初十、二十五	寅末申末	交泽	寅初申正	交泽	寅末申末	交泽
十一、二十六	卯初酉初	起水	寅末申末	起水	卯初酉初	起水
十二、二十七	卯末酉末	渐大	卯初寅初	渐大	卯末酉正	渐大
十三、二十八	辰初酉末	渐大	卯末酉正	渐大	辰初酉末	渐大
十四、二十九	辰末戌正	渐大	辰初酉末	渐大	辰末戌初	渐大
十五、三十	巳初戌末	大	辰末戌初	大	巳末戌正	渐大

资料来源:嘉庆《松江府志》卷八一《拾遗志》,清嘉庆二十三年刻本。

　　潮汐月周期的变化也相当明显,由于月球围绕地球运行,在一年之中的春分和秋分两天位于近地点,当地球、月球和太阳几乎在同一直线上时,天文引潮力最大,形成一年之中春、秋两次高潮;夏秋时节,江南地区易受到热带气旋(尤其是台风)的影响,出现风暴增水。如果两者在时间上重合的话,极易出现高潮位。故而其变化规律是秋季最大,"潮汛冬最小,春夏渐盛,秋为极盛"①。这是

---

①　光绪《常昭合志稿》卷三《水道》,清光绪三十年活字本。

潮汐变化的基本规律,除此之外,影响江南地区的潮汐主要存在着以下几方面的差异:

上游径流淡水流量与河口潮汐力量的对比是决定长江口地区潮水盐度变化的主要因素。长江径流有明显的季节变化,每年冬春枯水季节,大潮时涨潮流可到达口门以上230千米的扬中太平洲附近,枯水期又逢特大潮时,潮流侵入上游的距离将会超过太平洲,若两者与风暴潮叠加,上溯的距离会更远;在夏秋丰水期,长江径流形成的淡水舌,最远可直冲韩国济州岛附近。潮水盐度的变化与径流变化的关系是:径流量大,盐度低;径流量小,盐度高。据罗小峰等人的研究:每年11月以后,长江径流减弱,海潮作用增强,江水含盐量增大,12月至次年4月为高盐期,2月份盐度最高,可称为“高盐季”,最高可达3‰~9‰;6~10月为汛期,江水含盐极小,7月份最低,为“淡盐季”;5月和11月盐度不高不低,为“盐淡交替季节”。①

这种变化从史料中可得到验证,崇明地区的方志明确记载:“每清明后,江水上发,卤潮下退,得滋灌溉,民赖耕植,是以崇沙之在南区者,颇产五谷,以江流余脉,其水淡也。”②史书所载的几次比较严重的咸潮入侵,大多是发生在冬春枯水期,如乾隆五十一年(1786),“春二月,卤潮从浦口入(松江)府城,市河水如卤,两旬始退”。据史料统计,16世纪以来,上海地区较严重的咸潮入侵有6次,其情况如下表。

---

① 罗小峰、陈志昌:《长江口盐水入侵时空变化规律》,见黄真理主编《中国环境水力学2002》,中国水利水电出版社2002年版,第190页。
② 雍正《崇明县志》卷一《咸潮说》,清雍正五年刻本。

表 3－2　上海地区历代咸潮侵害统计表

时　间	地点	内　容
宋政和年间	金山	咸潮入内地,云间、胥浦、仙山、白砂四乡尽为斥卤,民流徙他郡
明永乐二年(1404)七月二日	金山	风雨大作,海溢,漂溺千余家,并海之田为咸潮所侵,苗尽槁,如火燕炙
成化八年(1472)七月十七日	金山	飓风大作,海水溢入,死者无算。咸潮所经,禾稼并槁。自是修筑捍海塘
万历三年(1575)五月丁卯	金山	大风,海溢,坏捍海塘,漂没庐舍,死者数百人。咸潮入内地,经岁田为斥卤
万历二十四年(1596)三月二十六日	崇明	咸潮伤麦,寸草不留。崇邑清明后咸潮,此为仅见
清顺治十年(1653)六月	崇明	咸潮又至,禾尽死
雍正二年(1724)四月	金山	咸潮大入内河,禾尽槁
乾隆五十一年(1786)二月	松江	咸潮从浦口入府城,河水如卤,两旬始退
民国三十三年(1944)	崇明	8月中旬咸潮倒灌成灾,所种稻谷十之四五均枯死
1978—1979 年	上海	崇明岛因咸水包围近5个月,有2.32万亩水稻改种玉米;全市统计咸潮造成的直接损失约1400万元

　　即使在现在,咸潮入侵仍集中于这个时段,最为严重的情况出现在 1978 年 11 月至 1979 年 5 月,黄浦江咸潮持续达 208 天,吴淞水厂出现最高含盐度为 7.16‰,相当含氯度为 3950 毫克/升,超过影响最远到达闵行水厂,对工农业生产、人民生活都造成了严重影响。①

　　① 《上海水利志》编纂委员会编:《上海水利志》,上海社会科学院出版社 1997 年版,第 102 页。

1979 年长江大通站在 1 月 3 日的最小流量为 4620 立方米/秒,为历史最小流量纪录,正反映出长江流量与咸潮影响之间的密切关系。

当然,咸水入侵也受多种因素制约,比如夏季时由于台湾暖流的影响,外海盐度高,若恰遇大旱、径流减少时,咸潮也有可能影响到内河;而冬季受黄海冷水团控制,盐度相对较低,咸潮的影响也可能不甚严重。

涨潮时,海潮顶托径流沿河道回潮,根据潮水所含盐分的差别,可以将其分为淡潮和咸潮。[①] 根据上海市自来水公司的咸潮入侵标准,以水中氯化物含量大于或等于 100 毫克/升为标准。[②] 长江年输沙量 4.5 亿吨左右,因海水盐分对泥浆的絮凝作用,使泥沙大多沉淀堆积在河口地带。[③] 河口地区的盐水楔,借助于海潮的冲击,卷起水底的泥沙涌入内河,形成浑潮。由于受重力及摩擦作用的影响,泥沙往往在搬运途中沉淀下来,搬运距离达不到潮汐的最大影响范围,所以冈身以西地区的潮水含沙量较小,这就有了浑潮与清潮之别。

早在宋代时,人们已经认识到潮水挟带泥沙淤塞河道。明清时由于长江流域开发的加强,潮水的泥沙含量增大,人们称之为浑潮:"江南并海之河江港汊通潮汐者,土人谓之浑潮。来一日,泥加一箸叶厚。故河港常须疏浚,不然淤塞不通舟楫,旋成平陆,不能

---

① 按 1958 年威尼斯国际半咸水会议的方案,盐度小于 0.5‰即为淡水,见李从先等《海洋因素对镇江以下长江河段沉积的影响》,载《地理学报》1983 年第 2 期。

② 袁志伦主编:《上海水旱灾害》,河海大学出版社 1999 年版,第 63 页。

③ 严正元:《长江三角洲的自然环境》,载《地理知识》1959 年第 7 期。

备旱涝矣。"①足见泥沙淤积影响的普遍与剧烈。浑潮所挟的泥沙受重力作用,加之河床的摩擦、河流分流导致潮流的力量减弱,故冈身以西的感潮区较少受到浑潮的影响。大致以松江府附近的顾会浦(大致即今天的通波塘)为分界:"顾会以西,去湖尚近,故水清而深;顾会以东,分流绝少,浑潮易于倒灌。"②顾会浦西面的青浦县就表现得很明显,"青界之潮,幸犹未浊"③。浑潮带来的泥沙最终沉淀在河道中,每年倒灌入黄浦江泥沙量就达 700 万立方米(合1190 万吨)。河口的长兴、横沙岛上的河港,每年河底淤高可达30～50 厘米,即使到了黄浦江上游受影响较轻的松江县,通潮河港每年淤高亦达 20 厘米。④

对于潮汐成分的咸淡差异,古人有着清晰的认识:"潮有江海之分,味有咸淡之别。江水淡,可以灌田而不可以煮盐;海水咸,宜于煮盐,而不宜于耕牧。"⑤但影响太湖流域的潮水的成分以江潮为主,海潮来时,"潮长则江水与之俱长,潮退则江水与之俱退,故自崇沙以西,江阴嘉宝以东,皆江水无海水"⑥,即潮水的成分主要是长江的径流受顶托回溯形成的,"(江水)时而击沙返奔,或横截海潮,则辄回漩于海岸之外,故濒海居民资以汲引灌溉者,皆江水,非海水也"⑦。只有当径流枯水期,力量减弱时,或天文大潮、风暴增

---

① 〔明〕叶盛撰,魏中平校点:《水东日记》卷三一《江南浑潮塞北风沙》,中华书局 1980 年版,第 305 页。
② 嘉庆《松江府志》卷九《山川志》,清嘉庆二十三年刻本。
③ 光绪《青浦县志》卷末,清光绪五年刻本。
④ 程潞等编著:《上海农业地理》,上海科学技术出版社 1979 年版,第14 页。
⑤ 宣统《太仓州志》卷五《水利》,民国八年刻本。
⑥ 同治《上海县志》卷三《水道》,清同治五年刻本。
⑦ 民国《宝山县续志》卷二《水利志》,民国十年铅印本。

水时,海洋咸水才有可能进入内河,"间于江水稍弱时,或有一二日咸潮,是谓海水盗入,民戒弗汲,田禾亦忌之。惟飓风大作,潮决海塘,始有海潮泛涨之患,若平时则皆江水之去来也"①。根据李从先等人的研究,依据水文、沉积物和生物埋葬群,可以把长江镇江以下河段划分为四部分:扬中太平洲以上为陆相感潮河段;太平洲至江心沙完全受河流淡水控制,为淡水潮汐河段;江心沙至河口受径流淡水和海洋咸水交叉影响,为半咸水潮汐河段,河口以外则完全受海洋咸水的控制。②

潮水的成分,主要取决于径流与潮流的力量对比,江南地区北临长江,南滨钱塘江,由于两者的径流量相差甚远,加上不同的自然条件,导致了两地潮汐存在地域上的差异。以南汇角为分界,"汇北海水皆淡,滩地亦少盐质,一过汇角而南,水皆咸苦,地亦斥卤不毛"③。其原因在于"江流浩瀚,远过于浙流",长江口地区"南则黄浦、吴淞江,北则刘家河,又北则大江注焉,半天下之水皆洄沿汃激涤荡于数百里之内,故与南北独异耳"④,其潮水以江潮为主,"水势湍急,拦截海潮,潮长则江水与之俱长,潮退则江水与之俱退,故自崇沙以西,江阴嘉宝以东,皆江水无海水",时人称这里的水面为"淡水洋"。现代水文数据也印证了这种差异,长江多年平均径流量约9500亿立方米,尤其是在夏秋丰水期,可以在很大程度上抵制海洋咸水的入侵;钱塘江多年平均的径流量仅为348亿立方米左右,而杭州湾强烈的涌潮流量是其200倍左右,潮水与径

①　同治《上海县志》卷二《水道》,清同治十年刻本。
②　李从先等:《海洋因素对镇江以下长江河段沉积的影响》,载《地理学报》1983年第2期。
③　民国《南汇县续志》卷一《疆域》,民国十八年刻本。
④　万历《嘉定县志》卷一四《水利考》,明万历三十三年刻本。

流的力量对比过于悬殊,河口的盐水入侵在枯水期可上溯到杭州市以上,其沿岸水域的盐度,枯水期最大值为21.3‰,即使在河流汛期也有10‰,这使得杭州湾基本上全年为盐水所控制。[①]

因此,同样遭受潮灾,在杭州湾和长江口沿岸可能造成完全不同的后果,杭州湾沿岸受咸潮影响,禾稼枯萎是必然结果;长江口沿岸受淡潮影响,反而可以作为灌溉水源以缓解旱情。清代松江府地区记载:"如近年华家角以西石塘漏入海水,华亭柘一等图及奉贤境内六七图全荒,此其明证。或谓本年宝山近海各区正当亢旱,忽遭海溢,禾棉得受滋灌,倍形丰茂。不知宝山洪口正是吴松、黄浦合流之处,仍倒壅淡水入内耳,非海水可以灌田也。"[②]华亭、奉贤等县正在杭州湾之北,宝山县则位于长江口南岸,境内在宋元时(时宝山未从嘉定分出)有江湾、大场、青浦等盐场,但由于海岸线的变迁,江口外延,至明清时期,该地区由于水淡早已经不再进行盐业生产,"今盐场悉在奉贤、南汇界内,邑境并无灶户煮晒,尤是为江水之明证"[③]。正是由于这一地域差异,杭州湾沿岸至迟在宋代就修筑了海塘来防御潮汐,并且完全截断了通海港浦,至清代形成了中国沿海海塘中建筑规格最高、工序最复杂的"鱼鳞石塘"。与之相应,长江口沿岸的海塘修筑较晚,并且多留有通江港浦,或置闸坝控制,以供引淡潮灌溉和排水的需要。

风是影响潮汐的重要因素。不同的风力和风向直接影响潮流的推进速度,若风向与之一致可以加快其推进速度,扩大其影响范围,反之则否;风力在一定程度上决定着潮水力量的大小,但风力风向在不同地区造成的效果是极不相同的。

---

① 阮仁良主编:《上海市水环境研究》,科学出版社2000年版,第9页。
② 光绪《松江府续志》卷六《山川志》,清光绪十年刻本。
③ 民国《宝山县续志》卷二《水利志》,民国十年铅印本。

　　江南地区多属亚热带季风气候,夏季盛行东南风,冬季多西北、东北风。长江入海口段正好呈西北—东南走向,故而"南风、西风潮至不盛,东风稍盛,北风大盛,西北次之,东北风最盛,谓之风潮,潮水上田可一二十里,非惟田禾悉被淹没,庐舍亦有漂去者,土人谓之潮漫"①。长江口以内的浏河口地区,"东北大海……东北风一起,将二水之势折向西南,奔腾而来。而海潮之入,由东南而来。中间恰有崇明之隔,二水冲激汇涌,进口风助水势,水趁风威。此何如其猛劲哉? 故东南风无害也,正东风亦无害也,所最可患者东北风耳"②。冬季西北方向吹来的寒潮,则对潮水起抵消作用,"若严冬冱寒,名冻杀潮,往往不至,是以潮河各乡运米上仓极为劳苦"③。夏季时该地区又常受西太平洋的台风侵袭,当台风自东南向长江口附近移动并登陆时,其影响风向正为偏北风,若与正常的涨潮相重合,则威力倍增,民间称之为"风潮",影响最为严重。对此,明清江南的地方文献中多有记载,比如《清嘉录》记载:"七八月间,大风陡至,先有海沙云起者,谓之风潮。蔡云《吴歈》云:'裂残火伞作罗纹,萧飒声来退暑氛。又恐风潮坏棉稻,东南莫起海沙云。'"④袁景澜《吴郡岁华纪丽》载:"风之起也,调刁吹万,怒吼土囊,农愁伤稼。先有海沙云起,谓之风潮。因其声汹涌如潮,行舟为之断渡也……《庄谐杂志》云:'吴中七八月间,大风陡起,一二昼

---

　　①　光绪《常昭合志稿》卷三《水道》,清光绪三十年木活字本。
　　② 〔清〕金端表纂:《刘河镇记略》卷一二《奇事》,江苏古籍出版社1992年影印本,第468页。
　　③　光绪《常昭合志稿》卷三《水道》,清光绪三十年木活字本。
　　④ 〔清〕顾禄撰,王迈校点:《清嘉录》卷八《风潮》,江苏古籍出版社1999年版,第171页。

夜不息,名为风潮,万窍怒号,扬沙走石……'"①尤以徐光启的《农政全书》记载最为详细:"夏秋之交大风,及有海沙云起,俗呼谓之风潮,古人名之曰飓风。言其具四方之风,故名飓风。有此风,必有霖淫大雨同作,甚则拔木偃禾,坏房室,决堤堰。"②在滨海地区,风潮的影响更为明显,除了影响径流与排水外,也影响到对潮水资源的利用。上海地区的《江东志》云:"其水之咸淡,因风而异,遇东风与西北风则江水南流,味常淡。若连日东南风,则海水北流,咸潮涌入。农人恐伤田禾,禁止灌溉。"冬春枯水期若遇连续几天的东南风,潮水含盐量会迅速上升,而夏季的台风,影响更为猛烈,"风遇朔望潮大信则猛,七月望、八月朔尤猛。稻初秀者遇之则秕。木棉初结铃,则脱无遗",甚至可能"挟潮骤涨,漂没田庐"。③民国时期东南大学所做的调查也证实,滨海的南汇县地区,"惟海水有咸有淡,必遇西北风,江水渐涨,始可引以灌溉;若遇东南风起,海潮汹涌,即失排水之作用"④。直到今天,该地区仍然每年都会受到台风的影响而造成重大损失,台风影响之严重不言自明。

第二节　感潮区范围的变迁

河流水文受到潮水影响的区域,依据涨潮波力量的影响范围,可分为潮流界和潮区界两部分,潮流界是涨潮流停止倒灌处,而潮

① 〔清〕袁景澜撰,甘兰经、吴琴校点:《吴郡岁华纪丽》卷八《风潮》,江苏古籍出版社1998年版,第268~269页。
② 〔明〕徐光启撰,石声汉校注,西北农学院古农学研究室整理:《农政全书校注》卷一一《农事》,上海古籍出版社1979年版,第264页。
③ 雍正《崇明县志》卷一八,清雍正五年刻本。
④ 东南大学农科编:《江苏省农业调查录·沪海道属》,江苏省教育实业联合会1924年版,第16页。

差消失处为潮区界①,两者可统称为感潮区(tidal region)。来自东海的潮汐,在进入杭州湾、长江口以后,一部分沿干流河道上溯,另一部分涌入沿岸的各条支流。潮水上溯的基本前提是潮水必须沿着河道而行,因此历史时期江南地区水系的变迁,导致感潮区的范围发生了很大的变化。

距今约5000年前,海岸线还停留在今天的冈身地带②,距离太湖很近,太湖平原上又有密集的河网,为潮水的上溯提供了极便利的条件。历史上太湖流域的水系格局发生过重大变化,感潮区也随之有所变化。从潮水来源来看,影响该地区的潮流主要来自长江口和杭州湾。距今2000年前,长江入海口在扬州附近,口门也相当宽阔,潮流沿河道上溯极远。从太平洋传播而来的潮汐,在江口附近的扬州形成涌潮,而潮区界远及九江,并在扬州附近形成著名的广陵涛。③ 以后随着长江口沙嘴的不断前伸与长江口沙洲的并岸、河口的束狭等变化,感潮河段不断下延。在杭州湾沿岸,由于缺乏足够的泥沙堆积,其变化主要是潮汐对岸线的侵蚀。④ 在太湖流域内部,水系格局发生过重大变化,从而影响到感潮地区的范围。宋代以前,太湖之水大致经由娄江、松江、东江,分东北、东、东南三向注入江海,以中路的松江(即吴淞江)为主要排水通道。后来娄江、东江相继湮废,分流成数十条港浦分别注入江海,而以中路的吴淞江为主干。而自唐宋以降,尤其是明清大规模修

---

① 杨展等主编:《地理学大辞典》,安徽人民出版社1992年版,第411页。

② 陈吉余等:《两千年来长江河口发育的模式》,载《海洋学报》1979年第1期。

③ 晋代郭璞《江赋》云:"鼓洪涛于赤岸,沦余波乎柴桑。"见《昭明文选》卷一二《江海》。按:赤岸指位于扬州城西二十公里的赤岸湖,柴桑即今九江。

④ 陈吉余等:《两千年来长江河口发育的模式》,载《海洋学报》1979年第1期。

筑海塘以后,长江口与杭州湾沿岸的港浦或为海塘筑断,或为潮泥淤塞,或建闸坝以防风潮冲激与浑潮淤淀,这些港浦大部分湮塞,潮汐影响基本集中于较大的河流如吴淞江、黄浦江流域与长江口沿岸。

唐宋以前,由于距海不远,河道通畅,感潮区范围非常广泛,潮水可直达太湖,甚至有可能影响到太湖以西地区。南朝吴均《吴兴假还山夜发南亭诗》曰:"浮舟听潮上。"嘉泰《吴兴志》引李宗谔《图经》云:"荆溪至吴山下,每日潮高二尺,倒流七十里,云是吴王送女潮。"①邻近的安吉县也有类似现象,"凤凰山,在县东铜山乡,横溪南上有吴越王吴妃许夫人坟,山下有玉带水,早晚两潮高尺许"。这些记述了河道的异常增水现象,从水文上反映的是吴兴(今湖州)地区的感潮现象,反映了潮汐力量的影响范围之广。②

依河道体系为通道,宋代以前,最主要的感潮区在吴淞江流域。吴淞江作为太湖流域最主要的排水通道,唐时"(吴淞江)阔二十里""深广可敌千浦",是潮汐上溯的良好通道,潮水可以沿江直至苏州,"海潮一日夜两至,唐世可至苏州府城"③。唐末陆龟蒙隐居于苏州甪直附近,亦曾观察并记载:"余耕稼所,在松江南,旁田庐门外有沟渎,通浦,而朝夕之潮至焉,天弗雨,则轧而留

---

① 嘉泰《吴兴志》卷一八《事物杂志》,见《宋元方志丛刊》第5册,中华书局1990年影印本,第4842页。

② 按:对于潮汐能否越太湖而西,影响到湖州地区,北田英人在其文章中持肯定态度,笔者对此持保留态度。前引嘉泰《吴兴志》作者亦云:"今考吴江、太湖俱无潮,不知荆溪之潮何道而至,今无之。"对此问题曾就教于太湖流域管理局原总工程师黄宣伟先生,他认为潮水力量在经过较大面积水面时易被消融,尤其是太湖如此大的面积,潮汐力量实难越之而西。

③ 嘉庆《直隶太仓州志》卷一八《水利》,清嘉庆七年刻本。

之,用以涤濯灌溉,及物之功甚巨。"①当时苏州的城门外为防涨潮的高水位都筑有堰,"故苏州五门,旧皆有堰,今俗呼城下为堰下"②。至宋代,潮汐影响范围的主要地区变动不大,"海潮直至苏州之东一二十里之地"③。对于受潮水影响的河流及其水文变化现象,在当时的唐宋的诗词歌赋中亦多有描写④,感潮区的大致范围可见:

综上可见,唐宋时期江南地区的感潮区域,以吴淞江流域为中心,向西北沿长江南岸至镇江附近,向南至嘉兴附近地区;嘉兴以南因海塘修筑,影响较小。在吴淞江流域,潮汐的影响可直达苏州、太湖。其他地区,潮汐影响可通过各横塘干河影响其诸多支流,又通过各纵浦互相连通,从而形成密集的感潮河网地区。但受地势较高的冈身限制、运河分流与湖泊水面能量扩散的影响,除苏州附近外,潮汐的影响在多数地区只能到达冈身与运河以东地区。

从北宋开始,整个江南地区的水利环境状况开始发生变化:东北的昆山地区,"濒海之田,惧咸潮之害,皆作堰坝以隔海潮,里水不得流外,沙日以积此"⑤,结果导致了昆山地区入海诸浦的湮塞。东南面杭州湾沿岸常年为盐水控制,由于地势相对腹里较高,一旦海潮溢入,危害巨大,不仅"云间、胥浦、仙山、白砂四乡

---

① 〔唐〕陆龟蒙著,宋景昌、王立群点校:《甫里先生文集》卷一六《迎潮送潮辞并序》,河南大学出版社1996年版,第241页。

② 〔南宋〕范成大撰,陆振岳点校:《吴郡志》卷一九《水利》,江苏古籍出版社1999年版,第265页。

③ 〔南宋〕范成大撰,陆振岳点校:《吴郡志》卷一九《水利》,江苏古籍出版社1999年版,第269页。

④ 〔日〕北田英人:《八至一三世纪江南の潮汐と水利·农业》,载《东洋史研究》1986年47卷第4号。

⑤ 〔南宋〕范成大撰,陆振岳点校:《吴郡志》卷一九《水利》,江苏古籍出版社1999年版,第288页。

荡为巨壑",而且"漫及苏、湖、秀邑,不复可耕"。① 自唐、宋以来,这一地区即为全国的经济重心,为防止咸潮危害,自唐开元年间开始修筑海塘,北宋皇祐年间华亭沿海又修筑海塘挡潮,隔断大部分河港,直接入海通路,仅留下的数处港浦通海。到南宋初叶,由于这数处港浦仍然是咸潮奔冲损害民田的祸根,乾道七年(1171),丘崈修筑运港大堰和新咸塘,使古东江的入海通道全部捺断,这里的河流也多折向东北入吴淞江,而后入海。此后,杭州湾方面的潮汐基本上被限制在海塘以外,影响这一地区的潮汐主要来自于长江口。

与此同时,吴淞江下游河道也开始不断衰落,宋时"(吴淞江)江面阔九里,地势低于震泽三丈,潮水来时,水高三丈,到震泽底定"。河道特征上,河曲日益发育,出现了"汇"这样与潮水相关的专有地名:"汇者,海潮与湖水相会合之地,故谓之汇也。"②当时有著名的平江五汇:安亭汇、白鹤汇、顾浦汇、盘龙汇、河沙汇。河流的曲流发育旺盛,"自白鹤汇极于盘龙浦,环曲而为汇,不知其几,水行迂滞,不能径达于海"③,比如著名的盘龙汇,其情况如下:

> 有盘龙汇者,介于华亭、昆山之间,步其径才十里,而洄穴迂缓逾四十里,江流为之阻遏。盛夏大雨,则泛溢旁啮,沦稼穑,坏室庐,殆无宁岁。范公尝经度之,未遑兴作。宝元元年,太史叶公(清臣)漕按本路,遂建议酾为新渠,道直流速,其患

① 绍熙《云间志》卷下《南四乡记》,见《宋元方志丛刊》第1册,中华书局1990年影印本,第68页。

② 〔清〕陈树德、孙岱纂:《安亭志》卷二《水道·进士胡恪开修三江五汇疏》,清嘉庆十三年刻本,第343页。

③ 绍熙《云间志》卷中,清嘉庆十九年刊本,中华书局1990年影印本,第32页。

遂弭。①

河道不顺既使得排水困难,也使潮水难以上溯,导致感潮区范围有所缩小,很难达到苏州及其以西地区。北宋熙宁年间,潮水只能到达"苏州之东一二十里之地"②。延至南宋,这种变化表现得更为明显,至迟到嘉泰年间(1201—1204),潮水已经难以达到太湖,"今考吴江、太湖俱无潮"③。

元代实行"掣淞入浏"的治水方针,使得东北方向的刘家港(今浏河)得到发育,元初的娄江"不浚自深,朝夕两汐,不数年间,可容万斛之舟"④。当时"凡海船之市易往来者,必由刘家河泊州之张泾关,过昆山,抵郡城(苏州)之娄门"⑤。吴淞江此时亦较畅通,元世祖至元十四年(1277)"海舟巨舰每自吴淞江驾使直抵城东葑门湾泊……此时江水通流"⑥。连位于腹内的淀山湖也受潮汐影响,"案元时吴松江尚阔,浑潮直灌淀湖,其东岸沉积,已过淀山以西"⑦。当时刘家港与吴淞江河道通畅,感潮区集中于此,但至元末明初,二河又相继湮塞。

明永乐二年(1404),夏元吉开凿范家浜后,黄浦江逐渐成为本地区主要水系。由于距海很近,故潮汛一至,很快就会倒灌而入,

---

① 〔北宋〕朱长文撰,金菊林校点:《吴郡图经续记》卷下《治水》,江苏古籍出版社1999年版,第53页。

② 〔南宋〕范成大撰,陆振岳点校:《吴郡志》卷一九《水利》,江苏古籍出版社1999年版,第271页。

③ 嘉泰《吴兴志》卷一八《事物杂志》,《宋元方志丛刊》第5册,中华书局1990年影印本。

④ 《大清一统志》卷一〇三《太仓州》,《四部丛刊续编》第20册,上海书店1985年影印本,第662页。

⑤ 嘉靖《太仓新志》卷三《兵防》,明崇祯二年刻本。

⑥ 正德《松江府志》卷三《水》,明正德七年刻本。

⑦ 光绪《松江府续志》卷六《山川志》,清光绪十年刻本。

使得黄浦江成为一条中等强度的感潮河流,"(黄埔江)苍茫浩瀚,
澎湃奔流,晴明则水天一色,风雨则浊浪排空。至八月观潮,不啻
武林钱塘间也"①,"黄浦秋涛"是上海地区著名的景观之一,其潮
水盛大之势可以想见。潮水一面沿干流上溯,一面分别倒灌入其
大小支流,如吴淞江、蕰藻浜等,形成广泛的感潮区。黄浦江干流
河道宽深,潮流上溯较远,但这也是随着黄浦江的发育而不断扩
展。米市渡以上,黄浦江分为西北、西南两大来源。西北方向的来
水以斜塘为主,元代时,这里的三泖地区(大泖、圆泖和长泖)仍然
是"素不通潮",因为潮汐罕见,时人将突然的涨水视为异事②;至
明初这里仍有"潮到泖,出阁老"之谚,以出阁老之难来形容潮汐之
少见。明中叶以后,黄浦逐渐深阔,潮汐逐渐发展至此,"嘉靖辛
亥,潮到泖……崇祯初……潮亦到泖",至清代,"至近年而泖上之
潮与浦中无异,即近泖支河,无不浸灌"③,完全成为感潮区;再向西
北的淀山湖,"元时吴松江尚宽,浑潮直灌淀湖,其东岸淀积已过淀
山以西"④。当时所受潮汐来自吴淞江,以后吴淞江日渐淤塞,来潮
至黄渡而止,达不到这里,潮水来自黄浦江,"向者黄浦之潮仅达南
泖,今则北过淀山湖,将抵吴江矣"⑤。由于淀山湖对潮水能量的消
释,潮汐影响范围基本到此为止。西南方向沿秀州塘上溯,也是随
着河道的发育而不断扩展,"(海潮)迄嘉庆年而及当湖矣,迄道光

① 〔清〕张宸等辑,许洪新点校:《龙华志》(曹永安钞本),见上海市地方
志办公室编《上海寺庙旧志八种》,上海社会科学院出版社2006年版,第2页。
② 〔元〕陶宗仪:《南村辍耕录》卷一九《松江志异》,中华书局1959年
版,第236页。
③ 〔清〕叶梦珠撰,来新夏点校:《阅世编》,上海古籍出版社1981年版,
第13页。
④ 光绪《松江府续志》卷六《山川志》,清光绪十年刻本。
⑤ 乾隆《青浦县志》卷四《水利》,清乾隆五十三年刻本。

年而及嘉兴、秀水矣,比年来又已渐被海宁之境"①,其影响达到了浙江省嘉兴府的嘉兴、秀水、海宁等地。

吴淞江虽仍是主干河道之一,但由于下游河道的淤浅与受沿岸市镇的束狭,潮流难以上溯,感潮河段比以前大为缩减:"吴淞江未塞时,潮及于黄渡,今自黄渡以西,潮所不及之地,为江如故;而自黄渡以东,潮所及处,为沮洳,为平陆,无复有江形矣。"②其他大小支流也无不受潮汐影响。这一区域至今变化不大,现在黄浦江潮流界一般可至淀山湖及浙、沪边界,潮区界可达苏州、嘉兴运河及平湖塘一带;而吴淞江的潮流界在黄渡附近,潮区界在赵屯附近。③黄浦江以东地区,本是东临大海,海塘修筑以后,海塘以西的"浦东以海塘遏绝,乃反西流达浦,内水无源,藉潮灌溉"④,因此属于感潮区。由于海岸线不断向外扩张,当地先后修建了钦公塘、老圩塘、陈公塘、新圩塘等数道海塘,形成夹塘,外挡海潮,内隔径流,"钦公塘外,不与内河通",其水利形势迥然不同:

> 南汇县境左浦右海,遥遥百里,钦塘介乎其间。西至于浦,曰图区;东至于海,曰团区。图田面积差广于团,而团田岁入远逊于图。非天限之,实地围之也。吾邑农田水利咸赖浦江,一水长流,千畦分灌,支条异派,沾溉同源。但有西来,无从东入。总为海卤浦淡,利害分途。故西资挹注,东捍潮流,因地制宜,一成

① 〔清〕顾广誉:《秀州水利纳泄洳湖议》,见〔清〕盛康辑《皇朝经世文编续编》卷一一七《工政十四·各省水利上》,台湾文海出版社1966年影印本,第6111~6112页。

② 〔清〕张宸:《浚吴淞江建闸议》,见〔清〕贺长龄辑《清朝经世文编》卷一一三《工政十九·江苏水利下》,台湾文海出版社1972年影印本。

③ 《上海水利志》编纂委员会编:《上海水利志》,上海社会科学院出版社1997年版,第100、104页。

④ 嘉庆《松江府志》卷九《山川志》,清嘉庆二十三年刻本。

不易。特是浦水东流仅至图团接壤之捍海钦塘而止,图田属在塘西,固得均沾利益;而团田东临海水,西阻钦塘,更兼地势东高,水难仰注,舍逢时雨,别无来源。此格于天然水利之原因一也。①

杭州湾沿岸的金山县情况则呈现南北差异:"北部有江潮利用,土地腴沃,南部潮水不到,自难相同。"②这一现象,在清末所绘的《松江府属水道全图》上,表现得非常明显,作者将感潮河流用深色标出,非感潮河流用浅色标明,松江府所属只有夹塘地区与西部少数河流不受潮汐影响。

吴淞口以上,由于长江河口宽阔,进潮量丰富,潮汐沿江而上可达镇江,故沿江的江阴、武进、常熟、太仓、嘉定、宝山、崇明等地也会受到影响。其具体影响,大致以常熟为界可以分为两段。常熟以南,横塘纵浦河道密集,潮汐的影响由此四通八达,范围较为广泛,如太仓一带,"海潮之入,南至刘家港,径昆山,达信义乡。北自七鸦港,径任阳西之石牌湾,逆流过斜堰,入巴城。其分注各河之水,大抵以二港为多"③。尤以刘家港(即所谓的娄江)为通潮干河,其影响最远可达昆山县治以西。常熟地区,"本县地势,东北滨海,正北、西北滨江。白茆潮水极盛者,达于小东门,此海水也。白茆以南,若铛脚港、陆和港、黄浜、湖槽、石撞浜,皆为海水……江潮最胜者及于城下,县治正西、西南、正南、东南三面而下东北,而注之海、注之江者,皆湖水也"④。其他河港,"如常熟之白茆港、福山港、三丈浦,江阴之黄田

<hr>

① 南汇义赈公所编:《南汇义赈公所报告书》,民国六年铅印本,第5页。(藏于上海图书馆,编号492640。)
② 东南大学农科编:《江苏省农业调查录·沪海道属》,江苏省教育实业联合会1924年版,第126页。
③ 宣统《太仓州志》卷五《水利》,民国八年刻本。
④ 〔明〕耿橘:《常熟县水利全书》卷一《水利用湖不用江为第一良法》,明万历年间刻本。

港、申港,武进之孟渎河、包港,丹徒之安港、西港,皆系沿江通潮干河,最有益于农田"①。江阴地区亦如此,"江阴地高,城内外河渠皆不深广,以江潮进退为盈涸"②。在这一带,潮水受地形较高的冈身限制,又受南北流向的盐铁塘、横沥等纵浦的分流,很难越冈身而西。清代中期,自昭文县起,官府又修筑海塘以防冲决,堵塞了大部分的通江河流,但依然留有一些河流引潮灌田,如昭文县在乾隆十九年(1754)时,"计留通白茆、高浦、徐六泾、许浦、海洋、青洋、耿泾港等七处,引潮灌入,以资播种田畴"③。在几大干河之外,也留有一些小港,"竺塘、景墅、长蜞、仲桥、塘西、横塘等五河,并在福山塘西,引潮灌田"④。长江口沿岸,类似的小港浦还有很多。

常熟以北至镇江,地势渐高,潮水很难越运河而西。同时,这一带的河流大多为沟通运河与长江的纵河,缺少东西向的横河沟通,因此,受潮汐影响的区域主要是沿纵河一带,很难连结成片。无锡和江阴之间,主要由锡澄运河沟通,潮汐也由此出入,位于无锡、武进、江阴三县交界的芙蓉圩地区,能够观察到潮水的动向,"江潮大涨时,浑水自北环圩而南,越运入湖。平时内塘河之水,经通济桥至四河口,水大时四河口挟黄田港潮逆流而来。幸圩岸坚固,不受影响"。武进和江阴之间,以北塘河、澡港河等沿江港浦为主要通潮河道,"北塘河为武进东北之干流,自武进西门外起,东北迄江阴境,受澡港、桃花港、利港、芦埠港、申港、新沟诸港之潮,由

① 〔清〕慕天颜:《水利足民裕国疏》,见〔清〕贺长龄辑《清朝经世文编》卷二六《户政一·理财上》,台湾文海出版社1972年影印本,第957页。
② 〔明〕张国维:《吴中水利全书》卷一《江阴县城内水道图说》,《景印文渊阁四库全书》第578册,台湾商务印书馆1986年版,第58页。
③ 同治《苏州府志》卷一一一《水利三》,清光绪八年刻本。
④ 〔明〕沈启撰、〔清〕黄象曦增辑:《吴江水考增辑》卷二《水治考》,清光绪十八年刻本。

丁塘港焦溪柳堰桥诸水,西南入运"①。

在镇江与长江相接的大运河,由于镇江段地势较高,在冬春时节容易水源缺乏,梗阻漕运。为维持航运,至迟从宋代开始,就经常依靠江潮作为其水源补给。这一状况直到明清时依然维持着,时人谓之"运河之水原系江潮,从京口、丹徒二闸而来。若江水涸时,则二闸之水不至,而运河不通"②。大致自京口至孟河口,其间有多条通江河港,大多都能引潮引运。江潮的影响一般能到达运河附近,如丹阳附近的九曲河,"其未废也,每潮水上新河口,可以利灌溉,资漕运。其后河口淤塞,湖(潮)止到荆村,距县十五里;又其后,仅到东阳,距县三十里"③。运河与长江相接的丹徒口地方,

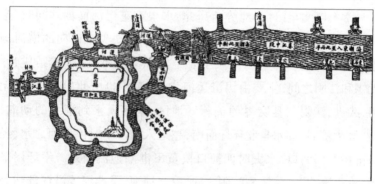

图1 娄江感潮图

资料来源:〔明〕张国维《吴中水利全书》卷一,《景印文渊阁四库全书》第578册,台湾商务印书馆1986年版。

---

① 华毓鹏等:《视察无锡、江阴、武进、丹阳、丹徒、金坛、宜兴、溧阳水利记录》,民国年间铅印本,上海图书馆藏。

② 〔明〕张国维:《吴中水利全书》卷二〇《郑若曾练湖说》,《景印文渊阁四库全书》第578册,台湾商务印书馆1986年版,第744页。

③ 〔元〕俞希鲁编纂,杨积庆、贾秀英等校点:至顺《镇江志》卷七《山水·海潮》,江苏古籍出版社1999年版,第282页。

"潮涨则直灌运河东西,上接猪婆滩京口之潮,下会宋家集越河之潮。以上两口,平时涨多落少,东北风劲,潮势汹涌,有时甚至有进无退。西北风大,则潮小,涨落平流。冬令水涸,不通舟楫"。练湖附近的越河,"长六里,潮涨则直灌运河东西,上接宋家集丹徒之潮,下会奔牛孟河之潮"。潮水力量最大时,最远能影响到金坛漕河分流的珥村闸附近,"金坛漕河,运水挟潮南下之一大水流,自运河七里桥至珥村镇,为潮位升降之终点。潮来潮退,水位涨落,以此处为终点。而浑水之入,仍滔滔不绝。登渡去桥观察,清浑判然。距珥村十八里,金坛十八里"①。只是由于"江潮之入,以地势倾斜,故鲜有退出,港口积沙甚多",河道经常被淤塞,因此感潮区的范围不是很稳定。

镇江以上,由于长江径流的下泄及受南岸宁镇丘陵的约束,潮汐的力量逐渐减弱,影响较小。但在历史时期,由于长江河口较为宽阔,潮水也常常能影响到南京附近。据陈吉余等人的研究,在瓜洲并岸以前,镇扬河段江面宽阔,扬州附近有著名的广陵潮,河口区的增水波一直可以传播到南京附近,六朝时期(3—6 世纪),常有"涛水入石头"的记载,这是潮汐对南京河段增水的表现,这样的事件有 14 次之多,这也是世界上的增水现象的最早记录。② 之后随着河口的不断外延和缩窄,特别是瓜洲的并岸,潮汐力量很难再影响到南京河段。

在江南地区内部,由于干、支河道纵横,水系交错,早在吴越时就形成了"五里一横塘,七里一纵浦"的水系格局,各干河之间"支

---

① 华毓鹏等:《视察无锡、江阴、武进、丹阳、丹徒、金坛、宜兴、溧阳水利记录》,民国年间铅印本,上海图书馆藏。

② 陈吉余等:《两千年来长江河口发育的模式》,载《海洋学报》1979 年第 1 期。

流数百,引以灌溉,互相贯通"①,干河之潮往往在支河"会潮"。比如吴淞江与浏河之间,"夏驾口、新洋口乃吴淞江交会处,横引江水斜趋娄江,以致吴淞江水势小弱,不能冲泄潮泥。且二河通引浑潮,倒流入江,与本江下流正潮日相抵撞,易于淀积"②。黄浦江流域,"至沿浦通潮诸水,东北自界浜,西南至米市塘,鳞次栉比,相距不过三四里……且其间又有横港联属首尾,会潮积淤尤易"③。而黄浦江与吴淞江之间亦有盐铁塘、横沥、顾会浦等纵浦连通,"浦西浦北诸水既受浦潮灌注,又皆北通吴松江,纵横交错,所在会潮"④。青浦地区,"邑城南境诸支港,自来无潮,今则百脉灌注,直与吴淞江潮接会矣"⑤,受到黄浦江与吴淞江潮汐的交叉影响,而扩大了潮汐的影响范围。正是由于会潮,才使得感潮地区由本限于通潮河道附近的带状地带,变成连成一片的广阔感潮区。由此,我们可以大致勾勒出明清时期江南地区的感潮区域。

第三节　影响因素分析

感潮区的范围,既与径流水文条件密切相关,也受海洋因素的制约;水利工程会通过对上述两者的影响而影响到感潮区的范围。唐宋以来,随着江南地区开发力度的加强,这种影响越来越显著。

---

①　〔清〕陈树德、孙岱纂:《安亭志》卷二《水道》,清嘉庆十三年刻本,第343页。

②　〔明〕张国维:《吴中水利全书》卷一五《颜如环分治吴淞江水利工完呈》,《景印文渊阁四库全书》第578册,台湾商务印书馆1986年版,第529页。

③　光绪《松江府续志》卷六《山川志》,清光绪十年刻本。

④　光绪《松江府续志》卷六《山川志》,清光绪十年刻本。

⑤　乾隆《青浦县志》卷四《水利上》,清乾隆五十三年刻本。

一、河流水文的影响

潮水是沿着河道上溯的,故感潮区的范围与河流水系及其水文条件密切相关。水系格局的分布、河流入海口的远近、径流的力量强弱、河道的顺直与弯曲,都会影响到感潮区的范围。河流的入海口距海远,潮汐受河床的约束与径流抵消的影响,潮候较晚,力量也有所减弱,则影响范围较小;当入海口距海近时则相反。比如吴淞口位置的变动就有较大影响,黄浦合吴淞从吴淞口入长江,"先时潮汐由吴淞江口入,朔望率以子午为信",到了万历八年(1580),"潮决李家洪,去故道南二十里许,潮汐遂早数晷"①。入海口南移,更加靠近大海,潮汛的到来时间有所提前,潮汐在传递过程中能量的损失减少,结果是扩大了感潮区的范围。

宋代以前,江南地区大致维持着三江分流入海的格局,海岸线发育很慢,河口距海岸线很近,河道也较顺直,潮汐影响范围极大。宋元时期,古东江湮没,海塘修筑,杭州湾方向的来潮为海塘所阻,很难再影响到内河,主要潮汐的影响来自长江口。

自六朝以来,长江流域的开发程度不断加强,河流的泥沙含量日益增加,下游河水在潮水的搅动与顶托下形成浑潮,导致河道的淤浅,河流排水困难,加速了河曲的发育,也限制了潮汐的上溯。以吴淞江为例,其宽度"深广可敌千浦",唐时阔二十里,宋时阔九里,当时虽有拓宽,后又逐渐减至五里、三里、一里,今天的吴淞江下游江面宽度在50~70米,成为黄浦江的支流。宋代时吴淞江已经有"五汇四十二湾",五汇即指安亭汇、白鹤江、盘龙汇、河沙汇和顾浦汇,汇的出现导致河流曲流现象的发育,形成四十二湾,"(吴淞江)四十二湾,古云九里为一湾,一湾低一尺。二百四十里到三

---

① 嘉庆《松江府志》卷八《山川志·水》,清嘉庆二十三年刻本。

江口，三百六十里到大海"①，这些湾汇主要集中在盘龙至白鹤的近二十公里的河段，"自白鹤汇极于盘龙浦环曲为汇，不知其几，水行迂滞，不能径达于海"②。历宋元诸朝，屡经修治，但不能彻底解决问题，到了明永乐初年，吴淞江下游已经是"潮汐淤塞，已成平陆"，夏元吉治水后，吴淞江的淤废趋势未能扭转，从而导致吴淞江流域的感潮区被限制在黄渡以下河段。

杭州湾沿岸港浦的变化更大，在寒圩地区（今松江、金山交界地区），"潮水向从东南海口由溧缺而来，即古之东江也。后以海溢不时，倭寇屡至，议填塞之。水由黄浦经张泽塘、褚宅泾、泥塘湾，至大前冈入陈泾。后泥塘湾淤，从乡界泾入前冈；及乡界泾淤，从张泾入小前冈、入王坟泾。后张泾又淤，从潘泾入前冈"③。其变化真可谓沧海桑田。

二、海洋水文的影响

海洋水文的影响因素较多，这里主要讨论海平面的升降与海岸线的涨坍对感潮区的影响。海平面的升降对于河流的水文状况影响巨大：海平面下降时，河流坡度比降增大，有利于河流的下泄，高潮水位也有所降低，潮流沿河流上溯距离缩短，感潮区相应缩小；海平面上升时，河流侵蚀基准面抬高，水流纵比降减小，流速相应减缓，泥沙沉积加速，同时导致高潮水位相应抬高，通海的港浦河汉若水势不壮，反倒成为海水内伸的通道，感潮区随之扩大。据满志敏、谢志仁等人的研究，唐至南宋为相对高海面时期，这是导

---

① 〔清〕陈树德、孙岱纂：《安亭志》卷二《水道·进士胡恪开修三江五汇疏》，清嘉庆十三年刻本。

② 绍熙《云间志》卷中，中华书局1990年影印本，第32页。

③ 〔清〕杨学渊纂：《寒圩小志·水道》，江苏古籍出版社1992年影印本，第412页。

致宋代江南地区水灾频繁的重要原因,由此也引起该地区海塘的修建与三江水系的变化。

两宋时期太湖地区水患频繁,其环境变化的背景是海平面的上升。北宋初年至南宋中期,海平面上升的幅度为 1.5～2 米,最高海面约比现代海面高 1 米。这导致当时苏州地区形成了广阔的积水区,"震泽之大,才三万六千余顷,而平江五县,积水几四万顷"[①]。宋末元初则为相对低海平面期,在此期间娄江、吴淞江排水通畅,它们均可行驶海船即为明证。元代至正以后,又转为相对高海平面期,这导致了吴淞江的全面退化,也最终促成了黄浦江的发育。明清时期总体上为相对低海面时期,但在元中后期至明初、16世纪上半叶、17世纪末至18世纪初分别出现几次相对高海面。[②]与之前相比,感潮区出现了向东转移的趋势,这是与海岸线的扩展密切相关的。

在 6000 多年前,冰后期海侵达到最大高度,海水内侵达到最大限度,当时长江在镇江、扬州一带汇注海洋。而太湖原是直通大海的海湾,与海洋潮汐息息相通。以后长江南岸沙嘴自西北逐渐向东南伸展,在强潮的影响下折向西南,最终与钱塘江口的沙嘴相连,在波浪的堆积作用下形成冈身,其外缘就是江南地区第一条海岸线,由此将太湖与大海隔绝。谭其骧、张修桂等人的研

---

① 〔南宋〕范成大撰,陆振岳点校:《吴郡志》卷一九《水利》,江苏古籍出版社 1999 年版,第 285 页。

② 满志敏:《两宋时期海平面上升及其环境影响》,载《灾害学》1988 年第 2 期;王文、谢志仁:《中国历史时期海面变化(Ⅰ)——塘工兴废与海面波动》,载《河海大学学报(自然科学版)》1999 年第 4 期;《中国历史时期海面变化(Ⅱ)——潮灾强弱与海面波动》,载《河海大学学报(自然科学版)》1999 年第 5 期;《从史料记载看中国历史时期海面波动》,载《地球科学进展》2001 年第2 期。

究成果显示,4世纪时的海岸线还在冈身地带,此后海岸即迅速
向东伸展。[1]

唐宋以前,长江流域植被覆盖较好,河流含沙量不大,河口的
泥沙沉积量与侵蚀量相对平衡,海岸线的扩展较慢,涨潮流较少受
到陆地的阻碍,感潮区范围自然较为广大。以后随着人口的大量
南迁,长江流域人类生产活动范围日益扩大,开发力度加大,水土
流失加重,长江的输沙量不断增加。[2] 尤其是黄河自12世纪中期
后改道东南行,入黄海,大量泥沙也随沿岸流来到长江口地区,江
口外的泥沙沉积量日益增长,不断有沙滩露出水面。人们为扩大
耕地,不断在海滩前缘修建堤塘,自冈身向外,先后筑有钦公塘、老
圩塘、陈公塘、新圩塘四条海塘,使堤内滩地在未堆积到最高潮位
的高度时就脱离了江海的浸灌与冲击。此后的泥沙只能堆积在海
塘以外,从而人为地加快了陆地的扩展速度,海岸线日渐东移。根
据谭其骧的考证,从5世纪到12世纪约800年间,海岸线从冈身侧
近推向里护塘一线,共达30余公里。[3]

在此之后,在自然淤积和人为工程作用下,岸线的扩展更为迅

———————

[1] 谭其骧:《上海市大陆部分的海陆变迁和开发过程》,载《考古》1973
年第1期,收入《长水集(下)》,人民出版社1987年版;张修桂:《上海地区成
陆过程概述》,载《复旦学报(社会科学版)》1997年第1期。

[2] 周宏伟:《历史时期长江清浊变化的初步研究》,载《中国历史地理论
丛》1999年第4期。

[3] 谭其骧:《上海市大陆部分的海陆变迁和开发过程》,载《考古》1973
年第1期,收入《长水集(下)》,人民出版社1987年版。对于这一地区的海岸
线变化情况及其速度,学界意见不一,详参考陈吉余等《长江三角洲的地貌发
育》,载《地理学报》1959年第3期;满志敏《上海地区宋代海塘与岸线的几点
考证》,载《上海研究论丛》1988年第1辑;张修桂《上海地区成陆过程概述》,
载《复旦学报(社会科学版)》1997年第1期;《上海浦东地区成陆过程辨析》,
载《地理学报》1998年第3期等,兹不赘。

速,今天里护塘以东的浦东地区,正是陆地扩展的结果。20 世纪中叶以来,南汇东面的滩地,平均每年向前上涨 50～100 米。① 从现有的水、沙条件来看,其增长趋势仍然比较稳定。

在杭州湾沿岸,由于喇叭河口导致潮涌力量猛烈,加之南北两岸地理形势的不同,自公元 4～5 世纪以来,总的趋势是南岸涨、北岸塌,北岸线在不断后退。这一趋势,在文献中的记载非常丰富。南宋绍定《澉水志》载:"旧传沿海有三十六条沙岸,九涂十八滩,至黄(王)盘山上岸,去绍兴三十六里……后海变洗荡沙岸,仅存其一,黄盘山邈在海中,桥柱犹存。"②明代的天启《海盐图经》亦载:"(海盐)东南五十里外之贮水陂与所谓九涂十八冈三十六沙,旧为限海者,尽为巨洋。"自元初以来,金山嘴一带岸线平均塌进约五里,由此导致金山嘴的位置不断地被蚀西移。③

总体来看,据陈吉余等人的测算,2000 多年来南汇嘴向东北方向移动的距离约为 47 千米,北缘长江口沿岸增长的面积约为 3630平方千米,南缘杭州湾北岸受侵蚀坍没的土地约 700 平方千米。④海岸线扩展,意味着潮汐在进出内河时要经历更远的距离,其能量和流量也会在这个过程中逐渐消耗并最终消失。因此,距海远近不同,各地的潮候也会有所不同,即"江潮由海入江,逆流而上,故东西迟早不同"⑤,因此"内地之潮常后于海口,约差一刻至十刻许",松江府地区的潮候,"吴淞江口最早,黄浦次之,郡城又次之,

---

①　程潞等编著:《上海农业地理》,上海科学技术出版社 1979 年版,第22 页。

②　绍定《澉水志》卷上《古迹门》,中华书局 1985 年版,第 28 页。

③　张修桂:《金山卫及其附近一带海岸线的变迁》,载《历史地理》第三辑,上海人民出版社 1983 年版。

④　陈吉余等:《长江三角洲的地貌发育》,载《地理学报》1959 年第 3 期。

⑤　光绪《常昭合志稿》卷三《水道》,清光绪三十年木活字本。

郡城与杭州同"①。距海较远的青浦地区:"此间潮候,以吴淞江、泖湖为大,皆迟于上海。"②在唐宋时受到潮汐强烈影响的苏州城,到明清时基本上不受潮汐的影响了。

三、人为因素的影响

人为因素的影响主要体现在通过人工水利工程,主要是塘坝、闸堰、洞窦等,影响到河流的通水状况,导致径流水文与海洋水文及其力量对比发生变化,从而影响到感潮区范围的变化。

塘坝包括海塘与内河堤坝。江南地区自唐代开始即有海塘的修建,以后历代屡有增补,尤其是明清两代大规模修建海塘后,形成了自江苏常熟至浙江宁波长达上千里的海塘。海塘修建后,许多原来直接入海的港浦被阻隔,潮汐也无法进入,导致感潮区缩小。浙西海塘基本上连成一线,不留任何缺口;江南海塘则因为涉及排水问题,在许多河口并不筑断,而改为建闸,以时启闭,潮汐尚可进入。潮汐变化最明显的是杭州湾沿岸,古东江原来从这里入海,受到杭州湾强潮的影响,是重要的感潮区。随着古东江水系的湮塞,潮汐难以深入,自南宋乾道年间筑断以后,潮汐就较少影响到这里,明代以后,则完全断绝;失去入海口后,这里的许多港浦折向东北流入吴淞江,以后又汇入黄浦江,由此开始受到长江口来潮的影响。比如华亭县,"海潮冲决,向在华亭之漴阙以东……迨明议开范家浜,近浦川港致虞淤垫。嘉靖间(为防御倭寇)将漴阙堵塞,南来之潮遂绝"③,而北境通浦各河,由于受到黄浦江来潮所带泥沙的淤塞,"亟宜疏浚"。黄浦江以东的陆地,是随着泥沙的沉积

①　嘉庆《松江府志》卷八《山川志·水》,清嘉庆二十三年刻本。

②　〔清〕高如圭原纂,万以增续纂:《章练小志》卷一《潮汛》,民国七年铅印本。

③　光绪《松江府续志》卷七《拾遗志》,清光绪十年刻本。

而逐渐淤涨出来的,历代为了开发滩地,重重修建了数道海塘,东西阻隔使得夹塘地区反而较少受到潮汐影响。长江口地区则以建闸为主,"闸者,押也,视水之盈缩所以押之以节宣也。潮来则闭闸以澄江,潮去则开闸以泄水"。建闸的范围相当广泛:"古人治闸,自嘉兴、松江而东至于海,遵海而北至于扬子,沿江而西至于润州。一江一浦,大者闸,小者堰,所以外控海潮,而内防旱潦也。"①为排水需要,长江口地区的港浦不像杭州湾那样完全堵死,而是保留了一些较大的港浦,吴淞江与黄浦江等大河也不能建闸。在部分地区的海塘上也留有水洞,以满足引潮灌溉和排水的需要。

　　明清以来江南地区修建了许多人工水利工程,同时围湖造田也日益严重。吴江长桥、东坝、崇德坝等工程约束了上游来源,减少了太湖的蓄水量,减缓了下游流速,"自溧阳置五堰而宣、歙之水不入太湖;宜兴开夹苧干则湖水西下常州十四斗门,径趋江阴而下扬子江;又崇德坝成则浙中诸山之水来亦纡缓,故太湖之水柔软无力",下游流速减缓,流量也有所减少,在力量上更难与潮水抗衡:"不能尽涤潮沙,江身渐高,所以旋开旋塞也。"②在此情况下,河道容易被潮水所挟带的泥沙淤塞,加上河道被沿岸城市、集镇侵占,愈发束狭,尤其是吴淞江下游上海租界段,"两岸又为洋商填筑马路,自吴松大桥起,江北至铁大桥,江南至万安渡,支港进口狭束,受淤尤甚"③。这大大限制了潮汐沿吴淞江的上溯,导致其沿岸感潮区的缩小。其他主要感潮河流,如浏河、白茆塘等,情况与此类似。唯有黄浦江,为众水所趋,水势畅旺,在潮汐与径流的反复冲刷下,河道日益发展,元大德年

---

① 〔清〕钱泳撰,张伟校点:《履园丛话》卷四《水学》,中华书局1979年版,第100~101页。
② 光绪《昆新两县续修合志》卷二,清光绪六年刻本。
③ 光绪《松江府续志》卷六《山川志》,清光绪十年刻本。

间宽度仅"尽一矢之力",到明万历时已发展到"横阔二里许",成为潮汐上溯的良好通道,从而在其流域内形成了广泛的感潮区。①

在感潮区内部,某些地区为了防止浑潮的侵袭,在河道上筑坝来阻遏潮汐的影响,其也会影响到局部水文条件,比如上海县七宝镇地区(旧称蒲溪),"蒲汇塘东通黄浦,浑水内灌,开后易于淤塞",故在道光十六年开浚之后,"士民连名具呈,恳留大坝,即蒙批准。遂得浑潮永障,清水长流,不至旋开旋塞者"②。嘉定县为了防止浑潮的倒灌,在南翔镇以东唐桥的蕰草浜上建筑石坝,以阻遏浑潮,效果相当明显,"自唐桥设闸坝,南翔迤北诸河得免蕰草浜浑潮侵灌,而东北乡每届浚河,虽亦留坝捍浑"③。但筑坝也截断了西来的太湖清水,影响到下游宝山县部分地区的灌溉,结果导致了长期的水利矛盾,这种矛盾在感潮区内相当普遍。另外一些地区则有可能因为河流的开浚或闸坝的毁弃,而受到潮水的影响。比如嘉庆二十四年(1819),昆山地区"夏六月至八月不雨,时吴淞江初浚,潮水洊至,民田藉以灌溉"④,从而解决了灌溉的需要。黄浦江上游地区平湖等县南部,由于地处杭州湾沿岸的冈身高地,灌溉也较困难,乾隆五十年(1785)大旱,"适遇亢阳,远近支河莫不焦涸……坊之耆老环吁请开(横桥堰)……(潮)水得大来,田无孔暵。在一邑之内既获有秋,而演漾余波,北至苏州,西渐省会,不第同郡各邑之均为沾溉"⑤。在不同的环

---

① 满志敏:《黄浦江水系形成原因述要》,载《复旦学报(社会科学版)》1997年第6期。

② 〔清〕顾传金辑,王孝俭等标点:《蒲溪小志》卷一《水利》,上海古籍出版社2003年版,第21页。

③ 民国《嘉定县续志》卷四《水利志》,民国十九年铅印本。

④ 光绪《昆新两县续修合志》卷五一《祥异》,清光绪六年刻本。

⑤ 〔清〕王恒:《重建横桥碑记》,见光绪《平湖县志》卷四《建置》,清光绪十二年刻本。

境变化背景下,不同地区会根据自身的需要调整对潮水的利用方式。

第四节　潮汐影响下的江南水利

一、水利格局的变化

潮汐影响和水系格局的变化是互为因果的,潮汐影响着水系格局的分布,水系格局的分布又影响到感潮区的范围。潮汐的影响,首先体现在对江南地区河流水量、水文的影响。虽然该地区河流的径流量极为丰富,但相对于每年的进潮量来说,仍然是处于劣势的。黄浦江是本区内最大的内河,其年径流量约 109 亿立方米,但其每年的进潮量都在 400 亿立方米以上,占到了上海市水资源的 80% 以上。即使到了黄浦江上中游的奉贤地区,流量仍相当丰富,"感应本县的黄浦江潮汐,系自东海面入吴淞口后,溯黄浦江而上,传至本县境内,其力已缓,但潮量颇丰。由通黄浦河道纳入的淡水潮量全年约 37 亿立方米,成为本县地表径流的主要来源"[1]。其他滨江诸县,也都享受到丰富的潮水资源。

巨大的来潮水量,一方面为本地区提供了丰富的灌溉水源,另一方面,也深刻地影响了当地的水利形势。水文方面,江南地区的河流均发源于西部丘陵,汇于太湖之后,再分道入海。地势上的反差,造成河流从源头到入海口的比降小,同时又受到河口地区高潮的顶托,水流速度缓慢。潮流在退潮时受到长江下泄径流的顶托,江口依然水位较高,涌入内河的潮流很难随之退回,"潮上灌浦,则浦水倒流;潮落浦深,则浦水湍泻。远地积水,早潮退定,方得徐流,几至浦口,则晚潮复上。元未流入江海,又与潮俱还。积水与

---

① 　上海市奉贤县县志修编委员会编著:《奉贤县志》,上海人民出版社 1987 年版,第 75 页。

潮相为往来,何缘减退"①。上游地区大量人工水利工程的修建,导致径流来源有所减少,在较高海平面条件下,潮水力量反而有所增强,结果"河水之势日弱,海潮之势日强,以致潮沙积滞,昔之汪洋一片者,今则皆成滩荡圩田。每届潮汐小汛,支河汊港间几成陆地。不特行旅弗便,农需溉者苦之"②。导致潮汐的影响沿黄浦江深入内地。

江南地区是有名的"水乡",横塘纵浦交织成网,水运发达,灌溉便利,但排水不畅是水利的要害。江南地区地势非常低平,河道比降小,流速缓,是典型的平原河流所具有的特征。南宋时期的黄震就观察到"水势散漫,与江之入海处适平。退潮之减未几,长潮之增已至……往来洄洑,水去迟缓,一雨即成久浸"。民国时李书田等人经过测量也认为:"江水之高潮,常较湖水高出一公尺不等。故水患之来,恒在江潮之倒灌,而不在湖水之高涨也。"③

具体来看,由于长江和内河水位互有涨落,沿江各地段的潮差不同,通江各港外泄或倒灌的情况,也因时因地而异。一般说来,江阴以西各港,江水倒灌的机会为多;江阴以东各港,在通常情况下是涨潮时倒灌,落潮时排泄,外泄水量大于倒灌。④ 以黄浦江为例,当它的源头之一瓜泾口水位为 3.5 米时,黄浦江水面比降为十五万分之一,水位为 4 米时,比降也只有十万分之一,江平流缓,入江的吴淞口平均流速仅 0.2 米/秒,排水是较为迟缓的。整个太湖流域主要依靠黄浦江一江排水,但黄浦江因受江潮倒灌壅托,泥沙

<hr/>

① 〔南宋〕范成大撰,陆振岳点校:《吴郡志》卷一九,江苏古籍出版社1999年版,第288~289页。

② 〔清〕高如圭纂:《章练小志》卷一《水道》,江苏古籍出版社1992年影印本,第802页。

③ 李书田等:《中国水利问题》,商务印书馆1937年版,第403页。

④ 郑肇经主编:《太湖水利技术史》,农业出版社1987年版,第21页。

沉积,大大削弱了泄水能力,其中主要原因即在于旺盛的泥沙淤积对河道泄洪能力的削弱。① 与之相应的是,由于受入海口高潮位的顶托,黄浦江最大泄水量不是出现在太湖流域急需排水的汛期,而是在汛期的前后。黄浦江一般年间净流量以夏汛前的5月和夏汛后的11、12月为高,6月泄水量较小,8月和9月两个月因下游江潮倒涌,流向逆转,泄水量更小。这种情况甚至上溯到太湖出水的瓜泾口仍可看到,1958年(净泄水量偏枯年份)从6月中旬开始直到9月初,瓜泾口水文站的流量甚至出现负值。可见在洪汛期间,黄浦江的排洪能力十分微弱,这往往会加长洪涝灾害持续的时间,是一个很大的问题。水灾和潮灾往往会在出现频度上出现高峰或低谷相吻合的情况。余蔚、张修桂以20年为频次,对上海、松江两县600多年的水灾、洪灾情况进行了统计,发现两县水灾、潮灾的频次,往往一同达到高峰或低谷状态②,由此证明了潮灾与水灾之间的密切关联。

宋代以来,整个江南的水系格局变动很大,除了原有的三江与塘浦河系衰落外,原本承担排水任务的吴淞江、浏河相继淤浅缩狭,三江泄水最后演变成黄浦江一江泄水。黄浦江除了承担太湖来水外,还要承担西部的浙江杭、嘉、湖及从西南平湖、金山等地区的来水,(清代嘉兴地区)"由秀水出平望者十之四,由善、平二邑归泖湖者十之六。今淞、娄二江淤塞不通,在江省尚难宣泄,故秀邑之水无所归输。黄浦之流甚畅,似于善、平出泖为宜"③。西北面的

①　程潞等编著:《上海农业地理》,上海科学技术出版社1979年版,第14页。

②　余蔚、张修桂:《自然灾害与上海地区社会发展》,载《复旦学报(社会科学版)》2002年第5期。

③　〔清〕王凤生纂修:《嘉兴府水道总说》,见《浙西水利备考》,清道光四年刻本。

江苏阳澄湖地区,本来经由浏河、吴淞江排入长江的水也大部分向南迁回黄浦,然后向北排入长江。民国时人形容"今湖水下注,以十分计之,八分东南行;迤逦归黄浦;一分有半归吴淞,半分由运河归娄江"①。这样,黄浦江就负担着太湖80%以上的泄水任务,因水流南北迁回,排水十分不畅,甚至会出现几股来水互相冲突的现象。"淞、娄二江浅狭不能受水,苏松积潦并太湖洪流泛滥而横趋淀泖,惟黄浦是争。故浙西水口先为江境所占,黄浦虽深通,岂胜两省下游同时并纳?将彼此抵触,不克畅流,为害一耳。"②在洪水期,太湖上游众水下泄,下游江流海潮壅托,常常造成严重的洪涝灾害。特别是当发生流域大水时,太湖上游来的洪峰与长江洪峰相遇,泄水更加困难,西部低洼地区受灾就更为严重。1954年,吴淞口最高潮位从5月31日直到11月14日为止的168天中,有62天均在4米以上,致使太湖流域洪水久久不能下泄,黄浦江水位长期高涨,造成了严重的洪涝灾害。③即时在平时,一天之中,涨落潮进吐水时间要占80%,能用于排泄径流的时间有限。依赖潮差进行排水,不能从根本上解决太湖下游洪水出路和低洼地区的排涝问题。

在江南地区内部,又存在着高田区与低田区的水利矛盾。宋代郏亶在论述江南的水利格局时,以冈身为界,大致把江南地区分为高田区与低田区,"昆山之东,接于海之墟陇。东西仅百里,南北仅二百里。其地东高而西下……常熟之北,接于北江之涨沙,南北

---

① 李书田等:《中国水利问题》,商务印书馆1937年版,第391页。

② 〔清〕王凤生纂修:《嘉兴府水道总说》,见《浙西水利备考》,清道光四年刻本。

③ 程潞等编著:《上海农业地理》,上海科学技术出版社1979年版,第14页。

七八十里,东西仅二百里。其地皆北高而南下。……是二处,皆谓之高田。而其昆山瑶身之西,抵于常州之境,仅一百五十里。常熟之南抵于湖、秀之境,仅二百里。其地低下,皆谓之水田"①。高田地区"地皆高仰,反在江水之上,与江湖相远。民既不能取水以灌溉,而地势又多西流不得蓄聚春夏之雨泽,以浸润其地。是环湖之地,常有水患;而沿海之地,常有旱灾"。而低田地区,"地皆卑下,犹在江水之下,与江湖相连。民既不能耕植,而水面又复平阔,足以容受震泽下流,使水势散漫,而三江不能疾趋于海"②。这一水利形势在此之后长期存在。清代顾士琏总结道"高乡之河与低乡异,海口之河与内地异",双方在水利上的需求各不相同,"高乡弊在壅河……低乡弊在通舟……高乡止期通水,而不期蓄水,所以常苦旱;低乡止期泄水,而不期障水,所以常苦潦"。尤其是较为缺水的高田区,"东忌浑潮,西忌倒流,又虑小汛潮涸"③,故而对潮汐的需求更大。

　　由于高低田的高度不同,两者对水利条件的要求也不同,从而对这两种地区产生不同的影响。春夏之交,高田区容易出现干旱,低田区则影响不大,"每至四五月间,春水未退,低田尚未能施工期,而冈阜之田以(已)干坼矣"④,而在夏秋季节,河流的主汛期往往与天文高潮重合,在高潮位顶托下,不但排水困难,而且往往有潮水倒灌入内,在内河形成高水位。上游低洼地区往往田面比水

---

①　〔南宋〕范成大撰,陆振岳点校:《吴郡志》卷一九《水利》,江苏古籍出版社1999年版,第266页。

②　〔南宋〕范成大撰,陆振岳点校:《吴郡志》卷一九《水利》,江苏古籍出版社1999年版,第269页。

③　〔清〕顾士琏等辑:《高乡论》,见《太仓州新刘河志》,《四库全书存目丛书·史部》第224册,齐鲁书社1996年版,第176页。

④　〔南宋〕范成大撰,陆振岳点校:《吴郡志》卷一九《水利》,江苏古籍出版社1999年版,第272页。

面还要低,洪水在高潮的顶托下,"停蓄内港,助雨之力,啮堤冲岸,遂成巨浸",造成严重的洪涝灾害;而下游高地由于地势原因,非但不会受涝,反而可以利用较高的水位,为灌溉提供便利,获得丰收。① 在干旱年份,河流水源急剧减少,上游地区由于河湖密布,水源较为充沛,基本上影响不大;下游高田地区田高岸陡,"戽水灌苗,或叠三四龙骨车乃达于田"②,灌溉极为困难,除一些沿河低地能利用潮水作为补充水源外,下游高田地区极易遭受旱灾。高田经常需要蓄积水源,以备旱荒,但上游的排水要求河流顺直通畅,为此高田地区常患旱灾;低田地区常顾虑水量过多,易受涝渍,却因下游河道高昂,加之潮水顶托,排水困难,容易遭受内涝的危害。

在此可以拿苏州府和松江府来做一个简单比较,虽然两府相毗邻,地理形势相似,却由于在水利格局上分居上下游而"利害迥异",在很多方面都体现了巨大的不同:虽然两府滨江沿海地区(即冈身)的地势都比较高亢,"沿海堤身高仰畏旱,松与苏等尔",但仍存在一定的差异,"苏则密迩大江,水性平淡,土脉未为甚瘠;松江沿海咸潮浸溃,地皆斥卤矣"。两府西部都是低洼湖沼,"濒湖水乡卑隰畏潦,松亦与苏等尔"。但物产方面差异很大,"苏虽下下低田,岁收蒲荷菱芡之利,松之水田仅宜于稻,潦则遂绝望矣"。更靠近长江口和东海的松江府,其水利环境受潮汐影响更明显,"故不论岁之丰凶,大都松江岁无全稔"。因此,"筑堤防、疏沟洫,在他郡均不可缓,然松视苏为尤急云"③。

---

① 〔清〕王应奎:《开白茆议》,见〔清〕贺长龄辑《清朝经世文编》卷一一三《工政十九·江苏水利下》,台湾文海出版社 1972 年影印本,第 3973 页。

② 光绪《常昭合志稿》卷三《水道志》,清光绪三十年木活字本。

③ 〔明〕张内蕴、周大韶:《三吴水考》卷四《松江府水利考》,《景印文渊阁四库全书》第 577 册,台湾商务印书馆 1986 年版,第 179 页。

明清以来,浑潮的危害也日益加剧,下游地区首当其冲,"地濒于海,潮水往来,每挟泥沙而上,吴谚云:'海水一潮,其泥一箸',日积月累,支港渐淤,水无所蓄,高仰之田莫资灌溉。向之膏腴,尽成硗确。而一遇淫潦,泄泻无所,下洼水区弥望渺漫。故昆山、嘉定、青浦、华亭之间,有弃高田而不耕,与欲耕而田已入于水者"①。为此下游地区极力主张蓄清捍浑,在河口修筑闸坝,蓄积来自上游的清水,冲刷泥沙以保持河道畅通。而这无疑会抬高内河水位,对于上流来说自然增大了受涝的可能性,这显然是难以接受的,"上流诸县,以江水通利直达海口,使震泽常不泛滥为利;而下流诸县逼近海口,常患海潮入江,沙挟潮入,不能随潮出,沙淤江口,则内地之纵浦横塘亦淤,农田水利尽失,因之与上流诸县利害相反,而主蓄清捍浑"②。感潮区的范围甚至也影响到了水利机构的管辖范围,成立于清末的浚浦局(1901 年成立,原名修治黄浦河道局),其主要目的是疏浚黄浦江的航道,以维持航运的顺畅。1912 年 4 月签定的《办理浚浦局暂时章程》第七条就明确规定:"该局所辖之境,自黄浦入长江处起,至潮流停止处止。"可见潮汐对江南地区水利格局的影响之大。

二、潮汐带来的水利任务

潮汐在长期的历史过程中,极大地影响了江南的水利格局,也给当地带来了繁重的水利任务。总的来看,太湖流域东北通江各港浦,患河港的淤淀甚于潮水;东南通海各港,患海潮的侵袭甚于淤淀。两地情况不同,港浦的发展变化亦因之而异。东北诸浦虽

---

　　① 〔清〕沈德潜:《娄江水利考》,见〔清〕贺长龄辑《清朝经世文编》卷一一三《工政十九·江苏水利下》,台湾文海出版社 1972 年影印本,第 3965～3966 页。

　　② 民国《嘉定县续志》卷四《水利志》,民国十九年铅印本。

有所变化,并设置闸坝等水利设施,但始终保持着和江海沟通;东南方面杭州湾沿岸,则因潮灾严重,随着防海工程的不断修筑和日益巩固,出海各港逐渐被捺断,终至全部封闭。具体来看,依照北田英人的分类,不同的潮汐性状不同,其影响的内容、方式与力度也不同,会带来不同的水利任务,除了海塘堤坝的修建外,还有闸、坝、堰的设置与管理以及频繁的河道开浚任务。

表3-3　潮汐性状与水利任务表

潮汐性状	咸、淡之别	清、浊之别	综合性状	农田水利任务
感潮地区	咸潮	浑潮	咸浑潮	防潮堤堰、河道开浚
	淡潮	浑潮	淡浑潮	河道开浚
		清潮	淡清潮	潮汐灌溉、河泥施肥
非感潮区		河水		河泥施肥

资料来源:〔日〕北田英人《八至一三世纪江南の潮汐と水利・农业》,载《东洋史研究》1986年第47卷第4号。

　　海塘是我国东南沿海一带人们对海堤的别称。其修筑的历史悠久,目的有二:防止海洋咸水的灌入和潮汐能量对陆地的侵蚀。而长江口和杭州湾沿岸潮汐性状的巨大不同,导致了两地在海塘修筑上的许多差异。前文已经述及,杭州湾沿岸海水含盐量较高,类似喇叭口的特殊地形导致能量巨大的涌潮,而在地势上,这一带又高于腹内低洼地区,一旦海水侵入,其危害就会特别巨大:"张泾堰坏,海潮大入,云间、胥浦、仙山、白砂四乡荡为巨壑,漫及苏、湖、秀邑,不复可耕。"①故这一带的海塘(又称浙西海塘)修筑最早,

　　①　绍熙《云间志》卷下《南四乡记》,见《宋元方志丛刊》第1册,中华书局1990年影印本,第68页。

《新唐书·地理志》记载："盐官有捍海塘堤,长百二十四里。"[①]通海的河流,至迟到南宋时期,就已经大部分阻断,或置闸控制。宋孝宗乾道七年(1171)邱崈《奏筑捍海堰状》描述:"华亭县东南大海,古有十八堰捍御咸潮,其十七久皆捺断,不通里河。独有新泾塘一所不曾筑捺,海水往来,遂害一县民田。"[②]也正缘于此,新泾塘上也修筑了堰闸控制潮汐。至明代成化七年(1471)遭受特大潮灾以后,东南沿海大筑海塘,旧有通海港浦全部封闭。[③]

自此以后,经历代尤其是明清时的大力修建与增补,东南沿海形成了完整的沿海海塘体系,政府不但全部堵塞了东南出海的港浦,而且在险要地段大多建为石塘,坚固异常。"自宋以来,滨海居民为防盐潮,纷筑海塘。现自黄浦江出口处起,南迄杭州,已成一气。"这导致了水系格局的变化,原来单独入海的东江水系的港浦,大多折向东北,汇黄浦入海,"浙西一带已不复有出海之水口,而均以黄浦为其尾闾矣"[④]。

江南海塘是清代对苏南昭文、太仓、镇洋、宝山、川沙、南汇、奉贤、华亭、金山九县厅江、海塘的统称,长度总计约 592 里。这里紧邻长江口,其潮水以淡潮为主,潮汐的能量也远比杭州湾沿岸小得多,故其修建时间较晚,而且除了宝山县境内有 6 里石塘,华亭县境内有 40 里石塘以及金山县境内有部分石塘之外,其余皆为土塘。古东江淤塞以后,杭嘉湖地区的河流折向东北,这里的河流还要承担整个太湖的排水任务,因此许多河口并未堵塞,与杭州湾沿

① 学界一般均以此为上海地区海塘的开端,满志敏考证宋代吴及一人名,张修桂对此也有论述,详参满志敏《上海地区宋代海塘与岸线的几点考证》,《上海研究论丛》第 1 辑,上海社会科学院出版社 1988 年版。
② 《宋史》卷九五《河渠志》,中华书局 1977 年版,第 2414 页。
③ 郑肇经主编:《太湖水利技术史》,农业出版社 1987 年版,第 35 页。
④ 李书田等:《中国水利问题》,商务印书馆 1937 年版,第 393 页。

岸形成鲜明对比,"(吴淞口)自此以北,水口皆开(即海关各口);自此以南,水窦皆闭……因江海淡潮有益,浙海咸潮有害也,岂非江水强、浙水弱之故?"①这里潮汐的主要影响是其所带来的泥沙导致河道淤塞,因此采取的主要措施是修筑挡潮闸、堰。潮汐的地域差异是导致两地海塘出现如此差异的主要原因之一。② 在长江口地区,情况也有特殊之处,这主要是由浑潮引起的。由于浑潮挟带的泥沙常常淤塞河道,因此人们往往采用筑坝、置闸的方式来防止浑潮的泥沙,比如常熟的徐六泾:"白茆之北有通海之口,曰徐六泾,前此与内水不通,有田家坝以东拒潮。故其西支河,皆水深土沃,号为膏腴。康熙三十年间,田家坝决,浑潮阑入,河以是日淤,田以是日瘠。"③吴淞江自宋代以后,河道日趋衰落,元代开始置闸管理,元僧维则有《松江观闸》诗云:"官忧水害难疏凿,横江四闸同时作。潮来下闸潮平开,闸内不通潮往来。"明清时期,吴淞江的地位被黄浦江所取代,置闸更多,清代张宸曾论述:"于江口宋家桥为始,迤西至沪渎以东置闸三座,设夫以守之。外一闸少启而多闭,内二闸以时启闭。盖内闸以通舟楫,故启闭不妨于频。外闸以遏潮水,非潮涸江涨,不轻启也。"④

---

① 民国《上海县志》卷首《淞浦源委暨江海分关合图说》,民国七年铅印本。

② 江南海塘的修筑,除了实际水利需要外,也与当时的社会、政治、经济有关,具体可参考王大学《政令、时令与江南海塘北段工程》,载《史林》2008年第5期。

③ 〔清〕陶贞一:《开白茆议》,见〔清〕贺长龄辑《清朝经世文编》卷一一三《工政十九·江苏水利下》,台湾文海出版社1972年影印本,第3970～3971页。

④ 〔清〕张宸:《浚吴淞江建闸议》,见〔清〕贺长龄辑《清朝经世文编》卷一一三《工政十九·江苏水利下》,台湾文海出版社1972年影印本,第3981页。

长江是中国第一大河,多年平均输沙量在 5 亿吨左右。大量的泥沙在河口处受到海洋潮汐的顶托而回流进入内河,形成浑潮。沿江各河,水情有所差异。除了主干河流黄浦江总汇杭嘉之水,又有淀山泖荡诸水以建瓴之势,"从上灌之,是以流皆清驶,足以敌潮,虽有浑浊,不能淤也"①,其他河流均受严重影响。浑潮所挟带的泥沙严重淤塞河道,其淤塞程度超乎一般人的想象。明代叶盛描述:"(浑潮)来一日,泥加一箬叶厚。故河港常须疏浚,不然淤塞不通舟楫,旋成平陆,不能备旱涝矣。"②清代曹一士曾形象地计算:"以海潮之来,浑入而清出。计一潮之淀,厚及一箬。一日两潮,厚几一钱。一岁三百六十日,厚三百六十钱,二尺余矣。江之深止一丈五尺,岁淀二尺,其能常有此江乎?"③

浑潮带来的泥沙大量淤积,对河道形态造成了严重的影响,顾士琏考察太仓地区的河道后感叹道:"尝考太仓水道,干支八百五十条,今存者有几?"④由此给感潮地区带来了极为频繁的河道开浚任务。从朱批谕旨、水利书到地方志再到文集、笔记,从干河"三江"到泾浜溇渎,关于开浚河道的记载绵绵不绝。据武同举《江苏水利全书》统计,明代大小程度不同的治水活动在 1000 次以上,而清代更高达 2000 次以上。治水活动除了需要巨大的人力、财力和

---

① 嘉庆《松江府志》卷一一《林应训开江工费疏略》,清嘉庆二十三年刻本。

② 〔明〕叶盛撰,魏中平校点:《水东日记》卷三一《江南浑潮塞北风沙》,中华书局 1980 年版,第 305 页。

③ 〔清〕曹一士:《上陈中丞吴淞闸善后议》,见〔清〕贺长龄辑《清朝经世文编》卷一一三《工政十九·江苏水利下》,台湾文海出版社 1972 年影印本,第 3986 页。

④ 〔清〕顾士琏等辑:《太仓州新刘河志》,《四库全书存目丛书·史部》第 224 册,齐鲁书社 1996 年版,第 143 页。

物力支出外,也对当地社会影响巨大。频繁的河道疏浚,其原因除了前述的泥沙淤积,导致"朝浚而夕淤"之外,尚有其他一些因素的影响。

首先,泥沙的性状导致疏浚时困难极大。"海口之泥俱系浮沙,干则钯不能入,起不成块;湿则足不能立,筐不能盛。"这使得开浚十分困难,"前人多用木排接脚吊盘取泥,百倍艰难。夏原吉谓滟沙淤泥,浮漾动荡,不可开挑"①。比如宝山地区,"河港悉与海通,潮汐往来,泥沙日淀,而浚之之工数而难;嘉定之地,其河港去海远,水清无泥,而浚之之工省而易"②。当然不是完全不可开挑,只是此类泥沙的挑挖、运输困难而已。历代疏浚河道时,为了省事往往将挑挖的泥沙直接堆放在河岸上,除了导致地势堆高,形成特殊的"坍冈田"外,一遇风雨洪水,泥沙又坍入河中,再度形成淤淀。在平原水网地区,纵横、干支河流互相影响,也会影响到疏浚的效果。

针对这种情况,清代曹一士曾经建议:"于干河之密迩者,视势强弱别择而专浚之,以杜分夺。其干河相去较远势宜并浚者,则于两干之中互通之支置闸其间,使每干所分之支出纳各注一干,以免会潮。又复疏导干河,使之曲折及远,虽有乘潮入口之泥沙,而每干各泄其支流,则势迅而刷沙自易,庶乎不虞淤淀。"③这个建议看起来非常合理,但难以实行,一个令人困扰的现实情况就是政区分界与水利分界的不吻合,导致了很多的水利矛盾问题,"惟自各县递分,或同此一水而当两界之交,或其源在彼而利在此,则有会浚、协浚之例"。但协作很难实现,各自为战反而经常出现,最终的结

---

① 宣统《太仓州志》卷六《水利下》,民国八年刻本。
② 光绪《宝山县志》卷四《水利志》,清光绪八年刻本。
③ 光绪《松江府续志》卷六《山川志》,清光绪十年刻本。

果是"即纵河皆浚,其横河又以会潮而淤,大舟皆不甚便利"①。各县的实际水利情况和利弊又不尽一致,使得问题和矛盾更加复杂。川沙厅(今浦东新区)位于黄浦江以东,其水利"遥藉申浦",其境内"二十保由吕家浜,十七保由长浜,以达白莲泾入浦"。白莲泾这条排水通道,却在南汇县境内入黄浦江,受浑潮泥沙影响,"自乾隆三十九年开浚,亦渐淤塞"。为了维持农田灌溉、交通等,"各图衿业先后呈请",由于地属两县,利益不同,"俱以地属南境,南汇工多而利少,川沙工少而利多,致各存畛域,推诿延缓",两县之间合作难成,最终历经"七次勘丈,十一次通详,迄无成功"。② 更进一步来讲,由水利问题引发的社会问题更加复杂,日本学者森田明在其著作中曾以浦东的马家浜为例,详细分析了这种矛盾及相关的社会问题。③ 从感潮地区的实际情况来看,这一问题相当的普遍,种种的社会矛盾往往使得工程难举或难见实效,这又在很大程度上加剧了河道的淤塞。

　　此外,频繁的河道疏浚工程,对人力、财力、物力等方面的需求也是巨大的,"民力不堪常役"是很大的问题。清代张宸论及上海地区水利:"海邑自二十五保至二十三保至二十七保、二十九保、三十保,沿江一带,田之弃而不耕者,一望黄茅白草。即可耕之地,亦俱折粮下乡。上海止十五保,而因吴淞江塞以使之抛荒者,且有五保。若开浚之后,涝有所泄,旱有所蓄,五保皆膏腴矣。今涨江之升科者,为数无几,亦皆下乡折粮也。开而后沿江百里,

<hr />

① 民国《华亭县乡土志》,民国四年刻本。
② 光绪《川沙厅志》卷三《水道》,清光绪五年刻本。
③ 详参考〔日〕森田明著,郑樑生译:《清代水利社会史研究》第六章《清末上海的河工事业与地方自治——由马家浜事例所见》,台北编译馆1996年版。

变荒田为熟田,变下田为上田,变折粮为上粮者,不知凡几也。其利也,岂独一乡一邑哉。"①这一论述本为论证开江之利,却从侧面证明了河道淤塞之重及开浚之难。各种因素叠加在一起,最终的结果是感潮河道的淤塞问题日益严重,感潮区内河道水系日益衰落。

三、潮汐影响与农业耕作环境

江南感潮地区的土壤,在长期的历史过程中受到潮汐的影响,其中既有咸潮对地表和地下水盐度的影响,也包括浑潮带来的泥沙淤淀,这些情况都影响到了土壤结构及其肥力状况;这些变化又是影响该地区农业生产的重要因素,在一定程度上是导致江南东部地区种植结构从稻向棉转变的重要原因。

江南平原主要是由长江泥沙堆积形成,由于地势总体低平,所以微地貌对土壤类型的影响很大。在滨海地区,涨潮时盐分会随潮流进入地下水和土壤中;冬、春径流枯水时,海潮势盛,矿化度增高。在干旱时,底层盐类易沿毛细管上升至地表,聚成白色盐霜,腐蚀农作物根部。如果沿海农田遭受高潮海水漫淹,则三年内难长寸草,十年不种庄稼,损害极大。② 受此影响,滨海地区海塘以外的地区,多分布有盐渍土、海涂沙泥土等,依影响程度,土壤质地由沿海滩涂往内地依次为重盐土、中盐土、轻盐土和脱盐土。在今上海市境内,盐土主要分布在钦公塘以东的川沙、南

---

① 〔清〕张宸:《再陈吴淞江应浚条议》,见〔清〕贺长龄辑《清朝经世文编》卷一一三《工政十九·江苏水利下》,台湾文海出版社 1972 年影印本,第 3959 ~ 3560 页。

② 段绍伯编著:《上海自然环境》,上海科学技术文献出版社 1989 年版,第 80 页。

汇、奉贤沿海地带与崇明岛的东、北两侧,共有盐土面积约 60 万亩。①

　　在海塘以西,以地势较高的冈身为界,土壤方面也存在明显的差别,冈身以东的土壤成分以受江海泥沙堆积为主,组成的物质颗粒较粗。而冈身以西则以河流、湖泊沉积作用为主,土质粘性大。"(冈身)盖由积沙或浚河,即聚土而阜,土人名焉。故横沥则壤坚而黄,滨海则壤润而黑。"②民国时期的调查显示,"(太仓)沿海多为砂土外,余均为灰褐色之砂质粘壤。表土极浅,心土性质全与表土同"③。自海塘至冈身,大致分布着沙泥、黄泥土、夹沙泥、沟干泥等土种。其土壤母质属于江河冲积物,多见于通潮河流沿岸,分布面积较广,占到了上海市耕地面积的近80%。经长期耕作,其土层基本脱盐,愈近江海成土年代愈新,沙性愈重,质地愈轻。这些土壤的分布地区比较高爽,耕层疏松,通透性好,不同程度地有漏水漏肥现象。土壤结构渐自江(海)边向内侧呈沙—沙壤—壤粘质的规律变化。④ 冈身以西是地势低洼淀泖低地区,排水不良,因长期积水和地下水位高,形成青紫泥,其成土母质以湖相沉积物为多,土壤呈青灰或黑灰色,有些土层下部还有泥炭层,特点是土质比较粘重,土性坚实,保水性好,有机质含量高但难分解。

---

　　① 段绍伯编著:《上海自然环境》,上海科学技术文献出版社 1989 年版,第 75 页。

　　② 崇祯《太仓州志》卷一,明崇祯十五年刻本。

　　③ 东南大学农科编:《江苏省农业调查录·沪海道属》,江苏省教育实业联合会 1924 年版,第 35 页。

　　④ 宫春生:《太湖地区土地类型特征》,载中国科学院南京地理与湖泊研究所主编《太湖流域水土资源及农业发展远景研究》,科学出版社 1988 年版,第 61 页。

　　江南地区最主要的粮食作物是水稻,最适宜种植水稻的土壤是水稻土。在水稻土中,铁、锰等元素经过还原淋溶和氧化沉淀作用形成氧化还原层,是水稻土结构中最重要的特征。氧化还原层在江南地区的水稻土中,主要是通过长期不断的灌水和排水以及深耕熟化实现的。频繁的农田灌溉,会加深土壤物质的淋溶和营养元素的迁移。圩田区施用泥肥,田面不断地增高,水稻土的性质会越来越明显。但不同地区耕作土壤的形成,与微地形、母质和耕作水平等差异的影响密切相关。太湖地区共有水稻土约2824.4万亩,其中漏水水稻土面积约660.6万亩,占23.3%,主要分布在沿江冲积平原上。[①] 这些土壤主要由海积物与江河冲积物发育而成,其土壤颗粒疏松,保水保肥能力差,故水稻土发育较弱。

　　在这种土壤背景下,各个地区的农作物分布及种植结构也有所不同。沿海地区长期潮汐往来,其土壤多为"海中盐水浸伤之地",导致土壤、水分中含盐量很高,严重影响农作物的生长,"沿海稻苗穗不盈一二寸,收不过二三斗"。[②] 这种环境背景甚至对当地农作物的品质都产生了影响,金山县张堰镇位于杭州湾北岸,所产谷稻之属中,"出镇北者米粒大而松,出镇南者米粒坚而重;以北受潮水性淡,南逼海气水带咸故也"[③]。嘉定地区所产的赤稻,"粒小而锐,海乡多植之"[④]。地处江流之中的崇明县,"西乡受江水土

　　① 徐琪等:《中国太湖水稻土》,上海科学技术出版社1980年版,第58页。

　　② 〔清〕金端表纂:《刘河镇记略》卷一一《土产》,江苏古籍出版社1992年影印本,第453页。

　　③ 姚裕廉修:《重辑张堰志》卷一《物产》,民国九年铅印本。

　　④ 嘉靖《嘉定县志》卷六《物产》,明嘉靖三十六年刻本。

淡,宜种质粘者曰糯稻……不粘者曰籼稻"①。它们都显示了这种差异的影响。

　　受咸水影响的土壤只有经过长期的淡水洗盐和土壤改良,才可能成为良田。长江口南岸南汇县的滨海滩地,"其围垦蓄淡以届成熟之期,必迟至二十年以外"②。崇明岛的东部常受咸潮危害,只有"西乡受江水,土淡宜种(稻)"。当然,潮汐性状不同,从沿海到内地的土壤状况也存在着差异,民国《宝山县续志》对当地的土壤差异有极为精彩的描述:

　　　　吾邑之东半境大都为砂质土(俗称潮沙地),质松而便于翻耕,空气与水分之通泄亦易,惟肥料之吸收及其保固之能力甚微,故施肥宜少量而多次。植物宜棉、豆、杂粮。成熟时期,每较他土为早。盖因养分之消耗速也。西半境大都为黏质土(即埴土,俗称够干地),植物宜禾黍蔬果瓜等类,成熟时期较沙质壤土为迟,故下种稍早。间有黏质过多之埴土,土性紧密,凝集力甚强,耕锄之劳力倍多,柔根植物均不易生长(乡民以植物不易生长者称为盐哮地,其实砂质、黏过于偏甚者,生产力均低弱),实等于斥卤之地也。更有石灰土者,(俗称小粉地)中含风化之蛤壳甚多,故质硗而色白,植物不易生长,性质与殖土相反而生产力尤为薄弱。此种地亩邑境中不恒见,或谓欲改良吾邑土质,宜于冬令深耕,砂土过多者剂以黏土、腐植土,黏土、腐植土过多者剂以砂土、石灰土,调剂得中,加以培壅,即成沃壤。③

　　冈身以西,浑潮的泥沙也是影响土壤性状的重要因素。这里

---

①　民国《崇明县志》卷四《物产》,民国十九年刻本。
②　民国《南汇县续志》卷一《疆域》,民国十八年刻本。
③　民国《宝山县续志》卷一《舆地志》,民国十年铅印本。

受海洋咸水影响较小,其土壤母质主要是江海冲积物,保水保肥性不佳,虽然可以种植水稻,但由于土质疏松,灌溉不利,故而很难形成水稻土,因此水稻在品种上和其他地区有所差异,"松江七邑奉(贤)、上(海)、南(汇)三处尚有三四分稻田,皆种早稻,其种曰穿珠、曰瓜熟、曰早荔枝红,不过七月望后即可登场",原因在于,"稻性喜暖。而三邑田高土厚,冬无积水,太阳之气晒入土中,一经冬雪,土尤松美,故可早种地,既蕴蓄暖气,遂易长发,故收成亦早也,若他邑则不能"①。从大的地域范围来看,这种差异亦广泛存在,并主要呈现出东西差异。明代何良俊描述明嘉靖时松江东西乡的差异时说:

> 盖各处之田虽有肥瘠不同,然未有如松江之高下悬绝者。夫东西两乡,不但土有肥瘠。西乡田低水平易于车戽,夫妻二人可种二十五亩,稍勤者可至三十亩。且土肥获多,每亩收三石者不论,只说收二石五斗,每岁可得米七八十石矣。故取租有一石六七斗者。东乡田高岸陡,车皆直竖,无异于汲水,稍不到,苗尽槁死,每遇旱岁,车声彻夜不休。夫妻二人极力耕种,止可五亩。若年岁丰熟,每亩收一石五斗。故取租多者八斗,少者只黄豆四五斗耳。农夫终岁勤动,还租之后,不够二三月饭米。即望来岁麦熟,以为种田资本。至夏中只吃䊆麦粥,日夜车水,足底皆穿,其与西乡吃鱼干白米饭种田者,天渊不同矣。②

清人王有光则以更为诙谐谚语"松江清水粪胜如上海铁搭垄"

---

① 〔清〕姜皋:《浦泖农咨》,《续修四库全书》第976册,上海古籍出版社2002年版,第214页。

② 〔明〕何良俊:《四友斋丛说》卷一四《史十》,中华书局1959年版,第115页。

来描述这种差异:"粪,所以美土疆。清者力薄,浓者力厚,此自然之势。何松江之一清如水者,反胜于上海之浓厚,以铁搭垄取者乎? 盖上海土高宜麦,与华、娄产稻之乡异。松江人每嘲为东乡吃麦饭,故其粪无力。松江人心思尖锐,不似上海人直遂。上洋(海)人每嘲松江人从肚肠中刮出脂油,故粪虽清薄而有力。"[1]

除沿海之外,内地的感潮区主要分布在干河如黄浦江等沿岸。金山县北受黄浦之潮,南又近海,以干巷镇为界呈现南北区别,"干巷以北土性埴,耕用四齿锄(俗名铁搭),谷宜八字种。干巷以南土坟水咸,耕用犁,谷宜金果黄。其南乡罱河泥为壅壮,其田腴。北乡土瘠,少种豆麦"[2]。

在上述土壤环境背景下,加上河道的淤塞、水利的荒废,东部高田地区灌溉条件不断恶化,最终的结果是导致这一地区农业种植结构的改变。以上海地区为例,"曩者上海之田,本多粳稻,自都台、乌泥泾渐浅,不足溉田,于是上海之田皆种木棉、绿豆,每秋粮开征,辄籴于华亭,民力大困。华亭东南十五、十六保诸处,亦稻田也,自陶宅渐湮,其民惟饱麦麋,岁有饥色,今自闸港、金汇、横沥诸塘以南,其间大镇数十,村落以千计,田亩以百万计,所恃以灌溉者,经流凡四,纬流凡十有二。今为潮泥淤填,涓涓如萦带,卓见之士莫不寒心,以为数十年之后,金山以东大抵皆同上海,无复稻田矣。夫上海失水利而艺花豆,则一郡膏腴减什无之字三,使金山以东复失水利,则一郡膏腴减什有之字五,将何以支赋税而裕民生乎"[3]。张大受也观察到在苏州常熟一带,"自梅里镇至徐六泾,绵

———————

① 〔清〕王有光:《吴下谚联》卷二《松江清水粪胜如上海铁搭垄》,中华书局1982年版,第66页。

② 光绪《金山县志》卷一七《志余》,清光绪四年刻本。

③ 同治《上海县志》卷四《水道下》,清同治十年刻本。

亘凡十余里,其间数万顷之田,本皆膏腴之产,然种花豆者居多,种稻之田绝少。则以塘水常涸,艰于车戽引。间逢大汛,浑潮冲入,而海水味咸,不宜禾稼,是以产米不敷民食"①。沿海地区这种情况表现得更为明显:"近海则惧潮汐之淹没,远海则又惧车戽之难支,故种稻未能,其不得不种花豆。"②这一转变过程始自宋代,至元代已表现得非常明显。元泰定二年(1325),因为"(上海)谷不宜稻,高昌、长人二乡尤甚,岁稔,农惟仰食豆麦,而有司征赋,概科粳粮,田下赋上,民以重困",县令邓巨川申请,核准上海以豆麦纳秋粮。③秋粮改纳豆麦,反映了稻作在当地的衰落。棉花在这一地区普遍种植后,也进入赋税体系。明洪武年间,上海、华亭二县东部诸乡,秋粮以折收棉布充赋。嘉定、常熟、太仓等冈身高地区的情况与之类似。④万历《嘉定县志》统计该县田赋云:"嘉定实征田地涂荡共一万二千九百八十六顷十七亩,其宜种稻禾田地止一千三百十一顷六十亩,堪种花、豆田地一万零三百七十二顷五十亩。"显然种稻在这里已经成为少数,不但"粒米不产,仰食外郡",连上交国家的漕粮也要从其他邻县购入。由于辗转过程复杂,负担沉重,最终改为折色征收。时人探讨其原因即在于:

> 本县三面缘海,土田高亢瘠薄,与他县悬殊。虽自昔已然,但国初承宋元之后,考之旧志,境内塘浦泾港大小三千余条,水道通流,犹可车戽,民间种稻者十分而九,以故与他县照常均派本色兑运,尚能支持几二百年也。其后江湖壅塞,清水

---

① 同治《苏州府志》卷一一《水利》,清光绪八年刻本。
② 崇祯《松江府志》卷一〇《郡丞孙公应昆赋议》,明崇祯四年增刻本。
③ 同治《上海县志》卷一四《名宦》,清同治十年刻本。
④ 相关史料可参考〔明〕归有光《论三区水利赋役书》、王锡爵《永折漕粮碑记》等。具体研究可参考吴滔、〔日〕佐藤仁史《嘉定县事:14至20世纪初江南地域社会史研究》,广东人民出版社2014年版。

不下，浊潮逆上，沙土日积，旋塞旋开，渐浅渐狭。既不宜于禾稻，姑取办于木棉，以花织布，以布贸银，以银籴米，以米兑军，运他邑之粟充本县之粮。①

　　嘉定以北的太仓地区，也位于冈身地带，其情况与嘉定类似，清初顾士琏论述道："是以全境土田多坏，而东南乡滨海为尤甚。盖别区犹或棉稻相代，地力未竭。唯此处冈身斥卤，民鲜栽稻，岁植木棉，田亩日瘠。棉获无几，难完正供。土著大姓，赋役破家，奴婢鬻之巨室，穷佃徙于熟乡。抛荒田地盈百盈千，瓦椽无存，冢树尽伐，村落竹木不繁，池塘鱼鳖少产。东南之地脉竭而生气尽矣。"②

　　棉花、甘薯、绿豆等系深根作物，适于在土层深厚、土壤肥沃、土质疏松、排水良好的地区生长，较耐盐碱。这种生长习性与感潮地区的土壤条件较为符合，适宜种植。棉花自元代传入江南地区，首先就是在上海附近的乌泥泾得到推广："松江府东去五十里许，曰乌泥泾，其地土田硗瘠，民食不给，因谋树艺，以资生业，遂觅种于彼（闽广）。"③之后由于环境适宜，迅速传播。嘉定县到明后期，"三面濒海，高阜亢瘠，下注流沙，贮水既难，车戽尤梗，版籍虽存田额，其实专种木绵"④。明代徐光启推广棉花、甘薯种植时，描述上海地区水土环境与种植结构的关系：

　　　　吾东南边海高乡，多有横塘纵浦。潮沙淤塞，岁有开浚，所开之土，积于两崖，一遇霖雨，复归河身，淤积更易。若城濠之上，积土成丘，是未见敌而代筑距埋也。此等高地，既不

　　①　万历《嘉定县志》卷七《田赋考下》，明万历三十三年刻本。
　　②　〔清〕顾士琏等辑：《太仓州新刘河志》，《四库全书存目丛书·史部》第224册，齐鲁书社1996年版，第143页。
　　③　〔元〕陶宗仪：《南村辍耕录》卷二四《黄道婆》，中华书局1959年版，第297页。
　　④　万历《嘉定县志》卷七《田赋考下》，明万历三十三年刻本。

堪种稻。若种吉贝，亦久旱生虫。种豆则利薄，种蓝则本重，若将冈脊摊入下塍，又嫌损坏花稻熟田。惟用种薯，则每年耕地一遍，劚根一遍，皆能将高仰之土，翻入平田。平田不堪种稻，并用种薯，亦胜稻田十倍。是不数年间，邱阜将化为平畴也。况新起之土，皆是潮沙，土性虚浮，于薯最宜，特异常土。①

尤其是吴淞、黄浦二江两岸，分布有"田均中高外低"的坍冈田，"虽近处水滨，实不可稻，故专植木棉"②。发展至明末万历年间，棉花已经在该地区广泛种植，"海上官民军灶，垦田几二百万亩，大半种棉，当不止百万亩"③。清代棉花种植面积更加扩大，乾隆时期松江府、太仓州、通州厅、海门厅地区，"每村庄知务本种稻者不过十分之二三，图利种棉者则有十分之七八"④。

正是在这种环境变动的背景之下，至迟到清代，江南地区东部沿江滨海地区形成了以棉为主或棉稻并重的小经济区，其地域包括松江府、太仓州的大部分和苏州府属常熟、昭文等县。其中，松江府的上海、南汇、川沙、奉贤和太仓州的嘉定、宝山等地棉田种植比例高达60%~70%，与"稻区""桑区"并称。⑤ 这一变化当然是多方面因素如经济、赋役等共同影响的结果，但土壤背景与水利环

---

① 〔明〕徐光启撰，石声汉校注，西北农学院古农学研究室整理：《农政全书校注》卷二七《树艺》，上海古籍出版社1979年版，第691~692页。

② 同治《上海县志札记》卷一，清光绪二十八年铅印本，第16页。

③ 〔明〕徐光启撰，石声汉校注，西北农学院古农学研究室整理：《农政全书校注》卷三五《蚕桑广类·木棉》，上海古籍出版社1979年版，第964~965页。

④ 〔清〕高晋：《请海疆禾棉兼种疏》，见〔清〕贺长龄辑《清朝经世文编》卷三七《户政》，台湾文海出版社1972年影印本，第1334页。

⑤ 李伯重：《明清江南农业资源的合理利用——明清江南农业经济发展特点探讨之三》，载《农业考古》1985年第2期。

境的变化显然是不可忽视的重要因素。

河泥历来被认为是江南地区重要的肥料来源,以往的研究似乎都倾向于认为这是整个太湖流域的普遍现象。① 但透过史料的分析可以发现,由于浑潮泥沙对河泥性状的影响,采用河泥施肥的现象在一些受浑潮影响比较严重的地区并不普遍。

河泥是由地表冲积来的肥沃表土,其成分包括细土、无机盐、污物、枯枝落叶等,汇集于沟、塘、河、湖的底部,加上水生动植物的排泄物和遗体,经过厌氧细菌的分解而成。使用河泥施肥的明确记载至迟在南宋时已经出现。当时称为"泥粪",其使用方法是"于沟港内乘船,以竹夹取青泥,锹泼岸上,凝定,裁成块子,担去同大粪和用,比常粪得力甚多"②。比如南宋毛珝有《吴门田家十咏》,记载了罱河泥:"竹罍两两夹河泥,近郭沟渠此最肥。载得满船归插种,胜如贾贩岭南归。"之后历代的农书如元代王祯的《农书》、明代徐光启的《农政全书》以及清代官修的《授时通考》等均对比有相关记载。明代童冀亦有《罱泥行》行于世:

> 朝罱泥,暮罱泥,河水浇田河岸低。吴中有田多卤斥,河水高于田数尺。雨淋浪拍岸善崩,岁岁罱泥增岸塍。载泥船小水易入,船头踏人船尾立。吴儿使竹胜使篙,竹筐漉泥如浊醪。此身便作淘河鸟,河水终多泥渐少。君不闻越上之田高于城,连车引水千尺坑。车声轧轧夜达明,田间浊水无时盈。吴田苦涝越苦旱,越水常枯吴水满。嗟乎,世间至平,惟水犹

① 李伯重:《明清江南肥料需求的数量分析——明清江南肥料问题探讨之一》,载《清史研究》1999 年第 1 期。
② 〔元〕王祯著,王毓瑚校:《王祯农书》,农业出版社 1981 年版,第 37 页。

不平,请君不用观世情。①

河泥具体的采集与使用,主要是罱泥,清代松江府附近的罱泥方法是:"用竹编如畚箕状,两合开其一面,贯一长竿于左者,用一曲竿于右者,以翕张之。掉一小船于水,河底起罱淤泥,以臭黑者为上。"②但泥肥属于凉性肥料,所含的速效养分不多,为了促使泥肥中养分转化和消除长期在厌氧条件下产生的还原性有毒物质,在施用前,应将挖出的泥肥铺开,经过一段时间的晾晒,然后打碎备用,或将泥肥与绿肥和稻草沤制成草塘泥,以提高氮素利用率。③故罱取河泥之后,还有其他工作要做,或"锹泼岸上,凝定,裁成块子,担去同大粪和用,比常粪得力甚多"④;或"秋末春初,无工之时,罱成满载堆于田旁,将杂草搅和,令其臭腐,然后锄松敲碎,散于田内",其肥效"可抵红花草之半"⑤。

上述只是一般性的通论,在实际情况中,由于泥肥形成的条件不同,其养分含量差别很大,所处地理位置、水面养殖动植物的情况、离城镇或农村的远近等因素,都会直接影响泥肥养分的含量,因此并非所有的河泥都是好肥料。清代的姜皋认为,河泥"以臭黑者为上",而"通潮水者无用也"⑥。姜皋所居的松江府城附近是受

---

① 〔清〕朱彝尊编:《明诗综》卷八,《景印文渊阁四库全书》第1459册,台湾商务印书馆1986年版,第312页。

② 〔清〕姜皋:《浦泖农咨》,《续修四库全书》第976册,上海古籍出版社2002年版,第217页。

③ 北京农业大学《肥料手册》编写组编:《肥料手册》,农业出版社1979年版,第68页。

④ 〔元〕王祯著,王毓瑚校:《王祯农书》,农业出版社1981年版,第37页。

⑤ 〔清〕姜皋:《浦泖农咨》,《续修四库全书》第976册,上海古籍出版社2002年版,第217页。

⑥ 〔清〕姜皋:《浦泖农咨》,《续修四库全书》第976册,上海古籍出版社2002年版,第217页。

浑潮影响较轻的地区,故一些地方尚可利用河泥。沿江高地一带受潮汐的影响更重,其区别也更明显。明人耿橘将江潮的泥沙与内河湖泥进行了比较,认为内陆湖泥要好得多,"用湖不用江为第一良法",主要原因即"夫江水宁惟利小,抑且害也",江潮所带泥沙除了淤塞河道外,还影响农作物生长,"江水灌田,沙积田内,田日薄,一遇大雨,浮沙渗入禾心,禾日枯";而从肥力上来比较,"湖水澄清,底泥淤腐,农夫罱取拥田,年复一年,田愈美而河愈深;江水浮沙日积于河,而不可取以为用,徒淤其河"①。光绪《金山县志》也提到了金山县境内的这种水土环境差异:"干巷以北土性埴,耕用四齿锄(俗名铁搭),谷宜八字种。干巷以南土坟水咸,耕用犁,谷宜金果黄。其南乡罱河泥为壅壮,其田腴。北乡土瘠,少种豆麦。"②近现代的农业调查资料也证实了这一点,松江城附近的华阳桥镇以前并不施用河泥,20世纪50年代农业改制后,随着紫云英等绿肥植物大量种植,才开始大量使用河泥。③ 可见,不同的地区受浑潮的影响不同,这影响到了当地罱取河泥施肥的普遍与否。

从成肥条件上来看,河泥作为肥料使用,一般需要罱取的河泥与植物绿肥搭配,方可发挥其最大效果。江南地区河流中的泥沙有两个来源,一是来自太湖流域上游的丘陵地区,其输沙量较小,每年为44.08万吨,经过太湖等湖泊的沉淀停蓄,只有10.49万吨经河流向下游输送,其中进入黄浦江与吴淞江的仅约7.25万吨。④

---

① 〔明〕耿橘:《常熟县水利全书》卷一《水利用湖不用江为第一良法》,明万历年间刻本。

② 光绪《金山县志》卷一七《志余》,清光绪四年刻本。

③ 王建革:《华阳桥乡:水、肥、土与江南乡村生态(1800—1960)》,载《近代史研究》2009年第1期。

④ 程潞等编著:《上海农业地理》,上海科学技术出版社1979年版,第14页脚注1。

从绝对数量上来看,并不算多。另一个来源是长江口的浑潮,长江每年的输沙量近 5 亿吨左右,大多沉积在河口,涨潮时随潮而来进入内河并沉积下来,其数量相当可观,仅黄浦江港道每年淤积的泥沙就达 700 万立方米(相当于 1190 万吨),是上游来沙的 164 倍以上,因此黄浦江下游的泥沙含量较大。浑潮的影响区大致以松江府附近的顾会浦为分界,顾会浦以西地区受影响较小。现代地理学对河底泥沙的分析,也证实了这种差异的存在。黄浦江自炼油厂以下的河段,河底淤积物以沙土为多,从炼油厂以上到龙华一段,以淤泥较多,龙华以上则青紫泥较多。这表明,越往上游,潮汐带入的泥沙越少、越细,因就地边岸坍落于河底的泥土(青紫泥)较多。[1] 泥沙颗粒的粗细直接影响到有机物的发酵和分解,从而影响到河泥的形成与营养物含量,因此区别很大。距黄浦江远近与受浑潮的影响差异,导致各港浦的河泥利用情况有所不同。光绪《松江府志》记载了这种区别:"今凡距浦较远,不通潮者,农人每罱泥壅田,鲜有淤塞。至沿浦通潮诸水……积淤尤易。"[2]

从水生植物方面来看,太湖流域东西部的差异很明显。清末来华日本人小宫义孝观察到,"太湖流域水体澄清,水域、河道中水藻、水草繁茂,而与长江、吴淞江相连的水路水体浑浊,水藻、水草较少生长"[3]。现代地理学资料亦验证了这点,西部的淀泖低地河湖纵横,地下水位较高,多沼泽与湖泊分布,有睡莲科、金鱼藻科、

---

① 程潞等编著:《上海农业地理》,上海科学技术出版社 1979 年版,第 14 页脚注 2。

② 光绪《松江府续志》卷六《山川志》,清光绪十年刻本。

③ 〔日〕小宫义孝:《城壁——中国风物志》,见〔日〕北田英人《八至十三世纪江南潮汐水利与农业》注 51,载《东洋史研究》1986 年 47 卷 4 号。

毛茛科、莎草科、泽泻科、天南星科等多种沼泽和水生植物群落①，其植株和枯枝落叶等更容易和颗粒较细的泥沙混合形成河泥，其有机物和营养元素（氮、磷、钾）的含量更高一些（见表3－4）；东部地区地势稍高，湖沼较少，多分布草本和禾本科植物。当地的河泥颗粒也相对较粗，形成河泥比较困难，肥力较低。

　　民国时期东南大学的调查显示了这一差异，比如金山县，"北部有江潮利用，土地腴沃，南部潮水不到，自难相同。然水静则草生，农户取以壅田，亦著大效……北部得江潮之灌溉，河泥之培壅，稻田特见丰收，故其富在农"。这种微环境上的差异引发了不同地区农业发展上的不同，"北部河日淤塞，潮落时灌溉交通每感不便，南部因引水困难，致稻田改种棉花者有之，农户减少种植者有之"②。20世纪50年代初，江苏省所做的农业生产情况调查也可以证实这一情况，比如太仓县下属璜泾区：沿江四个乡的河流均系潮水河，河泥无肥力，因此这些地区罱泥积肥较困难。浏河区：各河道均受长江潮水影响，积河泥较困难。浮桥区：大部分农民缺乏积聚自然肥料的习惯，且泥船不多，河流又通潮，罱出的河泥也肥力不足，因此农民中依靠商品肥料的思想很深。常熟县下属大义区：沿福山塘的毛桥、白龙、新城、姚制四个乡，离长江较近，系潮水灌溉地区，大部分田亩无法罱河泥积肥。川沙县下属顾路区：由于潮水河多，河泥、水草少，积取自然肥料较困难。③

---

　　①　段绍伯编著：《上海自然环境》，上海科学技术文献出版社1989年版，第82页。

　　②　东南大学农科编：《江苏省农业调查录·沪海道属》，江苏省教育实业联合会1924年版，第26~27页。

　　③　以上所引材料见中共江苏省委办公厅编《江苏省农业生产情况》上述各县资料编，内部资料，1955年。

表3－4　各类泥肥有机质与营养元素含量对比表

种　类	有机质(%)	氮(%)	磷(%)	钾(%)
沟　泥	9.37	0.44	0.49	0.56
潮　泥	4.46	0.40	0.56	1.83
河　泥	5.28	0.29	0.36	1.82
塘　泥	2.45	0.20	0.16	1.00

资料来源：中国农业科学院土壤肥料研究所主编《中国肥料概论》，上海科学技术出版社1962年版，第131页。

四、社会影响

海洋之于滨海地区，外人所见，颇异其潮候有信与波涛之怒，本地人则视之为日常现象。潮候与波涛，怒在潮灾，利在航海，常为人所重视；对于日常生活之影响，外人不察，本地人不以为异，其研究尚不多见。本节从日常生活史的角度出发，考查海洋潮汐这一自然现象对传统社会的影响。

对于江南之人，此乃生活常识，外来之人，总是惊异于潮候涨落之有信，比如唐代白居易《潮》诗："早潮才落晚潮来，一月周流六十回。不独光阴朝复暮，杭州老去被潮催。"这只是北人的感性认识，与实际情况之间是存在误差的。江南士人曾从地方性知识的角度出发予以辨析："白是北人，未谙潮候。今杭州之潮，每月朔日以子午二时到，每日迟三刻有余，至望则子潮降而为午，午潮降而为夜子，以后半月复然。西江江岸上有候潮碑。故大月之潮一月五十八回，小月则五十六回，无六十回也。"[1]

夏秋季节，潮汛与风暴结合，其威力倍增。在江南地方性知识

---

① 〔清〕顾炎武撰，严文儒、戴扬本点校：《日知录》卷三一《潮信》，上海古籍出版社2012年版，第1193页。

中,被总结为"八月十八潮生日",各地于此日有观潮之俗。最早见于汉代枚乘对广陵潮的记载,晋代郭璞《江赋》云:"鼓洪涛于赤岸,沦余波乎柴桑。"之后在历代文献中屡屡出现,唐代以来,白居易、苏东坡等大文豪皆有吟咏,滨海各地方志中对此记载则多如牛毛。比如同治《苏州府志》载:"八月望,游人操舟集湖桥望月;十八日左右,往福山观潮。云是潮生日,奔涛矗立,势若排空。"嘉庆《松江府志》记:"八月十八,俗谓潮生日,有至浦口纵观者。"杭州则自宋代以来,就以观潮、弄潮闻名。"八月间,郡人有观潮之举。自八月十一日为始,至十八日最盛。盖因宋时以是日校阅水军,故阖城往观,至今犹以十八日为名。"①

　　杭州观潮以宋代为盛,潘阆《酒泉子·观潮》词中"弄潮儿向涛头立,手把红旗旗不湿"的形象,令人印象深刻。杭州之外,江南地区亦有几处观潮胜地,为世所不谙,如刘家港河口的"刘港潮头",是太仓地区重要的胜景:"刘口之潮,朔望大汛,漫过唯亭。于八月间海潮更大,苏郡新、昆老幼妇女于十七、(十)八、(十)九日,群聚新洋江塔前观潮,谓之迎潮会,乡人筑问潮馆于塔旁,彩旗金鼓,各异神像汇集于此,游船如蚁,笙箫鼓乐,十番百戏,晓夜不绝。盖刘口海潮涌至玉柱塔前,西迎娄江之水,南迎新洋港、吴淞之水,北迎巴城、阳城之水,四水汇激,无风生浪,至夜月东升,如万道金龙戏舞塔前,为娄江一大观。"②明代以降,黄浦江取代吴淞江,成为江南地区最主要的河流,"黄浦秋涛"是上海地区著名的景观之一,"(黄埔江)苍茫浩瀚,澎湃奔流,晴明则水天一色,风雨则浊浪排空。至

---

　　① 胡朴安主编:《中国风俗》(下编)卷四《临安岁时记》,吉林人民出版社2013年版,第626页。

　　② 〔清〕金端表纂:《刘河镇记略》,清稿本《中国地方志集成·乡镇志专辑》第9辑,江苏古籍出版社1992年影印本,第291~292页。

八月观潮,不啻武林钱塘间也"①。

方志以外,在农业占验中对于潮汐亦有记载,如明代娄元礼《田家五行》载:"八月十八日,潮生日前后有水,谓之横港水。"②明清小说中,对于潮汐影响的社会风俗也多有反映,如冯梦龙的《警世通言》描写杭州的风俗:"至大宋高宗南渡,建都钱塘,改名临安府,称为行在。方始人烟辏集,风俗淳美。似此每遇年年八月十八,乃潮生日,倾城士庶,皆往江塘之上,玩潮快乐。亦有本土善识水性之人,手执十幅旗幡,出没水中,谓之弄潮,果是好看。至有不识水性深浅者,学弄潮。多有被泼了去,坏了性命。临安府尹得知,累次出榜禁谕,不能革其风俗。"③直到清末,这一风俗依然流行,如王韬记载上海地区:"八月十八日,俗传为潮生日。……八月间江潮最盛,多往浦口观潮。"④

为观潮汐胜景,多地有观潮之建筑,如杭州之观潮楼、海宁之观潮台与观海阁、昆山之问潮馆。唐代杭州观潮之盛,明清海宁观潮之风,世所共知,昆山则无与焉。海宁之观潮台建于明代,清乾隆皇帝曾于此观潮,"明万历四十年,知海宁县郭一轮筑塔春熙门外,陈扬明相继成之,高百五十尺……康熙十五年,知县许三礼重葺,易名镇海……乾隆三十年春高宗重幸海宁,观潮于此"⑤。昆山

_____

① 〔清〕张宸等辑,许洪新、胡志芬:《龙华志(曹永安钞本)》,见上海地方志办公室编《上海寺庙旧志八种》,上海社会科学院出版社 2006 年版,第 2 页。

② 〔明〕娄元礼:《田家五行》卷下,《续修四库全书》第 975 册,上海古籍出版社 2002 年版,第 346 页。

③ 〔明〕冯梦龙:《警世通言》卷二三《乐小舍拼生觅偶》,华夏出版社 2013 年版,第 220 页。

④ 〔清〕王韬著,沈恒春、杨其民标点:《瀛壖杂志》,上海古籍出版社 1989 年版,第 14 页。

⑤ 民国《杭州府志》卷三三《名胜》,民国十一年铅印本。

在娄江之滨,距海不远,早在宋代就建有问潮馆,淳祐《玉峰志》载:"问潮馆在县西南二里四十步,知县叶子强建,以识'潮过夷亭出状元'之谶。淳祐辛亥,知县项公重修。"这与昆山历史上著名的谶语"潮过夷亭出状元"有密切关系。

江南之人,往往将潮候有信作为信用的象征。唐代李益《江南曲》云:"嫁得瞿塘贾,朝朝误妾期。早知潮有信,嫁与弄潮儿。"将有信的弄潮儿与无信的瞿塘贾相对应。潮汐既为有信,又被世人与"循环报应说"相联系,如明末的《三刻拍案惊奇》第 25 回之《缘投波浪里,恩向小窗亲》,展现了明崇祯元年七月二十三日潮汐灾害下,海宁县沿海地区的社会现实情况。① 与之相应,人们将潮信无候作为异常现象,来预示王朝之兴衰,宋、元二朝之末,海潮均不至杭州,被视为王朝灭亡之先兆。"德祐元年,元军驻钱塘江沙上。太皇太后祝曰:'海若有灵,波涛大作。'三日潮汐不至。迨至正壬辰、癸巳间,浙江潮不波。其时彭和尚以妖术为乱,陷饶、信、杭、徽等州,未几克复,又为张九四所据,浙西不复再为元有。宋、元之亡,皆以海潮不波,亦奇矣。"② 著名小说《水浒传》中,对于花和尚鲁智深圆寂之记载,与钱塘江潮亦有关联:

> (鲁智深)问道:"师父,怎地唤做潮信响?"寺内众僧推开窗,指着那潮头,叫鲁智深看,说道:'这潮信日夜两番来,并不违时刻。今朝是八月十五日,合当三更子时潮来。因不失信,谓之潮信。'鲁智深看了,从此心中忽然大悟,拍掌笑道:"俺师父智真长老,曾嘱付与洒家四句偈言,道是'逢夏而擒',俺在

---

① 高继宗:《潮灾鉴善恶》,载《中国减灾》2009 年第 11 期。

② 〔明〕张燧著,贺新天校点:《千百年眼》卷一—《宋元亡征》,河北人民出版社 1987 年版,第 196 页。按:海波不兴为王朝灭亡征兆之说,最早见于〔明〕叶子奇《草木子》,之后在明清笔记、小说中屡见。

万松林里厮杀,活捉了个夏侯成;'遇腊而执',俺生擒方腊;今日正应了'听潮而圆,见信而寂',俺想既逢潮信,合当圆寂。"……颂曰:"平生不修善果,只爱杀人放火。忽地顿开金绳,这里扯断玉锁。噫!钱塘江上潮信来,今日方知我是我。"

后人对此嗟叹不已。更为精细的是,江南之人往往以潮生日为纪日方式,比如清代毕沅生于雍正八年八月十八日,其诗《六十生朝自寿十首之一》曰:"予生恰值潮生日,花满天香月满轮。"清代江南士人中,不乏以"潮生"为小名之人。近人书序题跋,亦有以此纪日者。

本章小结

江南地区滨江沿海的地理位置,使得其水利环境深受潮汐的影响,但以往研究对此较少关注。本章从潮汐的影响入手,首先讨论了该地区潮汐的特点与影响,并重点分析了其差异,即主要存在有季节差异、成分差异、地域差异等,这些差异导致了潮汐影响的结果不同。同时本章以史料为基础,复原了历史时期受潮汐影响地区(感潮区)的范围,从中可以发现,在历史时期感潮区的范围变动相当大,最主要的变化在于主要感潮区从吴淞江沿岸地区转移到黄浦江沿岸地区。感潮区范围的变化受到自然与人文等多重因素的影响,包括水系格局的变化、长江河口的变迁以及人工水利工程如海塘、堤坝、闸堰等的建设。在此基础上,本章重点讨论了潮汐对感潮地区水利格局和农业环境的影响。透过本章的讨论和分析,不难发现,潮汐的作用及其影响范围的变化,除了深刻影响到感潮地区的水利格局与环境,更对整个江南的水利事业产生了深远的影响,带来了与之相关的水利任务,比如堤坝堰闸的修建、频繁的河道疏浚任务,更导致了高田区蓄水灌溉与低田区排水防涝、上游排水与下游防潮之间的矛盾,使得整个流域的水利问题渐趋复杂化。从更为长远的角度来看,潮汐及其带来的浑潮泥沙在长期的历史过程中,对感潮地区的土壤与农业耕作环境造成了深远的影响,进而影响到了包括感潮地区施肥方式在内的农业生产格局;以往研究对此较为忽视,显然是学界的缺憾,只有综合考虑包括潮汐因素在内的多重因素影响,才有可能正确地认识这一地区水利环境变化的机制及影响。

第四章　潮汐灌溉
与感潮区水利环境变迁

　　潮汐是江南地区水利资源的重要组成部分,对其进行科学认知、综合利用也是该地区水利的重要内容。从世界范围内来看,潮汐灌溉是许多沿海地区的重要灌溉方式。[①] 江南地区紧邻大海,极易受到潮汐的影响,在一些地区潮汐渗透到生活的方方面面,"舟有行止,必随潮之涨退;田无潦潴,必因潮之盈缩。其导引汲取家至户到,则备物致用之无穷"[②]。这种影响在传统时代尤其体现在农业灌溉方面。早在六朝时期,江南地区就已经开始利用潮汐进行灌溉,并一直持续到现在[③],成为该地区重要的农业灌溉方式。

　　潮汐灌溉对水流环境的要求非常敏感,其所利用的水源不是海洋咸水,而是被海潮顶托而回溯的江河淡水,只是由于有明显的水位涨落,通常也被看作是潮水。在太湖流域的滨海临江地区,这

----

　　① 〔日〕福田仁志著,孟淑娴等译:《世界灌溉——对比农业水利论》,山西省水利科学研究所、山西省水学学会1983年版,第234~235页。广东珠江三角洲地区的沙田也有类似现象,详参考丁颖《咸性沙田水稻施肥之研究》,载《中华农学会报》1936年第155期,收入《丁颖稻作论文选集》,农业出版社1983年版。

　　② 〔明〕张国维:《吴中水利全书》卷二一《张寅海潮论》,《景印文渊阁四库全书》第578册,台湾商务印书馆1986年版,第773~774页。

　　③ 宋正海:《中国古代的潮田》,载《自然科学史研究》1988年第3期。

种潮水主要来自长江口。由于长江径流量巨大，"（淡水）一直冲出，不与海水相混，故潮来仍壅此淡水以入"①，因此"崇沙以西，江阴、嘉、宝以东，皆江水，无海水"②，这种潮水可以为农业灌溉所利用。但潮水成分在季节上会有所变化，夏秋时节是长江的丰水期，江水力量占优，长江的崇明地区方志记载："每清明后，江水上发，卤潮下退，得滋灌溉，民赖耕畦。"在冬春枯水期，径流力量减弱，海洋咸水有可能侵入内河。"至霜降后，序届严寒，江水上涸，咸潮下涌，十有三沙尽皆卤水。"③潮汐涨退时的巨大能量，往往搅动河口地区沉积的泥沙形成"浑潮"，进入内河。涨潮时间短而退潮时间长，"昼夜两潮，四个时辰潮涨，八个时辰潮落"④，导致退潮时力量远小于涨潮时，不能挟泥沙回流，造成河道的淤塞。因此，在利用潮水灌溉的同时，又要防御咸潮与浑潮泥沙的危害。以往学界对于潮汐的影响范围和潮汐灌溉的技术问题有所关注⑤，但对于潮汐灌溉的技术体系与水利环境的关系，即水利生态问题较少涉及。历史时期江南感潮地区潮汐灌溉的变化，实际上是一个水利生态问题。水利生态指的是人在处理水利与环境的过程中，人、水利技术及其与环境之间的相互联系。潮汐灌溉的水利环境，主要就是

---

① 〔清〕姜皋：《海塘刍说》，见光绪《松江府续志》卷六《山川志》，清光绪十年刻本。

② 同治《上海县志》卷三《水道》，清同治十年刻本。

③ 雍正《崇明县志》卷七《咸潮说》，清雍正五年刻本。

④ 〔元〕：任仁发《水利集》卷二，《续修四库全书·史部·政书类》，上海古籍出版社 2002 年版，第 14 页。

⑤ 笔者所见主要有〔日〕北田英人《八至一三世纪江南潮汐水利与农业》，载《东洋史研究》1986 年第 4 号；《中国江南三角洲感潮地域变迁》，载《东洋学报》1980 年第 3 号；宋正海《中国古代的潮田》，载《自然科学史研究》1988 年第 3 期；黄锡之《太湖地区圩田、潮田的历史考察》，载《苏州大学学报（哲学社会科学版）》1992 年第 2 期；等等。

径流与潮流关系的水流环境。从宋代至明代，江南感潮地区的水流环境发生了重大变化，当地社会所使用的水利制度与技术体系，也发生了相应的变化，本章即拟对此进行论述。

第一节　环境变化与技术体系

一、水利环境的变迁

依据江南地区的自然环境，该地区水利的主要问题在于，太湖之水必须通过地势较高的冈身才能排出，而冈身高地的灌溉问题也需要予以考虑。在唐宋时期的塘浦大圩体系中，冈身地区实际上需要尽可能与西部圩田体系保持一致，使用太湖清水灌溉，而尽量少使用潮汐灌溉。唐末五代时塘浦圩田体系的主要功能，就在于"围岸障水，使湖高于浦，浦高于江，江高于海，然后为建瓴之势，而江海常通"。对这种水利格局，历代均有清晰的描绘：

> 古人为塘浦阔深若此者，盖欲畎引江海之水，周流于堰阜之地。虽大旱之岁，亦可车畎以溉田；而大水之岁，积水或从此而流泄耳，非专为阔深其塘浦，以决低田之积水也。至于地势西流之处，又设堰门、斗门以潴蓄之，是虽大旱之岁，堰阜之地皆可耕以为田。此古人治高田、蓄雨泽之法也。故低田常无水患，高田常无旱灾，而数百里之地，常获丰熟。此古人治低田旱(高)田之法也。①

这一塘浦体系的精妙之处，在于通过对高田、低田两大区域微地貌的巧妙利用，来协调解决灌溉、排水两大难题：

> 古人遂因其地势之高下，井之而为田。其环湖卑下之地，

---

① 〔南宋〕范成大撰，陆振岳点校：《吴郡志》卷一九《水利》，江苏古籍出版社1999年版，第270页。

则于江之南北,为纵浦以通于江;又于浦之东西,为横塘以分其势而棋布之,有圩田之象焉。其塘浦,阔者三十余丈,狭者不下二十余丈,深者二三丈,浅者不下一丈。且苏州除太湖之外,江之南北别无水源,而古人使塘浦深阔若此者,盖欲取土以为堤岸,高厚足以御其湍悍之流。故塘浦因而阔深,水亦因之而流耳,非专为阔其塘浦以决积水也。故古者堤岸高者须及二丈,低者亦不下一丈。借令大水之年,江湖之水高于民田五七尺,而堤岸尚出于塘浦之外三五尺至一丈,故虽大水,不能入于民田也。民田既不容水,则塘浦之水自高于江,而江之水亦高于海,不须决泄,而水自湍流矣。①

　　这一水利体系的精髓,也为后世所认知,如南宋的黄震论述道:"塘浦元计一百三十二条,浦之阔率三二十丈,塘之高率二丈。大要使浦高于江,江高于海,水驾行高处,而吴中可以无水灾。"②清代顾士琏亦有相同看法:"盖冈身如仰盂,内地如盂底。围岸障水,使湖高于浦,浦高于江,江高于海,然后为建瓴之势,而江海常通。"③

　　当时的塘浦圩田体系,采用高筑圩岸的方法提高内河水位,使横塘纵浦体系中的各级支流汇入干河,最终进入吴淞江入海;这种设置非常符合水利工程学的原理。根据当时记载的塘浦尺寸,可以计算出塘浦$\sqrt{B/H}$值(B 为平均河宽,H 是平均水深,单位都为

　　① 〔南宋〕范成大撰,陆振岳点校:《吴郡志》卷一九《水利》,江苏古籍出版社 1999 年版,第 269~270 页。
　　② 〔南宋〕黄震:《黄氏日抄》卷八四《代平江府回裕斋马相公催泄水书》,《景印文渊阁四库全书》第 708 册,台湾商务印书馆 1986 年版,第 857 页。
　　③ 〔清〕顾士琏等辑:《太仓州新刘河志》,《四库全书存目丛书·史部》第 224 册,齐鲁书社 1996 年版,第 175 页。

米)为 $1.2 \sim 2.2$,这种高圩大浦的设置,采用减小 $\sqrt{B/H}$ 值以增加流速,从而增加了塘浦泄洪能力,减少了泥沙的沉积。[①] 同时,为了配合这一体系,在河口置闸、在冈身西部设置斗门来控制水流,使西来的太湖清水浸润冈身高地,"其冈阜之地,亦因江水稍高,得以畎引以灌溉"[②],从而构成一个完善的水利体系。这一体系解决了西部低洼地区的排水问题,冈身高地的灌溉问题也得到缓解。潮汐灌溉在这一体系中作用不大,尽管在滨江邻海和吴淞江沿岸低地有部分地区直接利用潮汐进行灌溉,如唐代陆龟蒙记述道:"余耕稼所,在松江南,旁田庐门外有沟,通浦涤潋,而朝夕之潮至焉。天弗雨,则轧而留之,用以涤濯灌溉,及物之功甚巨。"[③]临江的常熟地区也是如此,"每遇潮至,则于浦身开凿小沟以供己用,亦为堰断以留余潮",但由于沿海的昆山诸浦,"通彻东海,沙浓而潮咸",对咸潮要严加防范,"皆作堰坝以隔海潮"。不过当时沿海高地区的开发程度还非常有限,这种情况并不普遍,潮汐灌溉在水利中的作用还不为人所知,地位自然就不够重要。当时社会对治水的主流意见,集中在对低田区排水问题的议论,如郏亶所述,"水田多而高田少,水田近于城郭,为人所见,而税复重。高田远于城郭,人所不见,而税复轻。故议者唯知治水而不知治旱也"[④]。

从北宋开始,这一水利体系遭到一定程度的破坏。五堰、吴

---

① 林承坤:《古代长江中下游平原筑堤围垸与塘浦圩田对地理环境的影响》,载《环境科学学报》1984 年第 2 期。

② 〔南宋〕范成大撰,陆振岳点校:《吴郡志》卷一九《水利》,江苏古籍出版社 1999 年版,第 270 页。

③ 〔唐〕陆龟蒙著,宋景昌、王立群点校:《甫里先生文集》卷一六《迎潮送潮辞并序》,河南大学出版社 1996 年版,第 241 页。

④ 〔南宋〕范成大撰,陆振岳点校:《吴郡志》卷一九《水利》,江苏古籍出版社 1999 年版,第 266 页。

江塘路和长桥等工程使得太湖来水不畅，吴淞江水流力量减弱，浑潮涌入，导致河道日渐淤塞，水旱灾害频仍，最终大圩体制逐步解体，"民田既容水，故水与江平，江与海平。而海潮直至苏州之东一二十里之地，反与江、湖、民田之水相接，故水不能湍流，而三江不浚"。西来清水不能与潮水相抗衡，潮汐挟泥沙而入，造成河流的淤塞。水流的特点发生了变化，"向所谓东导于海，而水反西流是也……向所谓欲北导于江，而水反南下者是也"。同时，冈身地区的开发，以及两熟制和稻麦轮作、稻改棉等种植制度的变化也使得其用水量增加，由此直接导致冈身高地的灌溉日益困难，"积岁累年……高田之港浦皆塞，而使数百里沃衍潮田，尽为荒芜不毛之地"。为了应对这一问题，人们很早就采取了相关行动，"冈身之民，每阙雨，则恐里水之减，不给灌溉，悉为堰坝，以止流水"①。

　　宋代的治水活动，主要就是为了修复原有的塘浦水利体系。从时人的论述来看，潮汐带来的咸潮、浑潮等危害虽然存在，但并不严重，显然是塘浦圩田体系的功能还在发挥其作用。潮汐灌溉当时虽然在滨江沿海的部分地区存在，但在整个江南地区的水利体系中不占主导地位，自然也较少被治水者所关注。

　　这一趋势持续发展至明代，江南地区的水利环境发生了巨大的变化，最终的结果是塘浦圩田体系的崩溃和黄浦江取代吴淞江。这种变化对潮汐灌溉造成了重大影响：首先，主要感潮区域从吴淞江流域转移到黄浦江流域，同时潮汐影响深入内河，浑潮的危害随之加剧，导致潮汐灌溉技术复杂化。时人对当时的水利形势变化

①　〔南宋〕范成大撰，陆振岳点校：《吴郡志》卷一九《水利》，江苏古籍出版社1999年版，第288页。

有着清楚的认识:"海高于江,江高于浦,浦高于湖,湖水不能冲突,即使吴淞、娄江、白茆尚在,不尽救低乡之潦。"①西来的太湖清水不敌浑潮的力量,导致浑潮影响越来越大。明代叶盛将浑潮与塞北风沙相提并论:"来一日,泥加一箬叶厚。故河港常须疏浚,不然淤塞不通舟楫,旋成平陆,不能备旱涝矣。"②甚至有人做过精确的计算:"海口一日两潮,每潮淀积一箬,一岁积七百二十箬,又无湖水冲涤,潮益浑,一升水,二合泥,来强去弱,最易淤浅。"③不仅通江沿海诸港浦备受浑潮泥沙淤积之害,其影响甚至已经深入到内河水系,"顾会(浦)而东,水力渐微,潮汐淤沙,几成平陆,岁旱则涓滴绝流,潦则停潴而无所宣泄,水利不修,农田大病"④。这些地方河流的来源都转而以潮水为主,"自松江既堙,清水罕至,舟楫灌溉,咸资潮水。……每岁所开塘浦,还为潮汐所填淤,三岁而浅,四岁而堙,五岁又须重浚,亦无一劳永逸之法"⑤。部分地方志书在记载河流时,甚至将河流的源委颠倒,"向时通浦之港以浦为委者,今惟浦水为来源"。因此,不仅"沿海之区,俱赖潮水以资灌溉",内地许多地区也"惟引黄浦来潮以资灌溉"。⑥ 南汇地区甚至是"邑之命系

---

① 〔清〕顾士琏等辑:《太仓州新刘河志》,《四库全书存目丛书·史部》第224册,齐鲁书社1996年版,第146页。
② 〔明〕叶盛撰,魏中平校点:《水东日记》卷三一《江南浑潮塞北风沙》,中华书局1980年版,第305页。
③ 〔清〕顾士琏等辑:《太仓州新刘河志》,《四库全书存目丛书·史部》第224册,齐鲁书社1996年版,第146页。
④ 光绪《青浦县志》卷首《青浦县东北境水道图说》,清光绪四年刊本。
⑤ 〔明〕张应武:《水利论》,见〔清〕顾炎武撰,黄坤校点《天下郡国利病书》,上海古籍出版社2012年版,第570~571页。
⑥ 宣统《华亭县乡土志》,见上海市地方志办公室、松江区地方志办公室编《上海府县旧志丛书·松江县卷》,上海古籍出版社2011年版,第1740页。

于海浦之潮,潮通则田畴皆熟,塞则禾苗尽枯"①。当时的治水者很清楚地观察到,"(清水)来水甚微,灌溉之利转赖浑潮,而置有本之水于不问,旱暵频仍,所由致也"②。面对环境的变化,以环境为基础的水利技术体系要有相应的变化,"宋时引清障浊之法,已不可施于今"③。

由于清弱浑强已是必然之势,潮汐灌溉只能利用泥沙含量较高的浑潮,感潮地区在享用潮水灌溉之利的同时,也不得不承受其所带来的种种危害。这一问题成为明清江南治水者讨论的热点,他们都意识到这个问题的严重性,其中尤以明代耿橘对常熟地区的论述最为详细。

耿橘作为常熟地区的地方官,熟悉当地的水利情况,在其《常熟县水利全书》中,他首先描绘了常熟地区的水利灌溉情况:"正北、西北、东北、正东一带小民,第知有江海,而不知有湖,不思浚深各河,取湖水无穷之利,第计略通江口,待命于潮水之来。当潮之来也,各为小坝以留之。朔望汛大水盛,则争取焉;逾期汛小水微,则坐而待之。"耿橘将清水与浑潮进行比较后认为,湖水利处多,潮水灌溉则有四害:"夫湖水清,灌田田肥,其来也无一息之停;江水浑,灌田田瘦,其来有时,其去有候,来之时虽高于湖水,而去则泯然矣。"然后,耿橘总结了浑潮的种种危害:"夫江水宁惟利小,抑且害大。彼其浮沙日至,则河易淤,来去冲刷,而岸易崩,往往浚未几,而塞随之矣,厥害一。江水灌田,沙积田内,田日薄,一遇大雨,浮沙渗入禾心,禾日枯,厥害二。湖水澄清,底泥淤腐,农夫罱取拥

①　雍正《分建南汇县志》卷三《疆土志下》,清雍正十二年刻本。

②　嘉庆《松江府志》卷九《山川志》,清嘉庆二十三年刻本。

③　〔明〕张应武:《水利论》,见〔清〕顾炎武撰,黄珅校点《天下郡国利病书》,上海古籍出版社2012年版,第571页。

（壅）田,年复一年,田愈美而河愈深。江水浮沙日积于河,而不可
取以为用,徒淤其河,厥害三。况江口通流,盐船盗艘扬帆出入,百
姓日受其扰,厥害四。"①

耿橘所言,是就受淡潮影响的常熟地区而言。在白茆塘以南地
区,距离长江口较近,更易受到海洋咸水的影响,除了耿橘所言的四
害外,使用潮水灌溉还存在以下危害:"海潮内入,一遇淫雨,势益汹
涌,来迅去迟,停蓄内港,助雨之力,啮堤冲岸,遂成巨浸……高乡濒
海,田多斥卤,物不忌咸……低乡习于清水,稻沾咸味,苗辄损
伤。……濒海之处,介虫族生,螃蜞类蟹,两螯锋利,遇稻辄伤。若浚
白茆,此物即随潮而上,延及水乡,千百为群,恣其戕贼。"②

面对着潮汐灌溉所带来的诸多负面影响,耿橘认为当地的农
业灌溉应当专用湖水而不用潮水,"取湖水无穷之利,无日无夜无
时而不可灌其田",这就是著名的"水利用湖不用江为第一良法"。
为了应对潮水灌溉带来的诸多危害,耿橘力主筑坝:"沿江大小港
浦淤浅者,随急缓浚之。浚之时必于港口筑坝,浚毕而坝不决,则
湖水不出而江水不入,清浊判于一堤,利害悬于霄壤,而此河亦永,
永无劳再浚。"③耿橘专用湖水灌溉的观点,是对旧有塘浦灌溉体系
的追述与怀念,虽然他在常熟地区大力宣传和推行清水灌溉,但仍
有相当部分的农民"狃于旧习",不肯放弃潮汐灌溉。显然,水利环
境的变迁是个人能力所无法扭转的,类似的情况也曾在其他感潮
地区出现。

---

① 〔明〕耿橘:《常熟县水利全书》卷一《水利用湖不用江为第一良法》,
明万历年间刻本。

② 〔清〕王应奎:《开白茆议》,见〔清〕贺长龄辑《清朝经世文编》卷一一三
《工政十九·江苏水利下》,台湾文海出版社1972年影印本,第3973～3974页。

③ 〔明〕耿橘:《常熟县水利全书》卷一《水利用湖不用江为第一良法》,
明万历年间刻本。

二、技术体系及区域差异

潮汐灌溉技术在江南出现的相当早,南朝梁时常熟改名就缘于此,"高乡濒江有二十四浦通潮汐,资灌溉,而旱无忧……以故岁常熟,而县以名焉"①。明代薛尚质更加细致地论述道:

> 本邑旧有三十六浦,如栉齿比分,以泄诸湖积潦,而卑区平熟,下引江湖以灌高区之田,而亢田恒润。各浦治时,亢隰之民咸得水利,而岁入比诸邑恒最,故名常熟。②

但对于潮汐灌溉具体的技术体系,历代记述往往是只言片语,直到明代才由徐光启在《农政全书》中作了全面的总结。徐光启认为,进入内河的潮水是"用水之流七法"之一,"流水之入于海,而迎得潮汐者,得淡水,迎而用之;得咸水,闸坝遏之,以留上源之淡水";江海岛屿、沙洲利用潮汐灌溉,"海潮之淡可灌者,迎而车升之,易涸则池塘以畜之,闸坝堤堰以留之"。同时要应对泥沙淤垫,"海潮入而泥沙淤垫,屡烦浚治者,则为闸为坝为窦,以遏浑潮而节宣之",其浚治之法是"急流搔乘,缓流捞剪,淤泥盘吊,平陆开挑"。对于潮汐灌溉的利用范围,徐光启以亲身经历说明:"职所见迎淡水而用之者,江南尽然;遏咸而留淡者,独宁绍有之也。"③明人亦撰有《濒海潮田议》,详细描述了潮灌之法:"凡濒海之区概为潮田。盖潮水性温,发苗最沃,一日再至,不失晷刻,虽少雨之岁,灌溉自饶。其法,临河开渠,下与潮通,潮来渠满则闸而留之,以供车戽,中间沟塍地埂宛转交通,四面筑围,以防水涝,凡属废壤皆成膏

---

① 光绪《常昭合志稿》卷九《水利》,清光绪三十年木活字本。

② 〔明〕薛尚质:《常熟水论》,《丛书集成初编》第 3020 册,中华书局1985 年版,第 2~3 页。

③ 〔明〕徐光启撰,石声汉校注,西北农学院古农学研究室整理:《农政全书校注》卷一六《水利》,上海古籍出版社 1979 年版,第 403~404 页。

田。"①从文献描述来看,其技术体系已经相当完善,这里讲的虽然是北方天津沿海的情形,但从元代开始,北方的农田水利技术皆是"用浙人之法"②,其从江南地区传播过来是毫无疑问的。徐光启的论述是就江南地区的整体情况而言,但在微地貌上,该地区主要分为高田区与低田区两大区域,相应的潮汐灌溉也存在着区域上的差异,以下分别述之。

冈身以西的低洼地区可利用潮差进行自流灌溉。唐代的陆龟蒙居于苏州甪直附近,他记述了当时对潮汐的利用状况。宋代毛珝亦有记载:"到处车声转水劳,东乡人事独逍遥;一堤滟滟元非雨,总是吴江淡水潮。"③毛珝描述了苏州东乡地区利用潮水进行自流灌溉从而节省农工的情形。直到民国时期,这种方式在宝山县的低乡仍然存在:"以濒海地形较卑,每届蘯藻浜浚通,河旁稻田但须于圩岸上挖一缺口,潮流自能灌入,不费丝毫人力。"④这种情况同时也存在于长江口沿岸和黄浦江沿江的低洼地区。江海之中的沙洲也可以进行自流灌溉,但需要解决两个问题:一是修筑堤坝以防潮水冲没,二是引淡水洗盐改良土壤。元代王祯《农书》中的沙田和涂田就属于这种类型:沙田是"南方江淮间沙淤之田也,或滨大江,或峙中洲,四围芦苇骈密,以护堤岸"。其利用方式是"中贯潮沟,旱则频溉;或旁绕大港,涝则泄水,所以无水旱之忧,故胜他田也"。涂田"位于濒海之地,其潮水所泛沙泥,积于岛屿,或垫溺盘曲,其顷亩多少不等;上有咸草丛生,候有潮来,渐惹涂泥。初种

① 光绪《永平府志》卷二四,清光绪五年刻本。
② 元代虞集首提此法,明代徐贞明、徐光启,清代允祥等人亦有此说。
③ 〔南宋〕毛珝:《吾竹小稿·吴门田家十咏》,见顾修编《南宋群贤小集》,清嘉庆六年刻本。
④ 张镜寰:《详江南水利局据第十乡绅民禀请取销吴淞江改道之议文》,见沈佺、秦缓章等纂《民国江南水利志》卷一,民国十一年木活字本。

水稗,斥卤既尽,可为稼田,所谓'泻斥卤兮生稻粱'。沿边海岸筑壁,或树立桩橛,以抵潮泛。田边开沟,以注雨潦,旱则灌溉,谓之'甜水沟'。其稼收比常田利可十倍,民多以为永业"①。这两种田地,在长江口的沙洲中比较常见。清人沈复在其游历过程中,曾亲赴崇明岛附近江中新开发的沙洲,观察当地的引潮灌溉方式:"(永泰)沙隶崇明,出刘河口,航行百余里……引至园田成熟处,每一字号圈筑高堤,以防潮汛。堤中通有水窦,用闸启闭。旱则长(涨)潮时启闸灌之,潦则落潮时开闸泄之。"②这些都明确地记载了利用淡水对咸性沙田进行洗盐以改良土壤,以及开沟、设置闸窦等水利设施。

相对而言,冈身地区地势较高,比如常熟地区,"邑之东北一带,滨于江海,十分邑田之四,地势冈垄,是为亢区。以水衡之法准之,极高处去低田二丈余,次丈余,再次不下一丈",灌溉比较困难,"极高处所,三转挽戽水得上田,大抵卑区下(水)高于田,亢区水行地下"③。因此,这些地区要借助一定的水利设施方可利用潮汐。南宋的《吴郡志》记载"沿海高仰之地近于江者,既因江流稍高,可以畎引。近于海者,又有早晚两潮可以灌溉""沿海港浦共六十条,各是古人东取海潮,北引取扬子江水灌田"。④ 这反映了冈身高地当时主要的利用方法是开浦引潮,并用坝堰等设施在涨潮时拦蓄

---

① 〔元〕王祯著,王毓瑚校:《王祯农书》,农业出版社 1981 年版,第192~194 页。

② 〔清〕沈复著,俞平伯校点:《浮生六记》卷四《浪游记快》,人民文学出版社 1980 年版,第57~58 页。

③ 〔明〕薛尚质:《常熟水论》,《丛书集成初编》第 3020 册,中华书局1985 年版,第 3 页。

④ 〔南宋〕范成大撰,陆振岳点校:《吴郡志》卷一九《水利》,江苏古籍出版社 1999 年版,第278 页。

留潮,以备灌溉之用。"临江之民,每遇潮至,则于浦身开凿小沟,以供己用,亦为堰断以留余潮。"但若逢小汛,或地势更高之区,则必须用水车提水,如太仓州地区,"滨海之地,每多埋身,以致积土如山者……民田之灌溉,必藉海潮大汛,方可车引,荫养田禾。一遇小汛,虽有河渠,涓滴无入,束手待毙"①。上海在未分县以前,"水车无处不劳挽踏,然邻邑地低,与水止高一二尺,间有通潮往来,不费人力者。独上邑田高,而浦东尤甚"②。雍正四年(1726)分县后位于浦东的南汇县"浦东地高,近浦地俟潮平戽水,用力尚易;若潮所不到者,岸峻水下,水车陡立,非五六人不能运"③。

黄浦江和里护塘之间的浦东地区,也主要依靠拦蓄黄浦江潮水以供灌溉:"浦南支河,潮盛时水与岸齐,潮退即涸,农事时于港口筑堰蓄水,以资灌溉,如有淤浅,各照田亩开浚,虽通塞无常,尚免干旱之患。"④夹塘地区(黄浦江以东至海)情况比较复杂。夹塘地区原本是海洋,在长期的历史过程中由泥沙逐渐堆积出来。其主要利用方式最初是盐场和荡地,为防盐场被海潮冲没,修筑有海塘。以后随着滩地不断外涨和长江主泓道的南移,海水变淡,盐场范围东移并缩小,新的海塘又不断修筑,几道海塘之间形成夹塘。其间大部分的盐场和芦荡地区转换为农田,但由于成田时间短,土壤中含盐量较高。为了脱盐需要蓄积淡水,这一过程主要依靠从西面的黄浦江引水来完成。为此,需要在旧海塘上"开水窦以蓄泄旱潦",这一过程在动态地向东发展,"内塘东旧为不毛之地,厥后

① 〔明〕张国维:《吴中水利全书》卷一六《陈王道上水院太仓州境水利揭》,《景印文渊阁四库全书》第578册,台湾商务印书馆1986年版,第567页。

② 乾隆《上海县志》卷一《风俗》,《稀见中国地方志汇刊》第1册,中国书店1992年影印本,第284页。

③ 雍正《分建南汇县志》卷一五《杂志》,清雍正十二年刻本。

④ 光绪《南汇县志》卷二《水利志》,清光绪五年刻本。

海渐东移,筑室治田,故更起外塘,而于内塘开水洞以资蓄泄。至外塘东菱芦蔓衍,间有可垦之荡,又起圩塘以为外塘之保障"①。塘东地区地势比塘西相对较高,"塘东阡陌相连,时苦旱涝",因此要开凿水洞,"使海潮溢则塘东之水得泄于西;天时旱,则塘西之水得通于东,遂为塘东民命所关"②。但由于邻近大海,因此要慎防盐潮侵袭,"沿海皆有塘以捍海水,然夏秋风起,海潮以外护塘港穿水窦遍达诸港,俄顷水涨以尺计。其水从东北风至者则淡水,可资以溉田;从东南风至者则卤,入田禾皆焦"③。为了水洞的开通与堵塞,里护塘两侧的居民亦曾发生过激烈的争执,"护塘水洞,在老护塘,以通内外护塘港之水,小护塘(即钦公塘)向亦有水洞,雍正间海潮为灾,详准永闭"④。以后随着王公塘和李公塘的修筑,海潮为外塘所挡,为了灌溉的需要,这些水洞又重新开通,只是其具体数目和位置有所变化,而同样的争论又发生在后来新修筑的海塘两侧。⑤

表4-1　南汇老护塘水洞情况统计表

名　称	位　置	材　质	备　注
牛郎庙水洞	奉贤交界	/	/
沈家水洞	二墩一团	石	/
戚家水洞	三墩一、二团连界	石	坍
倪家水洞	二、三团连界	石	/
康家水洞	五　团	木	坍

①　光绪《川沙厅志》卷三《水道》,清光绪五年刻本。
②　雍正《分建南汇县志》卷四《建设志上》,清雍正十二年刻本。
③　雍正《分建南汇县志》卷三《疆土志下》,清雍正十二年刻本。
④　光绪《南汇县志》卷二《水利志》,清光绪五年刻本。
⑤　王大学:《明清"江南海塘"的建设与环境》,上海人民出版社2008年版,第199～203页。

名　称	位　置	材　质	备　注
关帝庙水洞	本城东门外	木	/
邱家水洞	五团北	木	/
小普陀水洞	六团湾	石	/
陈家水洞	七　团	/	/
储家水洞	九团北	石	/
乔家水洞	十墩南	木	/
王家水洞	川沙北门外	石	/
沈沙港水洞	十三墩北	木	/
大湾水洞	九团环石桥	/	/

资料来源：雍正《分建南汇县志》卷四《建设志上》，清雍正十二年刻本。

当然，在某些特定时期，滨海地区常会有海洋咸水灌入内河的情况，这危害较大，往往导致"禾苗尽槁"。对此当地也有独特的应对之法，比如嘉兴府的滨海地区，"崇祯改元之秋，海水溢入内河，凡近海之地，桔槔所上之水皆卤，禾多萎死。有巧农深知此理，浅列桔槔于水面，而以夜半车水入田，禾竟无恙。盖海水性沉，夜静则淀于水底，于水面取水则所取皆河水，故不伤禾，此农之巧可以为法"①。这种方法是利用海洋咸水和河流淡水的密度差，取用浮在上层的淡水来灌溉，从而避免了沉在下层的咸水的危害，听起来极为巧妙。但这种方法不易掌握，具体操作上也比较困难，若操作不当，反成灾害，"皓日之下，焦土之上，一旦沃以咸水……鲜不立毙矣"②，因此极为少见。

---

① 崇祯《嘉兴县志》卷一七《丛谈志·杂记》，日本藏《中国罕见地方志丛刊》本，书目文献出版社 1991 年影印本，第 715 页。
② 光绪《海盐县志》卷末《杂记》，清光绪三年刻本。

第二节　技术细节与环境限制

一、观察与使用：看潮与留潮

潮汐灌溉技术对于水流环境极为敏感，因此，感潮地区农民对于潮汐的观察和使用有一套非常成熟的地方性知识体系。

首先是"看潮"，即对潮汛大小的观察。潮汐的涨落日周期表现在农历每月的初一（朔）、十五（望）日，正当日、月、地球三者约在同一直线上，这时日、月对地球的引潮力较大，形成大潮；初七、八（上弦）和二十三（下弦）日，日、月、地球三者在相对位置约成直角时，引潮力较小。但在实际中，海底、河床地貌对潮流的阻滞延缓作用，使大潮汛日期推迟到朔望之后两三天，故江南地区每月大潮汛多发生在农历初三、十八两天，此时潮汛最大；小潮汛则多发生于上弦、下弦后两三天的初十、廿五两天。

其次，是对潮水成分的观察。潮水成分取决于径流淡水与海洋咸水的力量对比。长江、钱塘江的流量不同，导致两地的潮汐成分也有所不同。江南地区很早就认识到"潮有江海之分，味有咸淡之别。江水淡，可以灌田而不可以煮盐；海水咸，宜于煮盐，而不宜于耕牧"①。潮汐灌溉使用的主要是潮汐顶托回溯的江河淡水，"天下内河之水出海者，视其气力所至，或千里，或数百里，一直冲出，不与海水相混，故潮来仍壅此淡水以入，如杨子、黄、淮、钱塘等处，皆是也"②。具体来说，"不通内河之处，海自咸苦，其利只可煎盐。若此水一入内地，虽立即堵塞，而田禾已损，其地

---

① 宣统《太仓州志》卷五《水利》，民国八年刻本。
② 〔清〕姜皋：《海塘刍说》，见光绪《松江府续志》卷六《山川志》，清光绪十年刻本。

寸草不生,非雨水浸灌三四年后不能复旧"①。这种地域分异大致可以南汇角为分界:"江、浙汇流为汇角,然江流浩瀚,远过于浙流。虽小汛时江水犹直达羊、戢诸列岛间,潮来时仍壅此淡水以入,故汇北海水皆淡,滩地亦少盐质。一过汇角而南,水皆咸苦,地亦斥卤不毛。"②由于长江大量淡水的冲淡作用,长江口内的潮水以淡潮为主,"长江出焦山口,经福山南出于南江之洋山,水势湍急,拦截海潮,潮长则江水与之俱长,潮退则江水与之俱退,故自崇沙以西,江阴、嘉、宝以东,皆江水无海水"。在长江口沿岸诸县,均有此类记载。太仓地区,"海在州城东七十里刘家港南,环七鸦港北百余里,东北至崇明县二百六十里……海水环州境,入诸港灌田……刘家港在州城东七十里,港外即大海"③。嘉定地区,"海在县东十五里,自川沙口南抵吴淞至黄家湾,环县境八十余里。境内之水,承诸湖下流漾射而出者十数道,东北有崇沙障其外,势距咸潮,故百里之间,嘘吸潮汐,即内水之自为往来,其味淡,得资灌溉之利"④。至于长江中的崇明岛,亦是如此,"大海中自扬子江直下者其味淡,乃长江尽处,横约百二十里,过此即咸水。水可煎茶,不下(无锡)惠泉"⑤。因此,崇明附近的海面,被称为淡水洋,元代文天祥有《过扬子江心》诗云:"渺渺乘风出海门,一行淡水带潮浑。长江尽处还如此,何日岷山看发源。"这

---

① 光绪《松江府续志》卷六《山川志》,清光绪十年刻本。
② 民国《南汇县续志》卷一《疆域》,民国十八年刻本。
③ 〔清〕徐崧、张大纯纂辑,薛正兴校点:《百城烟水》卷八《太仓州》,江苏古籍出版社 1999 年版,第 436 页。
④ 〔清〕徐崧、张大纯纂辑,薛正兴校点:《百城烟水》卷七《嘉定县》,江苏古籍出版社 1999 年版,第 428~429 页。
⑤ 〔清〕徐崧、张大纯纂辑,薛正兴校点:《百城烟水》卷九《崇明县》,江苏古籍出版社 1999 年版,第 459~460 页。

些都充分说明该地区的水质成分以淡水为主。

只有在江水径流稍弱,如冬春枯水期时,才会有咸水侵入,"沿海外捍塘下有沟,亦引江水灌溉,间于江水稍弱时,或有一二日咸潮,是谓海水盗入,民戒弗汲,田禾亦忌之……若平时则皆江水之去来也"①。东南部杭州湾沿岸,由于钱塘江径流较弱,海水占绝对优势,一旦强潮冲破海塘,便会遭受咸潮的侵袭。比如明万历三年(1575)五月,海盐风潮,海水侵入,"内河皆成咸流,塘尽圮"②;同年,海宁县"潮溢,坏塘二千余丈,溺百余人,伤稼八万余亩"③。咸潮的危害非常巨大,正是此种地域差异所导致的。这反映了长江口的宝山与杭州湾的华亭两地情况的差异,也正由此,潮汐灌溉主要分布在长江口一带和内部河网地区,沿海地区则较为少见。

风对潮汐性状的影响也非常重要。长江口呈西北—东南走向,因此不同的风向对潮水影响极大。"浦潮从东北来,东北风则潮大,西南风则潮小,天气炎热严寒潮亦小,春三月名菜花潮,秋八月名黄胖潮,俱有潮头,秋为甚。"④刘河口一带位于长江口之中,"海潮之入,由东南而来,中间恰有崇明之隔,二水冲激汇涌进口,风助水势,水趁风威,此何如其猛劲哉?故东南风无害也,正东风亦无害也,所最可患者东北风耳"⑤。常熟地区"南风、西风潮至不盛,东风稍盛,北风大盛,西北次之,东北风最盛,谓之风潮,潮水上田可一二十里,非惟田禾悉被淹没,庐舍亦有漂去者,土人谓之潮

① 光绪《松江府续志》卷六《山川志》,清光绪十年刻本。
② 光绪《平湖县志》,清光绪十二年刻本。
③ 乾隆《海宁县志》卷一二《杂志》,清乾隆三十年刻本。
④ 民国《南汇县续志》卷一《水利志》,民国十八年刻本。
⑤ 〔清〕金端表纂:《刘河镇记略》卷一三《奇事》清稿本,江苏古籍出版社1992年影印本,第468~469页。

漫"①。与之相对,西南风则对潮水力量有抵消作用,"潮水从东北来,东北风大则潮早,西南风大则潮迟"②。潮水成分与风向也密切相关,"(潮)水之咸淡,因风而异。遇东风与西北风则江水南流,味常淡。若连日东南风,则海水北流,咸潮涌入,农人恐伤田禾,禁止灌溉"③。南汇地区也是如此,"其水从东北风至者则淡,可资以溉田;从东南风至者则咸,入田禾稻皆焦"④。

依托江南地区长期以来对潮汐现象的认知,在对潮水精细观察的基础上,当地农民对淡潮水有意识地进行留潮灌溉,其引潮、留潮之法非常精密。这种现象早在南宋时期就已出现,"临江之民,每遇潮至,则于浦身开凿小沟以供己用,亦为堰断以留余潮"⑤。之后随着冈身高田区的开发,灌溉方法发展得更为成熟,如明代的常熟地区:"傍江之民,仰给江潮灌田。江海之潮,顷刻之间,水至丈余,其涸可立而待,虽有健农,手足无措,徒积泥沙以妨浚功,于民无益。今者浦口置闸,则乘潮水盈科之际,急令闭闸,留以灌溉。一潮之间,沾济已足,自非济旱,不得教启以入浑潮,可久无壅。"⑥即抓住涨潮进水的时机闭闸蓄潮,留以灌溉,由此也使得闸坝等水利设施的设置与管理变得非常重要。在干旱季节,农民会抓住涨潮时机"抢潮"灌溉,这一现象一直持续到机电灌溉普及之前,比如太仓地区,"沿七浦塘的五个乡仍要依靠涨潮来灌溉,如

---

① 光绪《常昭合志稿》卷三《水道》,清光绪三十年木活字本。
② 同治《上海县志》卷三《水道》,清同治十年刻本。
③ 民国《川沙县志》卷二《舆地》,民国二十六年铅印本。
④ 雍正《分建南汇县志》卷三《疆土志下》,清雍正十二年刻本。
⑤ 〔南宋〕范成大撰,陆振岳点校:《吴郡志》卷一九《水利》,江苏古籍出版社1999年版,第288页。
⑥ 〔明〕薛尚质:《常熟水论》,《丛书集成初编》第3020册,中华书局1985年版,第5页。

一遇旱象,就要抢潮车水"①。同样地处冈身的嘉定县,东北部的华亭、曹王、唐行等乡,地势较高,除用牛车外,也用人力水车抢潮灌溉。② 黄浦江沿岸低地区也有类似现象,如松江地区著名的水稻专家陈永康,就曾参加过抢潮抗旱:

> (1953年8月5日)一个月没下雨了,旱情显得严重起来,汤洪浜河床浅,日潮已不进港,只有夜潮才进港。而目前正是水稻需水的关键时刻,田里不能缺水。因此(陈永康)发动组员,晚上推车上水抗旱,还在外浜架一部脚踏水车,组织青年踏车上水。从晚上11点多开始和大家一道推车,一直到凌晨3~4点钟,潮水退了才休息。③

二、闸坝的设置与管理

如前所述,江南沿海地区的水利受到潮汐的深刻影响,因而如何趋利避害成为水利建设的重要任务。"海水清浊甘咸不一,故沿海皆筑塘以为障,惟择水清洋淡之处,俾能潮汐于内也。恐咸潮一入则膏腴尽为斥卤耳。"④在农田水利、鱼盐等重要民生问题面前,我们必须设法防御咸潮和浑潮的危害,也需要充分发挥闸坝的作用以应对引潮与留潮等,由此闸坝的设置与管理变得非常重要。早在五代时期,闸堰的设置已经非常普遍,"钱氏循汉唐法,自吴江

---

① 中共江苏省委办公厅编:《江苏省农业生产情况·太仓县》,内部资料,1955年,第16页。

② 上海市嘉定县县志编纂委员会编:《嘉定县志》第二编卷四《水利》,上海人民出版社1992年版,第226页。

③ 黄德裕:《在陈永康互助组蹲点日记摘抄》,见上海市松江县政协文史工作委员会、松江县华阳桥乡人民政府编《松江文史》第14辑,内部资料,1992年,第80页。

④ 〔清〕叶梦珠撰,来新夏点校:《阅世编》卷一《水利》,上海古籍出版社1981年版,第10页。

沿江而东至于海，又沿海而北，至于扬子江，又沿江而西，至于常州江阴界，一河一浦，皆有堰闸，所以贼水不入，久无患害"。嘉兴、松江地区数量尤其多："秀州滨海之地，皆有堰以蓄水，而海盐一县，有堰近百余所。"①这些水利设施是配合大圩体系而设置的，目的主要在于保持内河高水位。当然泥沙淤积河道的问题也在一定程度上存在着，对此北宋范仲淹提出："新导之河，必设诸闸。常时扃之，御其来潮，沙不能塞也。每春理其闸外，工减数倍矣。旱岁亦扃之，驻水溉田，可救燋涸之灾。涝岁则启之，疏积水之患。"②杭州湾沿岸地区，由于咸潮危害严重，自唐代以来就不断修筑海塘，将海塘连成一线，至南宋时基本上捺断了这一方面的港浦。

长江口一带，浑潮影响比较严重。自元代开始，部分支河开始置闸管理，但这些闸的主要目的是控制支河，承担重要排水任务的干河并不置闸，"干河之潮不可御，支河之潮可御，堰闸者，为支河之通潮者言之"③。

雍正十年（1732）的大潮灾以后，长江口南岸开始逐步修筑海塘（规制上逊于杭州湾沿岸），许多小港浦也都被直接堵塞河口，仅留下几条较大的河港通江，大多建闸控制，而其内河支流上也大都筑闸坝控制，比如太仓地区："除娄江、七浦上原洪阔，海潮所不能壅者不必置闸外，其诸屡浚屡塞，如杨林入七浦、湖川，入娄江之处，与盐铁塘南出娄江，北通七浦者，皆不可无闸。"其他如石婆港、千步泾之类的小河浜，"则多置木窦，而又旁通月河，设为锐坝，每

① 〔南宋〕范成大撰，陆振岳点校：《吴郡志》卷一九《水利》，江苏古籍出版社1999年版，第267页。
② 〔北宋〕范仲淹著，李勇先、王蓉贵校点：《范仲淹全集》卷一一《上吕相公并呈中丞谘目》，四川大学出版社2002年版，第265页。
③ 〔清〕李庆云：《续纂江苏水利全案·重修太仓七浦闸图附说》，清光绪十五年刊本。

遇大旱大涝,用以济窦闸之所不及吐纳,且以便小舟之往来"①。黄浦江沿岸通潮港浦的情况与之相似:"江与浦通,宜使江水入浦,不可使浦水入江,江入于浦,则江利而湖水平,浦入于江,则江塞而湖水壅。其言于建闸利害最明。顾西北之闸主蓄水以利舟楫,吴淞之闸主遏潮以拒沙泥。"建闸控制成为重要的水利任务,"置闸留坝,尤邑境通潮河港最急之务"。曹锡桐就建议:"上海水利,与他处异。他处水利宜乎连,上海水利宜乎断。断非使水不通流之谓,其谓浑潮所入之港俱堵截,夫而后河港可深。……故为今日上海水利一劳永逸之计,莫切于通浦处筑堰建闸。……建闸各处,只宜放水启之,平时常闭以蓄水,则邑民受无穷之益矣。"②

闸的设置有着严格的技术要求。首先是数量,毛节卿建议:"今欲置之(闸),必须兼古制,通时宜。每河阔三丈者置闸一座,六丈者置闸二座,多寡以是为差。"③由于大小河浜上都需置闸控制,因此数量非常多。早期的闸坝主要分布在塘浦等次级河流上,随着吴淞江的淤废,也开始在其上置闸,比如元代的任仁发在吴淞江置闸十座,"开江身二十五丈,置闸十座,每闸阔二丈五尺,可泄水二十五丈"④。其次是闸的位置,设闸有近里与近外之别,宋代赵霖对塘浦置闸有过系统的讨论。他认为:"治水莫急于开浦,开浦

---

① 〔明〕张国维:《吴中水利全书》卷一七《张枢答张寅论水利书》,《景印文渊阁四库全书》第578册,台湾商务印书馆1986年版,第632页。

② 〔清〕曹锡桐:《上海西南乡水利议》,见同治《上海县志》卷四《水道下》,清同治十一年刻本。

③ 〔明〕张国维:《吴中水利全书》卷二一《毛节卿江海闸坝论》,《景印文渊阁四库全书》第578册,台湾商务印书馆1986年版,第780页。

④ 闸坝等水利设施的设置,是整个江南水利史中的大问题,除了挡潮闸外,还有圩田闸等,本节仅论述与潮汐灌溉相关的闸坝,关于闸坝与水环境的关系,可参考王建革《宋元时期太湖东部地区的水环境与塘浦置闸》,载《社会科学》2008年第1期。

莫急于置闸,置闸莫利于近外……古人置闸,本图经久。但以失之近里,未免易堙。"因此置闸当以近外为上,其利有五:

> 置闸若利于近外。置闸而又近外,则有五利焉。江海之潮,日两涨落。今开浦置闸,潮上则闭,潮退即启。外水无自以入,里水日得以出,一利也。外水不入则泥沙不淤闭内,使港浦常得流通,免于堙塞,二利也。濒海之地仰浦水以溉高田,每苦咸潮多则堰断,决之则害苗稼,筑之则障积水。今置闸启闭,水有泄而无入,闸内之地尽宜稼穑,三利也。置闸必近外,去江海可三五里,使闸外之浦日有澄沙淤积。假令岁事积治,地里不远,易为工力,四利也。港浦深阔,积水通流,船货木筏得以住泊,官司或可拘收税课以助岁计,五利也。①

赵霖综合了五个方面的考虑,认为置闸宜近外。但闸座过于靠近河口,则易受到潮水的冲击,因此后世对此有不同的意见与讨论。明代薛尚质以常熟的实际情况出发,也认为置闸宜内:

> 置闸岂宜近逼江海,合无去浦口六七里,或八九里,一以杀水势,且避其崩没;闸外抵海口不远,纵有淤塞,就著本司并营卒治之,则事易易永,无费国劳民之患。仍于闸傍既凿月河以杀水势,又恐沙土善崩,如福山石闸尚存,其月河三倍阔于本港,何哉?本为杀水势,反为水啮,致深阔也。愚又以为月河上下口,并宜置小闸以制之,则无旁啮之患矣。②

而清代黄与坚则认为置闸于内了无成效,当以靠外为宜:

> 古之治水者,浚河置闸,尝先后行之,然有行之无甚效,因

---

① 〔明〕张国维:《吴中水利全书》卷一三《赵霖治水利害状》,《景印文渊阁四库全书》第 578 册,台湾商务印书馆 1986 年版,第 401~402 页。

② 〔明〕薛尚质:《常熟水论》,《丛书集成初编》第 3020 册,中华书局 1985 年版,第 6 页。

其不效而寝废者,以置乎内而不置乎外也。闸以拒浊水之至,若置于内而水道迂且折,其来急,其去缓,一日之间,潮将下而汐又至,是清水无出口荡涤之时,而沙土之停留于内者,日有其再,此致塞之由也。①

顾士琏总结各地建闸实践后发现:"常熟白茆闸、上海薛家浜闸、太仓七浦闸,皆设于近海数里之内,专主外遏浑潮,内澄清水。"他认为在河口不必置闸,应当将注意力放在支河置闸之上,"前论不必置堰闸,以大干河海口而言也,若中干河以下及支浜等,堰闸诚不可无,盖为蓄湖水之利也"②。

但并非所有治水者都认可置闸的措施,元代的周文英就曾激烈地批评都水监的置闸措施:"前都水监于江面置闸节水,终非经久良法。且如见置闸三处,本意潮来则拒入江之水,潮退则放江水决潮。殊不知江水之源筑塞,水势细缓,内水外水高低无几。又闸之相去不远,决放之水既浅且缓,又乌能冲激潮沙而不积于江也。"③尽管明清时期曾多次在白茆、浏河甚至吴淞江上置闸,但其效果不彰,关于其利弊的讨论也始终没有平息,比如清代名臣陶澍督办江南水利时论及此事:

> 惟吴淞江口建闸一事,则不但不究其害,而群且议以为利。谓潮来下版,可以遏沙,潮退启版,清水仍可畅出,其说似是而实非。夫吴淞为《禹贡》三江之一,与岷江、浙江并列,乃天地所以吞吐阴阳之气,非如无源之港汊,可以扼其吭而为之

---

① 〔清〕黄与坚:《浏河建大闸记》,见〔清〕贺长龄辑《清朝经世文编》卷一一三《工政十九》,台湾文海出版社1972年影印本。
② 〔清〕顾士琏等辑:《湖水灌田论》,见《太仓州新刘河志》,《四库全书存目丛书·史部》第224册,齐鲁书社1996年版,第180页。
③ 〔明〕姚文灏编辑,汪家伦校注:《浙西水利书校注》之《周文英三吴水利》,农业出版社1984年版,第87页。

节也。海潮既能挟沙而来,即能挟沙而去。如岷江、浙江,其委未尝置闸,而沙固未尝淤也。况江身亦自有淤泥,尚欲藉潮退之势推卸以入海。一经置闸,内外隔绝。潮水之挟沙而上者,无江水为之回送,而沙停于闸外矣。江水之挟泥而下者,无潮水为之掣卸,而泥停于闸内矣。臣此次遵旨覆勘工程,由青浦、华亭至上海,亲见黄浦无闸而海潮鼓荡,江面阔深,吴淞江有老闸,又有金家湾新闸,而沙泥停积数十里,水小如沟,船只往来,反俟潮水为之浮送。询问土人,金称老闸建自康熙年间,甫成即圮。新闸成于乾隆二年,亦止虚设,难于下版。缘闸距吴淞、黄浦合流之处仅六七里,全潮灌入,非闸所能御。该处沙土松浮,一经下版,闸身震动。是以徒有岁给闸夫银两,毫无实济,转足以阻碍船行,停滞沙泥。①

总结来说:"建闸之位置,须先测其地势,审其情形,盖潮汐之浸袭,与内水之宣泄,均宜详加勘察,始得决定闸址。"②建闸的同时还要考虑到当地的土质、水力状况等因素,预作处置,以求稳固,"濒海皆浮沙,海潮湖水内外冲啮,闸底桩木之处,一有罅隙,渐次流空,而易崩损,白茆、七浦、斜堰等闸是也。故闸虽十设而九废耳。必欲置之,须于近浦实田之中,开深倍于河底,纯用砖石,不用木桩,贯以灰沙,筑成之后,实土如田,使无虚处积水,灰沙自然胶融,年余之后,乃开通引水,由闸而行,将旧道坝作平地,则闸可永久"③。

——————————

　① 〔清〕陶澍:《请拆除吴淞江口石闸疏》,见〔清〕盛康辑《清朝经世文续编》卷一一五《工政十二·江南水利上》,台湾文海出版社 1972 年影印本,第6008~6009 页。

　② 扬子江水利委员会编:《白茆河水利考略》第 17 章,民国二十四年铅印本。

　③ 〔清〕顾士琏等辑:《海口勤浚论》,见《太仓州新刘河志》,《四库全书存目丛书·史部》第 224 册,齐鲁书社 1996 年版,第 179 页。

置闸的材料,有木闸与石闸两种。早期以木闸为主,如宋代《吴郡志》记载:"初治河至唯亭,得古闸,用柏合抱以为楗。盖古渠况今数深数尺,设闸以限松江之潮势耳。"光绪《海盐县志》记载,宋嘉祐元年,李维几于松江横塘口置常丰闸,"置木为闸,中阔一丈二尺,两塊各高一丈六尺五寸,以时启闭"。元大德八年,任仁发疏浚吴淞江,"复开江东西河道,置木闸"。早期置闸多为木闸。至明清时期,因木闸长期沾水,易腐,不耐久用,多改为石闸。

只用闸门控制,难保长期有效。由于滨海沿江地区土质疏松,闸基不牢,往往难以经受潮汐的往复冲击,严重的话,"不须一月,闸便崩坏";同时闸门设置以后"启闭所司,必设官而可,设夫而可。则去淤又无良法,终非计之得也",需要投入的工力和人力成本太大。因此,又有人主张用坝筑断:"计莫若于开浚之后筑坝海口,外以捍浊潮,内以蓄清水,则三害可免,而淤泥不及矣。"其技术亦非常精密:"筑坝之法,有滚水坝,有涵洞。滚水者,坝基高于水,低于岸,拒潮而不绝潮,约略水势,沙积有限,既不病稼,又不淤河,有利无害之术也;涵洞者,作于潮河坝上,有石有木,木形为凶器,而无前后和,置之土坝中,为通水之沟窦,亦拒潮而不绝潮之法。"但筑坝也有缺点,"但筑滚水坝,如坝基系草,则怒潮驾风,不阅月而入大海中矣。易之以石,则高底浅深,造为死局,无能伸缩,高则水不能来,低则水不能御"[1]。后来为了综合闸坝的优点,往往是"闸坝并设,相互为用,则为效尤宏"。清代常熟的周昂总结道:"建石闸以截洪涛,附闸内外筑滚水坝,以时启闭。"滚水坝与拦潮坝"性质稍异,而护闸与拒潮之功用则一"。常熟的白茆河口就筑有此类滚水坝,"邑东白茆海口,向有大坝,外捍浑潮,内蓄清水,以为一劳永

---

① 扬子江水利委员会编:《白茆河水利考略》第13章,民国二十四年铅印本。

逸之计,策至善也"。因此要闸坝互补,"故惟石闸、草坝并建,闸仍设板,遇旱则滚水坝系土所筑,不妨开一路以引之来,即有沙淤,浚之亦易。如遇伏秋风信,内河水既满溢,外潮又漫,则下闸板以截之,则害可免,而利得沾耳"①。也有的地区设置水窦,"通彻海潮河港……于港口筑垒土坝,安置透水大漕,名曰水窦。潮来闭窦,遏浑咸之潮;潮退启窦,泄湖汭之水"②。水窦的设置比较普遍,尤其是在清代江南海塘修筑之后,长江口沿岸许多通江港浦被筑断,主要就是靠这种水窦来沟通内外水流的。

对于闸坝的管理有非常严格的规定。毛节卿主张:"每九月至二月,常川扃闭,朔望则启中闸,以通海船。傍月河低堰,以通小舟之行小港者。或湖水溢下,则潮退而悉启之。其三月至八月高田用水,则启闸以进潮。或雨泽满盈,足以灌溉,则亦闭之,以清江流。"同时要设置专人看守,"每闸各置亭一所,岁拨闸夫二名,和雇近闸居民世掌其事,有失则罪之"③。民国《宝山县续志》也记载了当地对于闸堰的启闭章程:"大水则启,水退即闭;大旱则启,水足即闭。大水启者,盖在春秋之间西水盛涨之时,则启闸以泄泻汇入大海,不致有横溢之虞;大旱启者,以通外海来潮,资田畴之灌溉,此为设闸之本意。"④沿江地区尚且如此,沿海地区的闸坝管理制度就更加详密,近海的川沙地区对闸的管理也非常严密:

　　一、开闸时须等闸内、外水位相平,闸门才能彻底启闭,而

---

　　① 扬子江水利委员会编:《白茆河水利考略》第 13 章,民国二十四年铅印本。

　　② 〔明〕张国维:《吴中水利全书》卷二二《曹胤儒东南水利议》,《景印文渊阁四库全书》第 578 册,台湾商务印书馆 1986 年版,第 819 页。

　　③ 〔明〕张国维:《吴中水利全书》卷二一《毛节卿江海闸坝论》,《景印文渊阁四库全书》第 578 册,台湾商务印书馆 1986 年版,第 780 页。

　　④ 民国《宝山县续志》卷二《水利志》,民国十年铅印本。

且省力易举,因此在内外水位接近时刻就要迅速掌握时机,马上启闭。

二、为达到以上两点目的,管理员每日须观测随塘河水位一次,并每十五分钟观测潮水位一次,并为研究水闸排水量、进水量起见,在水闸启闭前后及启闭过程中,每隔十五分钟记录内外水位一次,作成记录,以便推算水闸进水量及排水量。

三、为了解气象晴雨起见,管理员须观测雨量、风向、风力,如遇连日带有南风,即将发生咸潮,须将潮水尝过后才能放进,否则有妨农业生产。

四、管理员每旬须将观测所得内外水位、风向、风力、雨量及放水、进水记录向委员会、县府、海塘工务所汇报一次。①

尽管闸门管理严格,一旦遇到大旱时节,仍然需要引用潮水进行灌溉:"倘遇大旱,必需海潮,仍可暂决以资灌溉,水足即塞。"就连极力反对使用潮汐灌溉的耿橘也说道:"若大旱之年,湖水竭,江水盛;大涝之年,江水低,湖水高,不妨决坝以济之。"②实际上,这种情况才是真实的社会情形,如上海县在康熙十七年(1678)大旱,"五月十六大雨后,竟大旱,至七月十六日方雨。有潮水地,花、稻、豆,件件俱好,甚至倍收"③。其他地区亦有此种情况,南汇县"先浚包家桥港,引闸港之潮入,时值少雨,水流滔滔,直达于东之一团镇,田之栽稻者得充灌溉,并告有秋"④。嘉庆十九年(1814)"夏秋

---

① 《川沙县老洪注、白龙港闸管理办法草案》,川沙县档案馆藏(编号74 - 5 - 120),1953 年。

② 〔明〕耿橘:《常熟县水利全书》卷一《水利用湖不用江为第一良法》,明万历年间刻本。

③ 〔清〕姚廷遴:《历年记》,见上海人民出版社编《清代日记汇抄》,上海人民出版社 1982 年版,第 144 页。

④ 光绪《南汇县志》卷二《水利志》,清光绪五年刻本。

大旱,是岁赢,惟江湾、大场均傍走马塘,朝潮夕汐,戽水不干,木棉尚稔"①。川沙地区,道光十五年(1835),"是夏旱,塘内川港几涸。六月十八日,海潮冲坍第十三段獾洞三处,洞各阔三丈,深丈余,据衿业曹汝德等呈请缓筑,过水济农"②。

潮水资源如此珍贵,为了灌溉而争夺潮水资源产生的水利矛盾也屡见不鲜。同样是上海县地区,"康熙三十二年(1693)六月初七日,邻人争水,扛张伯英家水车两部。因伊在上水头,每潮到,两部牛车戽水,下流无涓滴故也"③。嘉庆十九年(1814),"大旱,小港多坼裂,盘龙江亦不通潮。农民鸠力开通水线,至有争水斗殴者"④。某些农民为了获得潮水来灌溉,往往行贿闸坝管理者,"买潮"灌溉,"旱而闸内耕畎,缘闭潮汐,枯灌溉,递鸠钱求勿闭,名曰'买潮'"。⑤ 某些河道淤塞不通潮水后,就会经常遭受旱灾,如江阴地区,"北枕大江,潮汐之所往来。……本军旧有横河,自建寅门至平江常熟县凡五十里,旁为支渠,溉田甚广。自政和中浚治,至今沙涨几为平地。凡北江之潮,无自而入,故东南之乡多旱干之患"⑥。双凤里地区,"己未之旱,高田得潮而禾熟,低处反荒"⑦。

即使闸坝的设置与管理如此精密,由于灌溉和排水的需要,浑

---

① 钱淦纂,颜小忠标点:《江湾里志》卷一五《祥异》,上海社会科学院出版社,2006 年。

② 光绪《川沙厅志》卷三《水道》,清光绪五年刻本。

③ 〔清〕姚廷遴:《历年记》,见上海人民出版社编《清代日记汇抄》,上海人民出版社 1982 年版,第 144 页。

④ 〔清〕汪永安等纂:《紫堤村志》卷二《灾异》,清咸丰六年稿本。

⑤ 〔明〕张国维:《吴中水利全书》卷一八《孙鼎松郡水利志七》,《景印文渊阁四库全书》第 578 册,台湾商务印书馆 1986 年版,第 667 页。

⑥ 〔清〕徐松辑:《宋会要辑稿》,中华书局 1957 年影印本,第 7646 页。

⑦ 〔清〕时宝臣纂修:《双凤里志》卷一《地域志》,《中国地方志集成·乡镇志专辑》第 9 辑,江苏古籍出版社 1992 年影印本,第 8 页。

潮仍经常进入,导致泥沙的淤积,因此疏浚河口依然是非常重要的工作,"然海口诸河,无论建闸与否,必当相时勤浚。浚必先从海口用力,疏去淤沙,毋令高涨,则顺下之性自利"①。引潮地区在享受潮水灌溉之利的同时,却不得不承受浑潮泥沙的危害,而泥沙的沉积又加速了河流的淤塞,以受影响最重的松江府地区为例,河流淤塞的情况非常严重:"自上海以西,循吴松之涯以至青浦,起东芦,抵米墅,其港十有七;上海以南循黄浦之北岸以至郡城,起龙华,抵官绍,其港十有五,循黄浦之南岸以至金山卫,起马家浜,抵米市塘,其港三十。大抵湮塞浅狭,或视旧减十五六,甚者且同平陆矣。"②河道淤塞情况之严重可见一斑,由此也带来了沉重的水利疏浚任务。像吴淞江这样的大河,往往十年左右就要兴大工挑浚一次,其他的小河挑浚就更为频繁,"每岁所开塘浦,还为潮汐所填淤,三岁而浅,四岁而堙,五岁又须重浚,亦无一劳永逸之术"③。同时,不同的水利利益需求也导致了上下游地区之间的水利矛盾:"上流诸县,以江水通利直达海口,使震泽常不泛滥为利,而下流诸县逼近海口,常患海潮入江,沙挟潮入,不能随潮出,沙淤江口,则内地之纵浦横塘亦淤,农田水利尽失,因之与上流诸县利害相反,而主蓄清捍浑。"④许多地区为此不惜筑断通潮河港,由此在水利上形成恶性循环,使得可以引潮灌溉的地区越来越少,最终潮汐灌溉只在沿江地带和黄浦江沿岸低地等少数地区有所保留,并只在特定情况下(主要是干旱时期)才予以应用。灌溉条件的恶化与丧

---

① 〔清〕顾士琏等辑:《海口勤浚论》,见《太仓州新刘河志》,《四库全书存目丛书·史部》第224册,齐鲁书社1996年版,第179页。

② 同治《上海县志》卷四《水道下》,清同治十年刻本。

③ 〔明〕张应武:《水利论》,见〔清〕顾炎武撰,黄坤校点《天下郡国利病书》,上海古籍出版社2012年版,第571页。

④ 民国《嘉定县续志》卷四《水利志》,民国十九年铅印本。

失,逐渐改变了当地的作物种植结构:"曩者上海之田,本多粳稻。自都台、乌泥泾渐浅,不足溉田,于是上海之田皆种木棉、绿豆,每秋粮开征,辄粜于华亭,民力大困。华亭东南十五、十六保诸处,亦稻田也,自陶宅渐湮,其民惟饱麦糜,岁有饥色。今自闸港、金汇、横沥诸塘以南,其间大镇数十,村落以千计,田亩以百万计,所恃以灌溉者经流凡四,纬流凡十有二,今为潮泥污填,涓涓如萦带。卓见之士莫不寒心,以为数十年之后,金山以东大抵皆同上海,无复稻田矣。夫上海失水利而艺花豆,则一郡膏腴减什之五,将何以支赋税而裕民生乎!"①

清代高晋在分析江南的种植结构时认为:"(松江府、太仓、海门厅、通州并所属之各县)种花者多,种稻者少……并非沙土不宜于稻,盖缘种棉费力少而获利多,种稻工本种而获利轻……究其所以,种稻多费工本之故,则因田间支河汊港淤塞者多,艰于车水。"② 水利生态的变化显然与种植结构转变有着密切关系。

由于注意到潮水对农业灌溉的重要性,一些本无潮水利用的地区也积极发展潮汐灌溉,比如南汇县地区,由于地势较高,且受钦公塘等海塘的阻隔,不通潮水,故"塘东阡陌相连,时苦旱涝",为此"开水洞,使海潮溢则塘东之水得泄于西,天时旱则塘西之水得通于东,遂为塘东民命所关"。③ 从而使潮汐的利用成为可能。

沿江地带和主要通潮河流附近大多可利用潮差自流灌溉,但往往要利用涵闸控制,比如丹阳县沿江地区通过涵闸控制,调节内河水位,利用内河水位与田面之高差进行自流灌溉。中华人民共

---

① 同治《上海县志》卷四《水道下》,清同治十年刻本。
② 〔清〕高晋:《请海疆禾棉兼种疏》,见〔清〕贺长龄辑《清朝经世文编》卷三七《户政》,台湾文海出版社 1972 年影印本,第 1333~1334 页。
③ 雍正《分建南汇县志》卷四《建设志上》,清雍正十二年刻本。

和国成立前广泛使用,灌溉面积 3 万余亩。但由于涵闸较小、数量少、质量差及内河水系紊乱,引潮灌溉没有保障。中华人民共和国成立后改建了 40 余座沿江涵闸,提高了灌溉质量,比如界牌乡 1.3 万亩的水稻田,在栽插期间可全部引潮灌溉,后巷、新桥两乡也以引潮自流灌溉为主。1959 年,灌溉面积达 33161 亩。之后,界牌乡采取引潮和提水灌溉相结合的方法,1985 年引潮灌溉面积为 3.35 万亩。[①] 中华人民共和国成立前,沿江圩区的堤防上有很多扁形的木质涵洞用于引潮灌溉,20 世纪 50 年代曾多次维修。1957 年之后,逐渐改造成混凝土涵洞。[②] 沿江往下,江阴、常熟、沙洲、太仓等沿江地区有大量的田地可以引潮水灌溉,其方式也大致相同。[③]

宝山县及附近江中诸沙,灌溉面积较大。据 1959 年的统计资料,宝山县有 6.5 万亩水稻田用自流灌溉,其中长兴 4 万亩,横沙 2 万亩,罗泾外圩 0.5 万亩。至 1964 年,长兴还有 3 万亩水稻自流灌溉。长兴诸沙、横沙和沿长江与蕰藻浜两岸部分地区利用潮汐引水自流灌溉,这些地区利用河边滩地,筑堤围圩,在圩堤下适当高度埋设木涵,当地又称之为木笼,俗名水柜。木涵用杉木制成,长方箱形,长度根据圩堤宽度而定,多在(7~8)米至 20 余米,内部净空在(40×80)~(60×100)厘米,板厚 4~7 厘米,底、盖板厚于侧壁板,两端装有倾斜约 30 度的活门。临江的外门控制引水或挡潮,临农田的内门控制蓄水和排水。使用时开启内门或外门,即可利用水位差进行引水或排水。圩内格田成方,每隔若干距离挖沟,

---

① 丹阳市水利局史志办公室编:《丹阳水利志》,中国农业科技出版社 1994 年版,第 140 页。

② 丹阳市水利局史志办公室编:《丹阳水利志》,中国农业科技出版社 1994 年版,第 174 页。

③ 中共江苏省委办公厅编:《江苏省农业生产情况》,内部资料,1955 年。

纵横交叉,以达灌溉或排涝的目的。据 20 世纪 50 年代初统计,长兴、横沙两岛共有木涵 564 座(长兴诸沙 443 座,横沙 121 座),1956—1959 年又增加 215 座。1959 年全县有 6.5 万亩稻田用自流灌溉,至 20 世纪 60 年代,随着机电灌溉的逐步推广,利用潮汐灌溉的方式逐渐被代替。[①]

黄浦江上游松江、青浦地区泖河沿岸的低地可以利用潮差进行灌溉。自流灌溉的方法与宝山地区类似,圩堤下面适当高度埋设木笼(俗名"水椟""水柜"),木笼用杉木制成,其形制与前述的木涵相似。长方箱形,木笼长度七八米至 20 余米不等,内部净空,两头装有倾斜约 30 度的活门,控制引水、排水。[②]

除了自流灌溉这一方式外,更多的是利用三车(即龙骨水车,动力来源于人力、畜力或风力)来提水灌溉。人力水车在近代机电灌溉技术普及以前,比较常见。嘉定县西部的外冈、安亭、望新等乡,地势低洼,水稻成片连作,多用风车和荷叶车(黄牛拉的小畜力水车)灌溉;东北部的华亭、曹王、唐行等乡,地势较高,除用牛车外,也用人力水车抢潮灌溉。[③] 所用水车都是龙骨水车,也称翻车。车身为长约 3 米(从河岸横架到水面的距离)的木槽,槽面钉有与车身等长的润滑竹条,中置引水用的龙骨状循环木链,由木制斗板和鹤膝组成(两只鹤膝之间装一块斗板),利用齿轮原理,由动力带动龙骨木链,使斗板从河面将水引入槽,循环提升到岸上渠道,流入田间。据民国二十六年(1937)资料,宝山县有"三车"3770 部。

① 宝山县水利局编:《宝山县水利志》,上海社会科学院出版社 1994 年版,第 138~139 页。

② 上海市宝山县地方志编纂委员会编:《宝山县志》,上海人民出版社 1992 年版,第 284 页。

③ 上海市嘉定县县志编纂委员会编:《嘉定县志》,上海人民出版社 1992 年版,第 226 页。

到 1959 年有 6421 部,其中人踏车 4656 部,牛车 1589 部,风车 176 部;到 1963 年减为 2900 部;1965 年为 1663 部。以后随着机电排灌设备的普及,水车逐渐被淘汰。①

三、限制因子

尽管潮汐灌溉在江南的感潮地区达到了相当广泛的程度,但由于技术和环境上的诸多条件约束,其应用的时间和空间范围受到了相当程度的限制。

首先是利用时间上的限制,潮汐的涨落遵循着一定的自然规律,月周期表现在农历每月的初一(朔)、十五(望)日,此时日、月对地球的引潮力较大,形成大潮。中国沿海的潮汐来自于太平洋,海底、河床地貌对潮流的阻滞延缓作用,使大潮汛日期推迟到朔望之后两三天,故太湖流域地区每月大潮汛多发生在农历初三、十八两天;小潮汛则多发生于上弦、下弦后两三天的初十、廿五两天。可见潮水的涨落有其自身规律,其来有时,其去有候,利用时要"待命于潮水之来",只有在涨潮高水位时才能广泛利用:"朔望汛大水盛,则争取焉。逾期汛小水微,则坐而待之。"②若潮水不来或来潮微弱,就会因水资源缺乏而难以利用。

其次是地势的限制,潮汐灌溉是利用涨潮时水位的抬升进行灌溉,因而它受地势和潮差的双重制约。长江口的潮差虽然不低(吴淞口多年平均潮差为 2.31 米,最大潮差 5.74 米),但由于感潮地区主要集中于地势较高的冈身地带(地面高程在 4~8 米),除了部分滨江沿海地区和河流沿岸低洼地容易利用外,其他地区用于

---

① 上海市宝山县地方志编纂委员会编:《宝山县志》,上海人民出版社 1992 年版,第 284~285 页。

② 〔明〕耿橘:《常熟县水利全书》卷一《水利用湖不用江为第一良法》,明万历年间刻本。

灌溉的条件,潮差往往难以达到。这在冈身高地区表现得尤为明显,"浦东地高,近浦地俟潮平戽水,用力尚易;若潮所不到者,岸峻水下,水车陡立,非五六人不能运"①。由此导致引潮非常辛苦。常熟、太仓地区也是如此,"沿江一带地势较高,每天潮水起落,沙土地经不起浪潮冲刷,易于坍塌。并且田高水远,难以人力车水灌溉"②。

潮水成分的不稳定是一个非常大的问题。淡水和咸水尽管不轻易融合,但日夜涨潮、退潮,以及海水的其他运动,均促进了这种融合,所以在感潮河段中完全适宜灌溉的淡水的分布是有限的,在干旱少雨季节,以及河流的非汛期更是如此。这就给潮灌带来了更大的困难,缺乏经验或稍不小心就会引入咸水。含盐分较高的海水若随潮进入内河的话,会对当地农业造成重大影响:首先是"咸潮所经,偃禾杀稼",影响农作物生长,"低乡习于清水,稻沾咸味,苗辄损伤,白秕青腰,受病坐此,甚且有因而致萎者";其次是随潮水而来的海洋生物如海蟹等对农作物的伤害,"濒海之处,介虫族生,螃蜞类蟹,两螯铦利,遇稻辄伤……此物即随潮而上,延及水乡千百为群,恣其蟊贼"③;最严重的是导致土地盐碱化,沿海潮流能将盐分带入到地下水和土壤中,形成一定面积的盐土带,农田若遭海水漫淹,往往会"禾稼尽槁",且在以后数年内会寸草不生,要经过多年的雨水和径流冲洗脱盐,方能恢复。所以江南地区的农民非常注意观察潮水的性状:"(潮)水之咸淡,因风而异。遇东风

---

① 雍正《分建南汇县志》卷一五《杂志》,清雍正十二年刻本。

② 中共江苏省委办公厅编:《江苏省农业生产情况·常熟县》,内部资料,1955年。

③ 〔清〕王应奎:《开白茆议》,见〔清〕贺长龄辑《清朝经世文编》卷一一三《工政十九·江苏水利下》,台湾文海出版社1972年影印本,第3974页。

与西北风则江水南流,味常淡。若连日东南风,则海水北流,咸潮涌入,农人恐伤田禾,禁止灌溉。"①而为了防御海洋咸潮的入侵,不断修筑沿海的海塘,由此导致许多原本通江海港浦与潮水隔绝,不通潮汐,也就无从谈及利用潮汐进行灌溉了。

除此以外,潮汐灌溉的消极作用也相当突出。由于邻近大海,海洋咸水有相当的机会进入内河,其危害之严重自不待言。尽管从历史统计资料来看,这种机会并不是非常多,但其危害往往是致命性的。更为严重的是浑潮的危害,由于淡、咸水含盐量不同,比重较大的海水在涨潮时会在淡水面下呈现楔形,借助于海潮的冲击,卷起水底的泥沙,从而形成浑潮。但由于"潮水仅能送之使入,不能挟之使归"②,泥沙大量沉积在河道中,引起淤塞。当时人已经清楚地认识到这一现象:"江南并海之河江港汉通潮汐者,土人谓之浑潮。来一日,泥加一箬叶厚。故河港常须疏浚,不然淤塞不通舟楫,旋成平陆,不能备旱涝矣。"③据长江航道局提供的资料,黄浦江港道每年的泥沙可达700万立方米(相当于1190万吨)。长兴、横沙岛上的河港,每年河底淤高可达30~50厘米,松江县的通潮河港,每年淤高可达20厘米。④ 在浑潮的影响下,许多河流(包括吴淞江、浏河等大河)要么河道日趋衰落,要么在河口修筑闸坝来防止淤塞,从而减小了潮水的影响范围。除了淤塞河道导致水利荒废外,浑潮泥沙对土壤的性状也会有一定的影响,明代耿橘认为:"湖水清,灌田田肥。其来也,无一息之停。江水浑,灌田田痩,其来有时,其

---

① 民国《川沙县志》卷二《舆地志》,民国二十六年铅印本。

② 光绪《常昭合志稿》卷三《水道志》,清光绪三十年木活字本。

③ 〔明〕叶盛撰,魏中平校点:《水东日记》卷三一《江南浑潮塞北风沙》,中华书局1980年版,第305页。

④ 程潞等编著:《上海农业地理》,上海科学技术出版社1979年版,第14页。

去有候。"①对此,人们不得不衡量潮汐灌溉的利弊来进行取舍。

最为严重的是风潮的危害。风潮即风暴潮,在江南地区其通常由台风引起,古人称之为"飓风"。每年夏、秋之际是西太平洋台风多发季节,其常路经长江口地区,使海水急剧堆积而形成风暴增水,其高程可达 3~4 米或更多。若风暴潮的高水位适与天文潮高潮的涨潮期重合,或者与上游洪水相遇,将使海面水位暴涨,造成海水倒流侵溢内陆,同时往往伴随着狂风暴雨,形成严重的潮灾。"有此风,必有霖淫大雨同作,甚则拔木偃禾,坏房室,决堤堰。"②其危害非常严重,"沿海之民岁至夏秋之间,不幸遇飓风霆雨挟潮而上,漂没人民庐舍,倏忽皆尽,故至其时莫不惴惴然如虞寇至"③。在当时的技术条件下,面对这种危害人们是无能为力的,历史上的多次重大风暴潮灾,往往都造成非常严重的灾害后果,并且至今仍然有着非常严重的影响。④

表 4-2 长江口—杭州湾近一千年潮灾统计表

时　间	类　别			小　计
	海　啸	海潮倒灌	卤水倒灌	
10 世纪	/	/	/	/
11 世纪	/	3	1	4

①　〔明〕耿橘:《常熟县水利全书》卷一《水利用湖不用江为第一良法》,明万历年间刻本。

②　〔明〕徐光启撰,石声汉校注,西北农学院古农学研究室整理:《农政全书校注》卷一一《农事》,上海古籍出版社 1979 年版,第 264 页。

③　万历《嘉定县志》卷一四《水利考》,明万历三十三年刻本。

④　关于由台风引起的潮灾,可参考周致元《明代东南地区的海潮灾害》,载《史学集刊》2005 年第 2 期;冯贤亮《清代江南沿海的潮灾与乡村社会》,载《史林》2005 年第 1 期;陈亚平《保息斯民:雍正十年江南特大潮灾的政府应对》,载《清史研究》2014 年第 1 期。

续表

时 间	类 别			小 计
	海 啸	海潮倒灌	卤水倒灌	
12 世纪	/	4	/	4
13 世纪	/	4	/	4
14 世纪	/	10	/	10
15 世纪	/	25	/	25
16 世纪	2	16	/	18
17 世纪	2	17	/	19
18 世纪	/	17	2	19
19 世纪	3	20	1	24
合 计	7	116	4	127
千年内次/年	143	9	250	8
前 500 年平均		24	500	23
后 500 年平均	71	5.3	167	4.8

资料来源:江苏省地方志编纂委员会编《江苏省志·地理志》,江苏古籍出版社 1999 年版。按:卤水倒灌,指干旱年份卤水乘虚灌入,当海潮暴涨时,漫浸农田。

本章小结

潮汐灌溉是江南滨海沿江感潮区的一种特殊灌溉方式,它的发展历程与历史变迁精确地体现了技术体系与环境变化间的关系,本章正是以此为切入点来探讨感潮地区的环境变化以及反映技术与环境关系的水利生态问题。从宋代至明代,江南感潮地区的水利形势与环境发生了巨大变化。在早期的塘浦圩田体系下,高圩大浦体系既解决了西部低洼圩田区的排水,也照顾到了东部冈身高地的灌溉问题,因此潮汐灌溉在整个水利体系中并不占主要地位,这一水利格局也与当时高地区的开发程度较为落后有关。但随着吴淞江的淤塞,以及塘浦圩田体系逐渐走向崩溃,西来清水的力量与潮水的力量严重失衡,潮汐涌入内河,其影响不断加剧。咸潮的巨大危害使得诸多入海入江港浦被海塘阻断,加速了水系格局的变化。更为严重的是浑潮所挟带的泥沙问题,造成了河道的严重淤积,这反过来又影响了潮水资源的利用。这一变化趋势自宋代已经开始,但宋元时期的治水者仍竭力维持旧有格局;至明代黄浦江取代吴淞江的地位之后,整个江南感潮地区的水利格局为之一变。潮汐影响的扩大在一定程度上解决了部分高地区的灌溉问题,但带来了泥沙淤积、咸水入侵等种种危害,并由此引发了高低田区之间、上下游之间的水利矛盾,这种矛盾突出地反映在闸、坝、洞、窦等水利设施的设置与管理上。感潮地区在享受潮水灌溉之利的同时,也不得不承受浑潮泥沙的危害、承担繁重的河道疏浚任务。由此造成水利上的恶性循环,最终导致潮汐灌溉方式的衰落。潮汐灌溉技术与水利环境之间的互动关系,典型地反映了这一时期感潮区水利生态的变化。

第五章 感潮区的
环境变化及其生态响应

　　海洋是影响江南地区水利不可忽视的重要因素之一。历史时期尤其是近一千年以来,太湖流域特别是沿江滨海感潮地区的环境变化最为剧烈,主要表现在南岸边滩推展、北岸沙岛并岸、河口束狭、(长江)河道成形和河槽加深等方面。[①] 在环境剧烈变化的背景之下,以环境为生存之本的生态系统必然会有相应的响应,以适应环境的变化,尤其是对环境变化比较敏感的生物群落如蟹群、洄游鱼类等;对于环境变化,时人也有其观察与认识,这些认识可能未必符合现代的科学认识,但从另外的侧面记载了这些环境变化的过程与影响,自宋代以来苏州地区长期流传的状元谶就是其代表。本章试图将"生态"一词的范围从自然领域扩大到社会领域,自然生态即生物与环境的关系,社会生态即社会与环境的关系。自然环境的变化,会引发自然和社会两种生态环境的变化。本章的内容,即从这两方面的内容入手,来探讨感潮地区尤其是长江口的环境变化及其生态响应。

---

　　① 　陈吉余等:《两千年来长江河口发育的模式》,载《海洋学报》1979 年第 1 期。

第一节　江海之变及其生态响应

长江口地区,江海汇流,咸淡水交汇,营养盐类丰富,饵料生物繁多,是多种鱼类、蟹类栖息索饵、繁殖的良好场所,在此环境基础上形成了复杂的河口生态系统。唐代诗人皮日休诗《沪渎》描述了河口地区的情况:"全吴临巨溟,百里到沪渎。海物竞骈罗,水怪争渗漉。"但这一生态系统受多重因素影响,除了海洋因素外,河口动力机制的变化如河口束狭、河流主泓道转移、沙洲滩涂涨坍等,也有相当大的影响。当这些影响因素发生变化时,处于生态系统中的生物对此有着高度的敏感性,会随之发生一定的变化,即做出生态响应。本节以明清时期长江口地区的环境变化为研究对象,探讨其变化过程及生态影响。

一、"沙里勾"——小蟹的变迁

清代金端表在其所著的《刘河镇记略》(约成书于道光初年)记述了一种有意思的小蟹——沙里勾:

> (沙里勾)形如蟛蜞而小,有拇指大,其兜方,其壳软,其身厚,其味甘美。向出刘河口、川沙之深沙中。取之法必掘土三四尺,以铁钩勾出。其穴甚深,聚穴而居,故土人以沙里勾名之。但不能多得,得之则以清水漂去肚中之沙,以酒酿带糟而生沃之,置之瓶中,封口藏之。此物出在严冬时候,来春得佳酿而配食之。其食之法,将沙里勾一枚置杯中,以热酒冲之,则张牙舞爪,两目直竖,口吐黄油,浮满杯中,取酒饮之,殊属鲜美,一再冲而后嚼之,仅存渣滓而已。①

---

① 〔清〕金端表纂:《刘河镇记略》卷一一《土产》,清稿本,江苏古籍出版社 1992 年影印本,第 454 页。

当然,这里并不是要讨论沙里勾这种小蟹的吃法,关键点在于其后所加的按语:

> 按:沙里勾向出在刘口之南小川沙,后忽迁于上海之川沙。因托友觅来,觉不类昔时之形与味矣。细询之,知又往南迁,在南汇县之沿海沙滩。……今沙里勾之日渐南迁,其亦地气使然。……夫且海中之物,多出于福山、杨林、新塘等口,近年盛于刘口,可知天地之气,自北而南。①

从这段按语中不难发现,沙里勾这种生物的分布地区发生了明显的转移。沙里勾是蟹类的一种,其名最早见于宋代傅肱的《蟹谱》,是螃蟹中的一个属类。② 从文献资料来看,沙里勾在长江口地区分布很广泛,在许多地方志中都有记载,名称亦颇有不同,除沙里勾外,或称沙狗,或呼沙里狗,不一而同。由于中国古代缺乏现代生物学意义上的分类标准,因此各种记载称呼颇有不同。③ 由于沙里勾是有名的海味,因此相关记述很多,如明代王世贞(太仓人)载:"吴中沿海有沙里狗,一云沙里勾,状类彭越而黄,以纯甘酒渍之,其味远出诸海品之上。"④李时珍《本草纲目》亦记:"似蟛蜞而生于沙穴中,见人便走者,沙狗也……似蟛蜞而生海中,潮至出穴而望者,望潮也。"⑤清代嘉庆时人吴桓生更有诗云:"人来海上费

---

① 〔清〕金端表纂:《刘河镇记略》卷一一《土产》,清稿本,江苏古籍出版社1992年影印本,第454页。

② 戴爱云等编著:《中国海洋蟹类》,海洋出版社1986年版,第1页。

③ 其在各县的分布情况,可参考上海市文物保管委员会辑《上海地方志物产资料汇辑》,中华书局1961年版。

④ 〔明〕王世贞:《弇州四部稿》卷一五六《说部·宛委余编一》,《景印文渊阁四库全书》第1281册,台湾商务印书馆1986年版,第505页。

⑤ 〔明〕李时珍著,李经纬、李振吉校注:《本草纲目校注》卷四五《介部》,辽海出版社2000年版,第1500页。

搜求,不数蝤蛑擅越州。郭索无声埋曲穴,爬沙有路落尖钩。缸头白下清糟醉,杯面黄随热酒浮。何事季鹰千里驾,只思鲈脍故乡秋。"①诗中将其与著名的松江鲈鱼并称,作为著名美食,沙里勾的社会知名度颇高。

关于沙里勾的得名,主要有以下两种说法,明崇祯《松江府志》卷六记述:"沙里钩,形类彭蜞,生海滩上,见人即入沙中,以铁钩钩取之,故名,亦名沙狗。壳软味中,以酒渍之,极甘美。"清嘉庆《松江府志》卷六则记为:"沙里钩,产川沙。《雨航杂录》云:沙狗穴沙中,或曰沙钩。从沙中钩取之,味甚美。《阅耕余录》:沙钩塊沙中,见人辄走,其疾如风,冬蛰乃可钩取。吕元《蟹图》十二种,沙钩与焉。渍以醇酿,最宜下酒。"徐珂的《清稗类钞》也记载:"沙里钩,蝤蛑类也。产于川沙,深藏穴中,捕之者以钩钩出之,因是以名。糟以泡酒,风味极佳。"②即沙里勾得名于其捕获方式是用铁钩钩取。今人薛理勇在讨论上海饮食时认为:"沙里钩是一种生长在江河边上的小蟹,潮水来时,它就钻到洞穴里;当退潮后,它又从洞穴里钻出来觅食,一旦发现有影子晃过,它又以最快的速度,如狗逃窜般地躲进洞穴里,于是被人们戏称为'沙里狗'或'沙狗'。"但薛理勇也说:"上海南汇、金山、川沙一带的海滩边也生长一种与沙里狗外形很像的小蟹,穴居,当即将涨潮时,它们会在洞穴口,犹如张望潮水的到来,于是被叫作'望潮郎',省呼'望潮'。沙里狗与望潮郎都是比蝤蛑还小的小蟹,一斤可称上几十只之多,所以大多以糟醉方法加工成咸蟹……今天这些名字已经不使用了,但市场上还可以

---

① 〔清〕徐珂编撰:《清稗类钞》第13册《饮食类·吴桓生食沙里钩》,中华书局1984年版,第6488页。

② 〔清〕徐珂编撰:《清稗类钞》第13册《饮食类·吴桓生食沙里钩》,中华书局1984年版,第6488页。

买得到沙里勾或望潮郎,上海人一律称为'小蝤蜞'或'小蟹'。"①
支康鑫据上海地方特产认为:"沙狗,乃滩涂小蟹,人珍为上品,俗
名'遮羞',盖沙狗两螯大小,以大螯护身故名。沙狗洗净蒸食,或
盐渍酒浸,谓之'呛蟹',为浦东沿海之特产。"②显然,这是另外一
种说法。

　　以上是对文献中关于沙里勾记载的梳理。显然,由于缺乏具
体生物特征与性状的描述,对于沙里勾的确切类属目前还存在争
论,现在连上海人都已经难以分辨,只能以小蟹来统称之。因此,
可以认为古人之所述并非确指某一种类,而是对一些相似属种的
统称,这里所说的沙里勾,大致可以归属于甲壳纲的招潮蟹(Fid-
dler Crab)、谭氏泥蟹(Ilyoplax deschampsi)、无齿相手蟹(Sesarma
dehaani)之类的滩涂小蟹,其生活习性都与文献所记的沙里勾相
似。③事实上,由于长江口地区江海汇流,营养盐类丰富,饵料生物
繁多,是蟹类栖息索饵、繁殖的良好场所,其种群发育密集,"濒海
之处,介虫族生"④。沙里勾由于名声在外,成为这一蟹类种群的代
名词而已。

　　从相关记述中可以发现沙里勾等这种小蟹的一些生活性状,
它们主要栖息在河口、港湾的泥滩洞穴中,要求有比较广阔的滩涂
作为活动、觅食场所。前述《刘河镇记略》记载"(沙里勾产于)南

---

　　①　薛理勇:《西风起,蟹脚庠——上海人咏蟹的诗句》,载《食品与生活》
2007 年第 11 期。

　　②　支康鑫:《明清以来浦东饮食习俗琐谈》,载《中国食品》1993 年第 5
期。

　　③　戴爱云等编著:《中国海洋蟹类》,海洋出版社 1986 年版,第 421、
448、488~489 页。

　　④　〔清〕陈瑚:《白茆筑坝说》,见〔清〕顾镇编《支溪小志》卷六《艺文》,
江苏古籍出版社 1992 年影印本,第 111 页。

汇县之沿海沙滩",光绪《川沙厅志》载:"沙里钩,小于蟛蜞,厚肉青壳,酒渍味美,亦名沙狗,产八团海滨沙中。"①光绪《南汇县志》亦称:"沙里钩,一名沙狗,似蟹而小,生七八团海滩沙穴中。"②黄霆的诗歌说得更为明白:"卫城城外尽沙滩,蟛蜞沙钩次第餐。入夏黄鱼滋味好,千帆海舶拥冰寒。"③顾炳权《上海风俗古迹考》亦云:"沙里钩……厚肉青壳,穴生水滨,横沙产较多。"④无疑,这些正是对沙里勾生活特性的描写。

同时,沙里勾的另一生活特性也可以运用材料进行推敲。万历《嘉定县志》记载:"沙里狗,出青浦场,一名沙里钩。"⑤光绪《宝山县志》亦记:"沙里狗,出清浦场,味美,蟹属也,糟食尤佳。"⑥《江东志》(今高桥一带)记载:"沙里钩,产清浦场,今无。"⑦青浦场是宝山县地区的一个盐场,清代才坍入江中;前述的川沙、南汇地区的七团、八团,也是当年滨海地区盐业生产留下的地名。前引金端表的论述则更为精彩:"沙里勾向出在刘口之南小川沙,后忽迁于上海之川沙。"但金端表在托友人从川沙觅来品尝之后,"觉不类昔时之形与味矣,细询之,知又往南迁,在南汇县之沿海沙滩"⑧。众

---

① 光绪《川沙厅志》卷四《物产》,清光绪五年刻本。
② 光绪《南汇县志》卷二〇《杂志》,清光绪五年刻本。
③ 黄霆:《松江竹枝词》,见顾炳权编著《上海历代竹枝词》,上海书店出版社 2001 年版,第 22 页。
④ 顾炳权编著:《上海风俗古迹考》,华东师范大学出版社 1993 年版,第 205 页。
⑤ 万历《嘉定县志》卷六《物产》,明万历三十三年刻本。
⑥ 光绪《宝山县志》卷一四《物产》,清光绪八年刻本。
⑦ 光绪《江东志》卷一《物产》,江苏古籍出版社 1992 年影印本,第 665 页。
⑧ 〔清〕金端表纂:《刘河镇记略》卷一一《土产》,清稿本,江苏古籍出版社 1992 年影印本,第 454 页。

所周知,生物在特定生境下才能形成特定的性状,以沙里勾为代表的蟹类种群生活在长江口的咸淡水交汇地区,随着长江口地区水环境的变化,其种群也必然随之而动,在后文将对此有详细的论述。金氏托友觅来的恐非真正的沙里勾,而是与之形似的其他小蟹,但不经意间,其记载反映出了环境变化的大背景。

沙里勾的分布之所以会发生变化,显然是其生存环境发生了变化。要之,一是长江口南岸岸线的变迁,尤其是北段岸线(吴淞口—江阴)的不断内坍,使得南岸的滩涂不断减少,缩小了沙里勾的生活范围;二是随着长江口的束狭,主泓道不断南移,也改变了这里的咸淡水比例。以下分别述之。

二、长江口南岸岸线的变迁

长江口南岸的岸线,最早在冈身地带,大致从常熟福山起,经太仓、马桥、漕泾一线及其以东,有数条并列的沙堤,这一岸线一直持续到4世纪左右。之后岸线开始不断地向东扩展,到北宋末年,吴淞江以北的岸线已经超过了今天的江岸,直到明代中期(15世纪)以前,这一段岸线仍然在维持在吴淞江以北。但在此之后,河口诸沙迅速扩大、合并,形成巨型的河口沙洲崇明岛,长江河口段过水断面随之缩窄,加以长江水流在科氏力作用下南偏,导致江流对长江南岸冲刷加剧,造成长江南岸不断坍进,岸线出现了全面内坍的现象,江岸节节后退。这种现象一直延续到清末,尤其是在明后期和清前期长江南岸出现了大规模的江岸坍没。

在大规模的江岸坍没中,比较为人熟知的是旧宝山及吴淞所城的坍没,虽然侵蚀的岸线并没有陆禹定所云"去海三十里"之遥,但也相当可观,据陈家麟考证,该段岸线内坍在八里左右。[①] 在吴

---

① 陈家麟:《长江口南岸岸线的变迁》,载《复旦学报(社会科学版)》1980年"历史地理专辑"。

淞口以北,岸线的内坍也很严重,据明万历《嘉定县志》记载,万历八年(1580)潮灾,"决去岸塘二十余里,三十四年宝山始圮,四十八年山基尽入于海,盖四五十年之间,南自上海黄家湾至李家浜海口,外岸三十六里,渐入于海,而岸上之清水洼、周家洪、致字圩、东西潜字圩、五六墩,俱已荡为洪流矣"。至清代,这一趋势仍在继续,据《胡仁济年谱》记载:"(宝山)土塘内有居户数千家,遇潮盛涨辄至塘内栖避;今则湮没无遗,孤城外突,且夕与水相持者,惟崭然若露齿之石塘而矣。"在此之北,"吴淞北门外起,大新桥北练祁口止,向有堤岸,渐次坍没入海",宝山县的黄姚镇、顾泾港口均坍入海,"旧塘之迹,没入海中数里而遥矣"①。

在浏河口地区,由于江中暗沙以及北岸的狼山等对长江主泓道的顶托,坍岸情况也很严重。《江苏海塘新志》就明确指出:"惟是镇洋、宝山海塘顶对大洋,近年东面涨沙日宽,以致大溜直逼西岸,日渐坍损……宝山、镇洋、太仓之险以崇宝诸沙故,昭文之险以狼福二山涨滩故。"②即使自明代起这里就开始修筑海塘,依然改变不了这种趋势,明代嘉靖年间的张寅在其《海塘论略》论述:"(太仓)州之滨海为利固大,而为害亦大。盖海水汹涌,沙岸崩圮,沧桑之变,岁且有之。故老相传,天妃宫已见三徙,每造黄册必开除坍海若干。"③清初顾士琏等辑《娄江志》记载:"浏河口海塘,至明末塘基坍入半海,张家行镇漂没,沿海棉稻岁遭淹浥。至顺治十三四年间,坍逼浏河南城基,殆不可守,今督抚按议迁堡城。"根据林承

①　康熙《嘉定县志》卷六《水利》,清康熙十二年刻本。
②　光绪《江苏海塘新志》卷四《形势》,海南出版社2001年版,第141页。
③　嘉庆《直隶太仓州志》卷一九《水利中》,《续修四库全书》第697册,上海古籍出版社2002年版,第311页。

坤的计算,自明嘉靖至清顺治的约 90 年间,这一带有约宽三里半的河岸崩坍入海,崩坍速度平均每年 19 米,崩岸段沿岸水深通常可达 30~50 米。①

　　沿长江口再往北延伸,浏河口至福山一段岸线也在不断地内坍。嘉庆《直隶太仓州志》载:"惟刘河以北由(镇洋)县接(太仓)州,直至昭文约五十余里,近年岸土渐坍。"②其中比较明显的标志是甘草市的坍没,该地的记载见于明代的弘治《太仓州志》:"甘草市在州东北七十里,又曰甘林,东临大海,为州极边之地。"嘉庆《直隶太仓州志》载:"甘草市,州东七十里。地坍入海,旧有巡司,今移刘河。"与之相邻江阴地区的江中沙洲也被冲坍了很多,道光《江阴县志》记载:"后塍(今江苏张家港)以北,自明季至国初,淤涨十余里,绿野青畴,烟村稠叠,今皆为洪流。"③显然这里的沙洲已经经历了涨而复坍的过程。光绪《江阴县志》对此亦有记载:"谷渎沙,以下沙九处均道光间坍没。"其他八沙名为:徐村墩沙、新兴沙、常凝沙、徐泗沙、新凝沙、善港沙、复善沙、东兴沙。④ 显然,在这一时间段内,整个长江口南岸的岸线都呈现出明显的内坍趋势。

　　在生态系统中,生物对于特定的环境有着极强的敏感性,其分布发生转移,是因为长江口地区的水环境有所变化。显然,清代道

　　① 林承坤:《古代刘家港崛起与衰落的探讨》,载《地理研究》1996 年第 2 期。

　　② 嘉庆《直隶太仓州志》卷一九《水利中》,《续修四库全书》第 697 册,上海古籍出版社 2002 年版,第 312 页。

　　③ 道光《江阴县志》卷二《疆域》,台湾成文出版社 1983 年影印本,第 328 页。

　　④ 光绪《江阴县志》卷四《民赋·沙田》,台湾成文出版社 1983 年影印本,第 629~630 页。

光年间及其前后是长江主泓南移、南岸内坍比较严重的一个时期。频繁的江岸内坍以及沙洲的涨坍不定,无疑会大大减少沿江滩涂的面积,影响到沙里勾的生存与繁殖,而这又恰好与前述沙里勾的分布转移在时间上有较强的吻合性,这正说明了此种敏感水生生物对环境变化的感应与适应。

三、从盐场到农田

前述沙里勾的另一个生活习性,是对水的化学属性有一定的要求,即咸淡水的比例要比较合适。但由于古代没有直接的化学检验标准测定盐度,因此,只能另寻替代指标。这一地区盐业生产的兴衰,无疑是最为有效的替代证据。通过考察盐场的变化与盐业生产的兴衰,也能反映出长江口地区某些水化学属性的变化。

与北段岸线的不断内坍相反,历史时期长江口南段(吴淞口、黄家湾以南)的岸线则不断外涨,根据谭其骧的考证,从 5 世纪到 12 世纪约 800 年间,海岸线从冈身侧近推向里护塘一线,共达 30 余千米。而在此之后,在自然淤积和人为工程的作用下,岸线的扩展更为迅速。[①] 从明洪武十三年(1380)至清光绪三十一年(1905),历时 525 年,其向东延展南北平均为 8.5 千米,约 62 年延展 1 千米,其中东南方向延展的距离较大,为 16 千米,平均约 33 年延展 1 千米。[②] 岸线的外涨,基础即在于水下暗沙和近岸滩涂的不断发育,直到今日,这一带的水下暗滩仍然面积广大,且不断淤涨成陆,是上海宝贵的后备土地资源;而随着巨型沙洲崇明岛的最终

---

① 谭其骧:《上海市大陆部分的海陆变迁和开发过程》,载《考古》1973 年第 1 期,收入《长水集(下)》,人民出版社 1987 年版,第 168 页。

② 上海市南汇县县志编纂委员会编:《南汇县志》,上海人民出版社 1992 年版,第 45 页。

形成,长江主泓道的南移,使得这一地区咸、淡水的比例也发生了变化,水淡卤薄,使得上海地区向来兴盛的盐业生产日益衰落,盐场最终成为农田。

上海地区的盐业生产自秦汉时代就已经开始,唐代徐坚《初学记》引《舆地志》记:"(吴郡)海滨广斥(卤),盐田相望,吴民煮海为盐。"元代陈椿《熬波图》序亦云:"华亭东百里,实为下砂,滨大海,枕黄浦,距大塘,襟带吴松、扬子二江。直走东南,皆斥卤之地,煮海作盐,其来尚矣。"[1]比较明确的盐业生产的记载始于唐代,盐业生产当时属于嘉兴监管理。盐业在宋代开始兴盛,史料记载,北宋淳化年间(990—994),江淮制置发运副使始于华亭(今松江)设盐场,下有青村、袁浦、南跄、下砂、浦东 5 处。[2] 发展至南宋乾道、淳熙年间,华亭县共有 5 个盐场,分别是:浦东场,辖浦东、金山、遮山、柘湖、横浦 5 分场;袁部场,辖袁部、六鹤、横林、蔡庙、戚瀼 5 分场;青村场,辖青村南场、青村北场 2 分场;下砂场,辖下砂南场、下砂北场、大北场、杜浦场 4 分场;南跄场,距县较远,委托江湾买纳场代管,产税仍归华亭。元袭宋制,设立两浙都转运盐司,并在松江府设立分司。在宋代十灶为甲的基础上,元代进一步归并灶座,建团立盘,或两灶为一团,或三灶为一团,变小范围生产为大规模生产,实行"聚团公煎"。其时松江府年产盐量达 2000 万公斤,盐业生产依然兴旺,其生产情况与具体的技术程序,都集中反映在陈椿所著的《熬波图咏》一书之中。[3]

---

[1] 〔元〕陈椿:《熬波图咏》,台湾成文出版社 1983 年影印本,第 11 页。

[2] 唐仁粤主编:《中国盐业史(地方编)》,人民出版社 1997 年版,第 253 页。

[3] 关于对此书的解读,可参考〔日〕吉田寅著,刘淼译《熬波图的一考察》,载《盐业史研究》1995 年第 4 期;《熬波图的一考察(序)》,载《盐业史研究》1996 年第 1 期。

入明后,由于海岸线的东移和长江主泓道南摆,沿海的海水盐分浓度不断降低,成盐海岸线日益缩短,江湾、大场两场由于水淡不产盐而先后罢废,黄姚、清浦则由于洪流冲击,坍入江中。明代设有浦东、袁浦(宋代袁部)、下砂头场、下砂二场、下砂三场、青村场和天赐场。但在明代中期,盐业生产已经呈现出衰落的趋势。由于要"引潮晒盐",随着岸线不断向东扩展,盐场也不得不向东转移。正统五年(1440),巡抚周忱将从事盐业生产的灶户分为"水乡"和"滨海"两种,"灶户附近能煎熬盐者曰滨海,居过错不能煎盐者曰水乡""以灶户去场三十里为水乡,不及三十里为滨海"。滨海自不必说,其环境能够继续从事盐业生产,而水乡灶户则完全转变了生产方式,"外不近海,内不傍江,岁种花稻豆麦"[①],而"水乡丁不能煎盐,例出柴卤价米石,贴滨海丁代煎"[②]。显然"水乡"已经脱离了盐业生产,说明盐场已经东移。同时,不断东移的盐场产量也在不断减少,产生这种现象的原因在于环境的变化,"近有沙堤壅隔,水味寖淡,卤薄难就,而煮海之利亦微"[③]。

清代重立两浙盐运司松江分司,仍设有下砂头场、下砂二场、下砂三场、青村场、袁浦场、横浦场、浦东场,但迭有分并和添设裁减,变化甚大。[④] 迨至清末,虽仍有七场,但已完全不是清初的七场

---

① 正德《松江府志》卷八《田赋下》,上海书店出版社1990年影印本,第411~412页。

② 光绪《南汇县志》卷五《盐场》,民国十六年重印本,上海书店出版社2010年影印本,第663页。

③ 万历《上海县志》卷二《河渠志》,明万历十六年刻本。

④ 具体变化可参考吴仁安《清代上海盐政若干问题述论》,载《盐业史研究》1997年第2期;《清代上海盐政若干问题述论(续)》,载《盐业史研究》1997年第4期。

了;且其中不少团灶因为水淡而停止煎盐,产量大减。这些盐场虽设有产额,但大多已名不副实。《松江府志》云:"自宝山至九团谓之穷海,水不成盐。自川沙至一团,水咸可煮,南汇沙嘴及四团尤饶。"①宝山、川沙地区的已经基本不再产盐,"明以前滨海水咸,饶盐利,民皆聚灶煎盐,后以淡水渐南,地不产盐,草荡悉升科垦种"②。褚华《沪城水利考》也记载:"迩日灶户煎熬不成,卤利已归奉贤。"说明当时盐业生产已经更加南移。雍正年间的南汇县的盐业生产情况:"(以往)海滨皆产盐,而下砂场方数十里间,岁产盐至数百万,其利可谓饶矣。"当时的情况已经大变,"下砂向共三场,场辖三团,今咸潮止一二团可供煎晒,余皆收荡税而已"③。崇明县所属盐场从岛西南部移至东北部,生产也日益减少,"盐灶昔在西南,后移东北永宁等六沙,年深地高,土淡卤少,强半停煎"④。光绪《松江府续志》考证了当时的盐业生产:"盐:出下沙、青村、袁浦者,以灰晒日即咸,出浦东、横浦者,以土晒五日始咸。案今自下沙以北,水味已淡,不能煎熬矣。"⑤民国《宝山县续志》亦记载:"今盐场悉在奉贤、南汇界内,邑境并无灶户煮晒。"⑥南汇县的盐业生产也日渐衰落,光绪年间的方志已经记载这一地区"向赖煮盐之利,后以水淡停煎,惟傍海居民有以捕鱼为生者"⑦。之后,该地区盐业生产的颓势一直没能扭转,至民国二十二年(1933)只剩下袁浦盐场,

① 嘉庆《松江府志》卷六《疆域志·物产》,清嘉庆二十三年刻本。

② 光绪《松江府续志》卷六《山川志》,清光绪十年刻本。

③ 雍正《分建南汇县志》卷一五《杂志》,清雍正十二年刻本。

④ 雍正《崇明县志》卷九《物产》,清雍正五年刻本。

⑤ 光绪《松江府续志》卷五《疆域志·物产考证》,清光绪十年刻本。

⑥ 民国《宝山县续志》卷二《水利志》,民国十年铅印本。

⑦ 光绪《南汇县志》卷二《水利》,民国十六年重印本,上海书店出版社2010年影印本,第565页。

年产盐量仅 1.8 万吨,用盐尚须从浙江等省输入。1984 年,伴随着最后的盐场撤销,上海地区结束了盐业生产。①

从产业发展的角度来看,盐业生产要达到一定的规模,前提是海水所含盐分达到一定的比例。长江口地区盐业生产的衰落,无疑从侧面证明了长江主泓道南移,导致这一地区咸淡水比例改变,不再适合大规模的盐业生产。与之相应,这种变化改变了沙里勾的生活环境,导致了其分布地域的变化。当时的方志对这种变化有所记载,光绪《川沙厅志》载:"沙狗,产八团海滨沙中,近因涨沙外出,故所产极少。"②出现这种状况,当然是沙里勾对环境变化适应的结果。事实上,在长江口地区生活着多种生物,由于水文环境的变化而导致整个地区生态系统的变化与响应,发生迁移的生物并不止沙里勾一种,尤其是洄游性鱼类如石首鱼,鲥鱼等的分布也大受影响,雍正《昭文县志》就记载:"鲥鱼,卢熊《府志》云出常熟海道,初夏有之,味最腴。此鱼寔产于江,往时多在江阴县,万历末年移产福山港口。"③这也是对于环境变化的一种适应与响应。

四、江海之交的推移

明清时期,长江口地区的环境经历了沧海桑田般的变化。由此不得不引出的另一个话题,长江和大海究竟在哪里分界,即哪里是江海之交? 长江东流过江阴后,江口大开,水面浩瀚,潮流往返,江海连为一体,确实难以分辨。但古人对此问题并非毫无认识,透过对历史的考察我们可以对江海之交的位置有大致的判定,通常是以山矶或

---

① 唐仁粤主编:《中国盐业史(地方编)》,人民出版社 1997 年版,第 250 页。

② 光绪《川沙厅志》卷四《民赋·物产》,清光绪五年刻本。

③ 雍正《昭文县志》卷四《物产》,清雍正九年刻本,江苏古籍出版社 1991 年影印本,第 258 页。

河口为标志。长江河口在江阴以下,两岸几乎无山,因此主要是以河口为界。同时,江海之交的位置在不断向东南方向转移,之所以发生这样的位移,是因为前述长江口地区的环境变化,其中最主要的影响因素是沙洲的并岸。近 1000 年以来,长江河口出现 6 次重要的沙岛并岸:7 世纪东布洲并岸,8 世纪瓜洲并岸,16 世纪马驮沙并岸,18 世纪海门诸沙并岸,19 世纪末至 20 世纪初启东诸沙并岸,20 世纪 20 年代常阴沙并岸。在这 6 次沙洲并岸中,只有常阴沙因人为因素堵塞夹江而并入南岸外,其他五次都是由于自然演变而并入北岸的。①

历史上长江河口宽度非常大,1 世纪时南北两嘴间宽达 180 千米,镇江—扬州间的江面在唐以前也在 20 千米左右。因此,确切的交界处难以确定,历史上大多数是以比较明显的山峰,或是河口作为分界的。唐代以前,长江中的松廖山被称作海门山,这一带的江面被称为海门,即长江入海口,并且有着著名的广陵曲江潮景。② 唐诗中多见“海门”的诗话,如“贾岛云:云断海门阔,潮分京口斜。刘长卿诗:气混京口云,潮吞海门石。李嘉祐诗:北固潮声满,南徐草色闲。其他不能悉记,水势与钱塘略同……李德裕在润州有诗亦曰:地接三茅岭,川迎伍子胥。然此江之潮,惟暗长耳,非若钱塘涛头,卒然暴至也”③。而广陵潮存在于公元前 2 世纪到公元 8 世纪,8 世纪中期以后涌潮消失,其原因正在于瓜洲的并岸与江口的外延。④ 在此

———————

　　①　陈吉余等:《两千年来长江河口发育的模式》,载《海洋学报》1979 年第 1 期。

　　②　中国科学院《中国自然地理》编辑委员会编:《中国历史地理·历史自然地理》,科学出版社 1982 年版,第 237 页。

　　③　〔元〕俞希鲁纂,杨积庆、贾秀英等校点:至顺《镇江志》卷七《山水·海潮》,江苏古籍出版社 1998 年版,第 307 页。

　　④　中国科学院《中国自然地理》编辑委员会编:《中国自然地理·历史自然地理》,科学出版社 1982 年版,第 237~238 页。

之前,由于江口宽阔,河口区的增水波一直可以传播到南京附近,史载晋穆帝永和七年,"七月甲辰夜,涛水入石头,死者数百人"①。之后增水屡有发生。据陈吉余等统计,在瓜洲并岸以前,镇扬河段江面宽阔,六朝时期(3—6 世纪),对南京河段增水的历史事件就有 14 次之多,这也是世界上的增水现象的最早记录。延至宋代,京口一带的江面明显束狭,《太平寰宇记》载:"大江南对丹徒之京口,旧阔四十里,谓之京江,今阔十八里。"之后,这里的江面仍在不断缩窄,至清代,"瓜洲渡至京口不过七八里,渡口与江心金山寺相对"②。与之相应,江面宽度变化在人类活动上也有所反映,唐朝以前长江下游过江,多在安徽的采石矶。南宋陆游曾云:"古来江南有事,从采石渡者十之九,从京口渡者十之一,盖以江面狭于瓜洲也。"③

唐朝以后,由于镇江—扬州段的江面束狭,时人多移至扬州过江。④ 清代顾祖禹也曾有过总结论述:

> 昔人谓采石渡江,江面比瓜洲为狭,故由采石济者常居十之七。夫自唐以来,沙洲日积,江面南北相距仅七八里。唐初江面阔四十里,其后沙壅为瓜洲。开元中,江面阔二十五里。宋时洲渚益广,绍兴中,江面犹阔十八里。明嘉靖以来,江面仅阔七八里,又有谈家洲横列其中,南北渡口晴明时一苇可杭也。故昔日之采石比京口为重,而今日之京口比采石为切,消

---

① 《晋书》卷二七《五行上》,中华书局 1974 年版,第 816 页。

② 〔清〕顾祖禹撰,贺次君、施和金点校:《读史方舆纪要》卷二三《南直五》,中华书局 2005 年版,第 1118 页。

③ 〔清〕顾祖禹撰,贺次君、施和金点校:《读史方舆纪要》,中华书局 2005 年版,第 883 页。

④ 陈吉余等:《两千年来长江河口发育的模式》,载《海洋学报》1979 年第 1 期。

息之理也。①

　　这在地名上亦有所反映,镇江在唐代被命名为镇海军,至宋初改称镇江军,政和三年(1113)升为镇江府,从镇海到镇江名称之改,虽以政治原因为主,但也反映了人们对江海形势变化的认识。②

表 5-1　长江河口段江岸束狭情况

河　段	束狭前宽度 (千米)	现在宽度 (千米)	束狭发生时间
镇江—扬州河段	12	2.3	8 世纪
江阴河段	11	3.5	17 世纪
十一圩河段	18	7.5	20 世纪
江心洲河段	13	4.4	20 世纪
河口口门	180	90	公元前后至现在

　　资料来源:陈吉余等《两千年来长江河口发育的模式》,载《海洋学报》1979 年第 1 期。

　　随着瓜洲的并岸,江岸显著束狭,长江南京河段从潮流段转化为河流段,由潮汐影响引发的增水波难以再影响到南京河段了,相应地,江海之交的位置也随之下移到了江阴。宋代的范仲淹指出苏州地处江海之冲,但宋代苏州辖境很大,具体分界在哪里范仲淹并未明确说明。稍后的赵霖在治理太湖水利时说:“今濒海之田,

---

　　①　〔清〕顾祖禹撰,贺次君、施和金点校:《读史方舆纪要》卷二五《南直七》,中华书局 2005 年版,第 1250 页。
　　②　《宋会要辑稿·方域六之二一》记:“润州,唐为浙江西道团练观察,亦为镇海军节度。开宝八年十月二十日诏曰:镇海之号,丹徒旧军。自浙西之未平,命余杭而移置。爰兹克复,方披化条,宜别赐于军名,用永光于戎阃。其润州旧号镇海军,宜改为镇江军。政和三年,升为镇江府、镇江军节度使。”

惧咸潮之害,皆作堰坝以隔海潮。里水不得流外,沙日以积,此昆山诸浦埋塞之由也。冈身之民,每阙雨,则恐里水之减,不给灌溉。悉为堰坝,以止流水。临江之民,每遇潮至,则于浦身开凿小沟以供己用,亦为堰断以留余潮,此常熟诸浦埋塞之由也。"之后又说,"昆山诸浦,通彻东海,沙浓而潮咸,当先置闸而后开浦"①。显然,他从水流的咸淡性质出发,认为江海之交就在常熟、昆山之间,昆山濒海,常熟临江,但还是比较模糊。之后南宋的叶适则直言在江阴蔡泾,"江阴军蔡泾者,江海之交也"②。同时代的《澂水志》则认为在江阴许浦,"海在镇东五里,东达泉、潮,西通交、广,南对会稽,北接江阴许浦,中有苏州洋"③。元末明初的贝琼亦认为在江阴附近,"大江自岷导之,东流万里,至江阴达于海"④。随着明末马驮沙(今靖江)的并岸,江阴段河槽束狭,江海之交继续向东南方向转移。

明嘉靖年间,太仓人张寅作《海潮论》云:"其(海潮)入诸港,南则刘家港入,径昆山,达信义界。北则七丫港入,径任阳西之石牌湾,湖(潮)水逆流过斜堰,入巴城。此潮汐之大者也。其分注各河,亦二港之水为多。"⑤显然,这一位置已经移到了刘家港和七鸦港之间。万历年间,常熟知县耿橘在其所著《常熟县水利全书》中

① 〔南宋〕范成大撰,陆振岳点校:《吴郡志》卷一九《水利》,江苏古籍出版社 1999 年版,第 288 页。

② 〔南宋〕叶适:《水心先生文集》卷二三《朝议大夫秘书少监王公墓志铭》,《四部丛刊初编》本。

③ 绍定《澂水志》卷三《水门》,《中国地方志集成·乡镇志专辑》第 20 辑,上海书店出版社 1992 年影印本,第 523 页。

④ 〔元〕贝琼:《清江文集》卷一四《黄山书舍记》,《景印文渊阁四库全书》第 1228 册,台湾商务印书馆 1986 年版,第 374 页。

⑤ 嘉靖《太仓州志》卷一《山水》,明崇祯二年刻本。

说:"本县地势,东北滨海,正北、西北滨江。白茆潮极盛者,达于小东门,此海水也。白茆以南,若铠脚港、陆和港、黄浜、湖槽、石撞浜,皆为海水。自白茆抵江阴县,金泾、高浦、唐浦、四马泾、吴六泾、东瓦浦、西瓦浦、浒浦、千步泾、中沙泾、海洋塘、野儿漕、耿泾、崔浦、芦浦、福山港、万家港、西洋港、陈浦、钱巷港、奚浦、三丈浦、黄泗浦、新庄港、乌沙港、界泾等港口数十处,皆江水也。"①稍后,张国维的《吴中水利全书》中,将江南地区的港浦分为沿海纳潮泄水港浦和沿江纳潮泄水港浦,其中,在白茆港口明确标注"此处江海交会之所"②。显然,时人心目中的江海之交大致在七鸦港至刘家港之间,而白茆河口正在其附近。

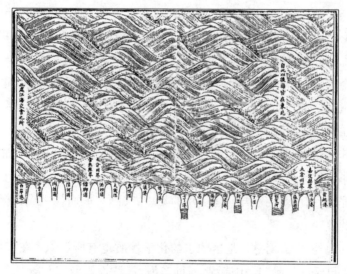

图1 江海交会白茆图

① 〔明〕耿橘:《常熟县水利全书》卷一《水利用湖不用江为第一良法》,明万历年间刻本。

② 〔明〕张国维:《吴中水利全书》卷二《沿海纳潮泄水港浦图》《沿江纳潮泄水港浦图》,《景印文渊阁四库全书》第578册,台湾商务印书馆1986年版,第85~90页。

相沿至清代，这一位置变化不大，《江苏全省舆图》中在几个县的说明中都对此予以界定，"海门县"条下载："治南正对白茆口，为江海分潮处，向西则大江口。""昭文县"条下载："大江自常熟县界流入，东行越许浦、白茆，又东至太仓州界折南，乃为大洋，此尚是入海之江尾。""镇洋县"条下载："海在城东四十五里，自州界起少南杨林口，迤东南至刘河口，下入宝山县界。"清末朱正元的《江苏沿海图说》则将这一位置定在了刘河口，在其下标注："以下（河口）系长江，有白茆口、浒浦、福山、通州、江阴、靖江、圌山、镇江、十二圩、金陵。"江海之交的位置仍然在白茆—刘河口一带。

以上所说的江海之交，是时人对水流方向进行观察后得出的结论。由于当时并没有统一明确的划分标准，因此，还有许多其他的说法，如光绪《常昭合志稿》云："自徐六泾以东，江门愈多，与海交会，波澜浩瀚，不见崖岸，自昔遂以海称之，实则水色黄浊，距海口犹远。惟江船之自淮扬来者与夫江鱼之市，则多在鹿苑、福山；海舶之自登莱来者与夫海鲜之市，则多集白茆、许浦，帆樯林立，各依其族，此则俨如以江海为分界矣。"[①]显然，这里是将白茆、许浦一带作为航运与渔业的集散中心，而称之为江海分界。在近代上海开埠之后，由于商业与航运活动的集中，吴淞口取而代之成为标志性的界限。

此外，时人对这一地区的水的化学性质也有所认识。在宋代，时人已经认识到"昆山诸浦，通彻东海，沙浓而潮咸"，但还比较模糊，到明清时期，这一认识逐渐清晰起来。将从太仓直隶州到南汇沿江各县各地方志的记载加以对比，可以发现，在江海之交线外还有一条咸淡分界线。

---

① 光绪《常昭合志稿》卷三《水道志》，清光绪三十年木活字本。

清代嘉庆《直隶太仓州志》论述道:"太仓濒海立治,海水咸卤,属内之水不异江湖,灌溉宜禾。西承具区、阳澄、巴城诸湖,与吴淞、黄浦分流入海,北接大江,南州半壁之水,洄沿洑激荡涤于数百里之内,故其水虽近海而实清味淡,可灌田。崇明孤悬海中,环城皆江湖清水,诸沙之在南者,北受长江,西受震泽,至永宁诸沙而北,始有咸潮。"①万历《嘉定县志》(时宝山未分)"海在县东四十五里,北自黄姚港,南抵上海界,环县境凡八十余里。海水咸卤而此地不异江湖,颇有灌溉之利。盖南则黄浦、吴淞江,北则刘家河,又北则大江注焉,半天下之水皆洄沿洑激涤荡于数百里之内,故与南北独异耳"②。分县后的《宝山县志》描述这里的大海:"(海)北自刘家河,历大川沙、顾泾、练祁诸口,南至杨家嘴,自杨家嘴对江起,南至黄家湾,接川沙界,环境八十余里。其水为众流所归,北则长江东注,漩洑于海洋数百里间。又崇沙外障,俗名海呷,势距咸潮嘘吸,潮汐属江湖之水,故其味独淡,可资灌溉。"③但是,这一地区的水质已经明显受到海洋咸水的影响,尤其在长江径流的枯水季节,民国《宝山县续志》就记载道:"(长江)浩荡东趋,若莫可遏止,时而击沙返奔,或横截海潮,则辄回漩于海岸之外。故濒海居民资以汲引灌溉者,皆江水,非海水也。若江流稍弱,海潮灌入,谓之咸潮,居民必相戒勿汲,良以海水味咸,含有盐质,殊不适于日用。"④显然,长江口内虽有潮流,但不过是以海潮顶托而回溯的江水为主,仍然是可以使用的淡水,而非真正的海洋咸水。

① 嘉庆《直隶太仓州志》"序",《续修四库全书》第697册,上海古籍出版社2002年版,第3~4页。

② 万历《嘉定县志》卷一四《水利考》,明万历三十三年刻本。

③ 光绪《宝山县志》卷四《水利志》,清光绪八年刻本。

④ 民国《宝山县续志》卷二《水利志》,民国十年铅印本。

真正的咸淡交界线,学界一般认为是在铜沙一线。四面环水的崇明岛,当地方志记载:"崇明四围皆海,有内洋、外洋之别。内洋以外洋为东,外洋以内洋为西。……先纪铜沙以立内外之准,而内洋之界讫可辨。铜沙在崇明县治东约二百里,沙南北袤百余里,东西广三之一,江水至此而弱,咸潮势强。自此而西为内洋,其东为外洋。……其中洋面则视南岸海口所属之县与崇划分中流为界。……盖内洋为江流入海之道,崇明虽居海中,实则环邑而流者,西受长江之水,南受震泽之水,皆淡,故可立城郭、种稻麦。至铜沙,则皆咸潮矣。"对于崇明东南方向的水面,则直称为咸水洋,"咸水洋在县东南,卤水至咸,舟人夜以篙激之,沸若星火"①。崇明当地著名的景观之一就是"水格分涛":"崇地淡水西至,咸水东来,中分水格。淡水色白,咸水色黑。每潮转涛分,声若雷霆,两水如相斗。"②光绪《松江府续志》记载:"铜沙在崇明东南,洋自铜沙以外为外洋咸水,自铜沙以内为内洋淡水。"③光绪《川沙厅志》的卷首,特意画出一幅铜沙附近的地图,清晰地标明了这里是内洋淡水和外洋咸水的分界线。与之相比,咸淡水交界的位置在显著下移。显然,这也是与长江口地区海陆形势的变化紧密相关的。

河口地区陆地淡水和海洋咸水两类生态系统之间的交替区,其生态系统具有过渡性,素来被认为是复杂生态地区,长江口正属此类地区。通过以上的考察,可以明显地发现,在明清时期,长江口地区的江海之变甚为剧烈。这些变化不但影响了当地敏感生物

---

① 民国《崇明县志》卷二《地理志》,民国十九年刻本。

② 〔清〕姚承绪撰,姜小青校点:《吴趋访古录》卷九《崇明》,江苏古籍出版社 1999 年版,第 186~187 页。

③ 光绪《松江府续志》卷六《山川志》,清光绪十年刻本。

的分布,也深深地影响了当地的生产、生活,乃至人们的地理认识,江海之交的位移正反映了这一变化。古人所观察到的江海之交,虽然没有统一的标准,但也是有一定的轨迹可寻的:伴随着长江河口的变化,江海之交的位置在不断地向东南推移。而这一变化,与前述蟹类种群的南迁、盐业生产的兴衰,是沿着同一轨迹进行的。

第二节　苏州状元谶——环境变化的历史书写

江浙地区为人文渊薮,是著名的状元之乡,与状元有关的典故甚多。自宋代以来,苏州地区就广泛地流传着"潮过夷(唯)亭出状元"的谶语,并且屡有应验。虽然出状元与潮汐是否越过夷亭之间并无直接的对应关系,但这一现象有着深刻的环境背景,它较为精确地反映了娄江(今浏河)的通塞状况。本节即以此为研究对象,揭示谶语背后所反映的环境变化,并探讨历史文献资料在研究历史环境变迁中的作用。

一、状元谶的流传

苏州地区是中国历史上产生状元最多的地方之一,尤其是明清时期苏州的状元,数量极多。据统计,在自唐至清的近1300年间,共有文状元596名,苏州地区占45名,比例为7.55%。尤其在清朝,江苏全省共有状元49人,占全国的40%以上;其中仅苏州一府,就出过26名状元,占全国114名状元的22.81%、江苏49名状元的53.03%,而同期苏州的人口只占全国的1%左右。在此之前的明代,苏州的状元亦不在少数。[1] 苏州状元数量之多,以至于时

---

① 李嘉球:《苏州状元》,上海社会科学院出版社2003年版,第1页。按:由于统计口径不一致,因此状元数量的统计也有差异,具体可参考韩茂莉、胡兆量《中国古代状元分布的文化背景》,载《地理学报》1998年第6期。

人汪琬竟将"状元"作为苏州地区的特产而夸耀于外人。

> 长洲汪钝翁在词馆日,玉署之友,各夸乡土所产,南粤象犀,西秦裘罽,齐鲁有縠丝海错,楚豫有精粲良材,侈举备陈,以为欢笑,唯钝翁嘿无一言。众共挪揄之,曰:"苏州自号名邦,公是苏人,宁不知苏产乎?"钝翁曰:"苏产绝少,唯有二物耳!"众问:"二者谓何?"钝翁曰:"一为梨园子弟。"众皆抚掌称是,钝翁遂止不语。众复坚问其一,钝翁徐曰:"状元也。"众因结舌而散。①

但据《吴郡志》所言,在南宋之前,这里从未出过一名状元,这一状况直到南宋时期才被打破,而这又与当地流传的一句谶语"潮过夷亭出状元"有密切关系,南宋范成大所著《吴郡志》记载:

> 吴郡,自隋唐设进士科以来,未尝有魁天下者。比年,父老相传二谶:一曰"穿窿石移,状元来归",一曰"潮过夷亭出状元"。淳熙初,穿窿山中一夕闻风雨声,诘朝,视山半有大石,自东徙西,屹立如植,所过草犹偃。辛丑科,吴县人黄由子由遂状元及第。夷亭,在昆山县西三十五里,昆山虽近江海,自古无潮汐。绍兴中,始有潮至县郭。至是,潮忽大至,遂过夷亭。李彦平侍御亲见一道人,复诵此谶,谓非(宜)有邑人应之。乃以告,知县叶自强作问潮馆于水滨。甲辰科,昆山人卫泾清叔亦为状元。黄、卫相继两举,天下传以为奇事。②

黄由,平江长洲(今江苏苏州)人,字子由,自号盘野居士,生卒年不详。宋孝宗淳熙八年(1181)辛丑科状元。卫泾,平江昆山(今

---

① 〔清〕钮琇:《觚剩续编》卷四《苏州土产》,《续修四库全书》第1177册,上海古籍出版社2002年版,第147页。

② 〔南宋〕范成大撰,陆振岳点校:《吴郡志》卷四四《奇事》,江苏古籍出版社1999年版,第601页。

江苏昆山)人,字清叔,号后乐居士,又号西园居士。生于宋高宗绍
兴二十九年(1159),卒于宋理宗宝庆二年(1226),宋孝宗淳熙十一
年(1184)甲辰科状元。此事亦见于同时代的诸多著述中①,并多
次被后人转述,如明代黄暐《蓬窗类纪》记载:

> 潍亭去郡城东三十里,昆山去潍亭东四十里,又东百里为
> 刘家港,港口大海也。海潮入港,抵昆山止。宋淳熙八年辛
> 丑,潮越昆山抵潍亭,人甚异之。适长洲黄由状元及第。苏人
> 曰:潮到潍亭出状元。后三年,为淳熙十一年甲辰,潮又过昆
> 山,卫泾亦状元及第。人益信前语不诬,由是此语相传二百余
> 年,然无是人则潮不至。②

到明清两代,这一谶语又多次应验。明人记载:"大明成化辛
卯,郡守番阳丘霁岁暮迎土牛于娄门外,网鱼者忽得江豚。豚,海
物也,潮至随焉。吴士大夫咸诵此语为贺,丘初未信。明年壬辰,
今少宰吴原博状元及第。昆山驿楼遂匾曰问潮,盖望其更至,为后
期也。又二十一年,为弘治壬子,慈溪杨子器来为昆山令。八月,
潮过潍亭,杨曰:潮既过矣,奚以问为!遂易问为迎。明年,胪唱第
一,今修撰毛宪清,昆山人也。潮凡四至,而状元四人,记取更为后
来者嗣焉。"③吴原博即吴宽,明代诗人、散文家、书法家,字原博,
号匏庵、玉亭主,世称匏庵先生,长洲(今江苏苏州)人。明宪宗
成化八年(1472),会试、廷试获第一,入翰林,授修撰。预修《宪

---

① 这一记载亦见于南宋郭象的《睽车志》卷一及龚明之的《中吴纪闻》
卷六,此外程大昌《演繁露》和王楙《野客丛书》等亦收录此事,足见其传播之
广。
② 〔明〕黄暐:《蓬窗类纪》卷一《科第纪》,《续修四库全书》第1271册,
上海古籍出版社2002年版,第593页。
③ 〔明〕黄暐:《蓬窗类纪》卷一《科第纪》,《续修四库全书》第1271册,
上海古籍出版社2002年版,第593~594页。

宗实录》，进少詹事兼侍读学士，后又升任吏部右侍郎、礼部尚书等。毛宪清即毛澄，字宪清，昆山（今江苏昆山）人。弘治六年（1493）进士第一名，授修撰，正德十二年（1517）为礼部尚书，卒年六十四，赠少保，谥文简。这种应谶频率已属罕见，时人不无调侃地说："潮数应谶，一邑连得二大魁，何可再耶？"显然对再中状元不抱希望。然而就在此两次精确的应谶前后，还穿插了朱希周、顾鼎臣等人亦相继高中状元，"于是潮谶益征信传播，天下啧啧称奇事也"①。

至清代，此谶依然流行不断。徐珂《清稗类钞》记载："苏州城东三十里，有唯亭镇，海潮过此，预卜大魁。谚云：'潮过唯亭出状元。'彭尚书芝庭居唯亭，门临荈溪。雍正丁未，有人于溪头罾上得一石首鱼，鱼为海产，盖乘潮而至也。是年，彭果大魁天下。"②彭芝庭即彭启丰，字翰文，号芝庭，长洲人。雍正丁未（1727）一甲一名进士（即状元），授修撰，官至兵部尚书，降侍郎，旋复，有《芝庭先生集》。钱泳的《履园丛话》亦记载："吴中有谚云：'潮过唯亭出状元。'唯亭，镇名也，去郡东四十余里。乾隆庚子六月十八日夜，东北风大作，海潮汹涌，直至娄关。明年辛丑，长洲钱湘舲解元棨果中会元，胪唱第一。道光辛卯八月，潮水又过唯亭。其明年壬辰，吴县吴钟骏状元及第。是科会元马学易亦在同城。"③钱湘舲即钱棨，字振威，号湘舲，长洲人。乾隆辛丑（1781）一甲一名进士，状元，授修撰。吴钟骏，字崧甫，又字吹声，号晴舫，江苏吴县（今苏

---

① 同治《苏州府志》卷二三《旧迹》，清光绪九年刊本，江苏古籍出版社1991年影印本，第 564 页。

② 〔清〕徐珂编撰：《清稗类钞》第 10 册《迷信类·潮过唯亭之兆》，中华书局 1984 年版，第 4713 页。

③ 〔清〕钱泳撰，张伟校点：《履园丛话》卷一三《科第》，中华书局 1979年版，第 346～347 页。

州)人。道光十二年(1832),吴钟骏一举得中壬辰科状元,授翰林院修撰,累迁至礼部左侍郎。

当然,从历史事实来看,这条谶语并非完全应验。在黄由、卫泾二人之前的唐宋时期,苏州地区也曾出过多名状元。根据李嘉球的研究,早在唐代咸通十年(869)到天祐二年(905)的 36 年间,长洲归氏就接连出有归仁绍、归仁泽、归黯、归佾、归系 5 名状元。[①]黄由、卫泾二人,在宋代的苏州状元中,既非空前,也不绝后。之后的明清时期,苏州地区出现了更多的状元,但史料中的记载与潮过夷亭的资料并不能一一对应。转述过这条谶语的黄暐即持怀疑的态度,他考证史实后指出:"有宋咸淳乙丑状元阮登炳,大明正统己未状元施槃,皆苏人,未知潮于此时曾至潍亭否也,不敢强为附会。"[②]明代的王行更作有《夷亭潮辩》,力辩其非:

> 吴娄江东流百廿里入海,则海潮西上五十里抵县昆山而止。昆山迤西三十五里属长洲邑,地名夷亭。自昔相传潮至夷亭出状元,宋季时言屡应。至正甲午,岁当大比,其潮适至,隶郡二邑人交谓为邑士科第之兆明矣。既而士之贡于有司者皆不第,人相视盼盼然,疑天亦戏警于人,或又疑兆于后科。于方仲子为之辨曰:潮之至与否,适也;至而应与否,亦适然尔。且潮之未至夷亭之年,士固有取科第者矣,彼又何所取征邪? 以潮至为科第之兆讯,诸父老按诸郡志虽可征不诬,然其言过于诞,荐绅者不道也。《春秋》纪灾异而不书其故,《洪范》推五事之得失,必原诸人。设士或学未究而业未就,今徒责望于天,是又惑之甚者。予未之能默

---

① 李嘉球:《苏州状元》,上海社会科学院出版社 1993 年版,第 1 页。

② 〔明〕黄暐:《蓬窗类纪》卷一《科第纪》,《续修四库全书》第 1271 册,上海古籍出版社 2002 年版,第 594 页。

庸,辩以释之。①

显然,潮汐过夷亭的自然现象和苏州人是否中状元的社会文化现象之间,并不存在直接联系。但考察这一谶语产生、流传的环境背景不难发现,它较为精确地反映了浏河(娄江)的通塞变化与当地水利环境的变迁。

二、河道变迁与潮汐影响

在这句流传久远的谶语中,夷亭作为重要的地名位置参照,其位置非常重要。夷亭又作唯亭,或作潍亭,位于苏州城东30余里,距昆山县城西35里,属于长洲县。"阖闾十年(前505)东夷侵逼吴境,下营于此,因名之"②。夷亭的位置距海约85里(按前述王行所记计算),但这一距离并不遥远。③从形成原因上来看,潮汐要越过夷亭,需要满足两大条件。一是活跃的海洋潮汐活动。一般是突发性海洋高潮,如台风引起的风暴潮,这种事件在该地区的滨海地区屡见不鲜。事实上,几乎每次潮过夷亭都与海洋异常活动有关;也有可能是由亢旱径流减弱导致的海水倒灌,如宋代黄由应谶时,"己亥庚子,连岁大旱,咸卤之水果至昆山境上所谓夷亭末地,是时黄由魁天下"④。但夷亭毕竟距海还有相当远的距离,潮流要到达或越过夷亭,必须借助较大的通海河流作为通道,这是潮汐到达并越过夷亭的第二个条件,这条河就是浏河。

浏河通常被认为是古代的娄江,俗呼为刘家港。娄江是所谓的《禹贡》三江(松江、娄江、东江)之一,东晋庚仲初《扬都赋》

① 〔明〕王行:《半轩集》卷一《夷亭潮辩》,《景印文渊阁四库全书》第1231册,台湾商务印书馆1986年版,第291页。
② 〔南宋〕范成大撰,陆振岳点校:《吴郡志》卷八《古迹》,江苏古籍出版社1999年版,第99页。
③ 考虑到长江口海岸线的变迁,夷亭距海的距离比现在要近。
④ 〔南宋〕王楙:《野客丛书》卷一三《夷亭之谶》。

云："今太湖东注为松江，下七十里有水口分流，东北入海为娄江，东南入海者为东江，与松江而三也。"唐代张守节《史记正义》解释三江："三江者，苏州东南三十里名三江口，一江西南上七十里至太湖，名淞江，古笠泽江；一江东南上七十里，名曰上江，亦曰东江；一江东北下三百余里入海，名曰下江，亦曰娄江。于其分处号三江口。"①但从唐宋时期的文献来看，三江之中只有吴淞江一江通水便利，东江已经无迹可寻。娄江所流经的夷亭所属的昆山地区，并不存在像后世的浏河这样的大河，仅有少数较小的港浦达江通海。因此，潮流主要是沿吴淞江而深入内地的，最远可到达苏州附近。唐代陆龟蒙隐居于苏州甪直，曾写道："余耕稼所在松江南旁田庐门外，有沟通浦，潄而朝夕之潮至焉，天弗雨则轧而留之，用以涤濯灌溉，及物之功甚巨。"②甪直距离夷亭不远，因此，潮汐能否越过夷亭，除了与潮汐活动有关外，主要决定于河道的通塞。

从宋人的记述来看，在苏州与昆山之间的广大地区南接吴淞江，北临阳澄湖群，处于丰水的湖沼状态。丘与权《至和塘记》记道："吴城东闉，距昆山县七十里，俗谓之昆山塘。北纳阳城湖，南吐松江。由堤防之不立，故风波相凭以驰突，废民田以潴鱼鳖。其民病赋入之侵蟊，相从以逋徙。奸人缘之，以邀劫行旅，通盐杠以自利，吏莫能禁。父老相传，自唐至今三百余年，欲有营作，而弗克也。"沈括亦记载道："苏州至昆山县凡六十里，皆浅水无陆途，民颇

①　关于三江，史无定说，其中存在着太湖三江与《禹贡》三江两个概念的差异，其中太湖三江一般认为是松江、娄江、东江为三江，亦有学者认为只有吴淞一江，三江为附会三江口之说，详参考王建革《从三江口到三江：娄江与东江的附会及其影响》，载《社会科学研究》2007年第5期。

②　〔唐〕陆龟蒙著，宋景昌、王立群点校：《甫里先生文集》卷一六《迎潮送潮辞并序》，河南大学出版社1996年版，第241页。

病涉。久欲为长堤,但苏州皆泽国,无处求土。"①这些记载,充分显示了当地的水环境状态。

这种环境下,潮汐在沿江上溯时能量逐渐损失,同时分散涌入众多塘浦支流,在遇到较大面积的水面时,能量被消融殆尽;从考古情况来看,夷亭地区虽有纵浦通于吴淞江,但在纵浦之上建有水闸,限制了潮汐能量的扩散,"初治河至唯亭,得古闸,用柏合抱以为楗,盖古渠况。今深数尺,设闸者以限松江之潮势耳"②。在诸多环境条件的限制下,潮汐不过夷亭应该是很正常的现象。

潮汐不过夷亭的现象从北宋中期开始有所变化,首先是至和塘的成形。"本朝(北宋)至道、皇祐中,尝议兴修,不果。"③至和二年(1055)知县钱公纪最终将其修治成塘,遂以年号名塘。当时修筑的只是从苏州娄门至昆山县之间的河道,昆山以东通海的通道不详。但在此之前,张纶、范仲淹等人均修治过昆山方向通海诸港浦,其下游当是与这些港浦连通而通彻大海。至和塘初修成时的河道规模并不大,"深五尺,广六十尺",与郏亶所记的塘浦体系相比,只相当于一条普通港浦。且由于后期的河道维护不利,"虽至和塘旧迹尚存,奈何修治之功不加,故狐鼠凭恃,乘其干涸,拦截作坝,遇有负载,邀阻四出,非复由行之旧"④。河道出现了退化现象,但并未湮塞,在北宋一代,经李复圭、关访、魏峻、李傅等人先后修

---

① 〔北宋〕沈括著,胡道静校证:《梦溪笔谈校证》卷一三《权智》,上海古籍出版社 1987 年版,第 475 页。

② 〔南宋〕范成大撰,陆振岳点校:《吴郡志》卷一九《水利》,江苏古籍出版社 1999 年版,第 263 页。

③ 〔南宋〕范成大撰,陆振岳点校:《吴郡志》卷一九《水利》,江苏古籍出版社 1999 年版,第 262 页。

④ 万历《昆山县志》卷二《水利》,明万历四年刻本。

治,河道维持不断。至南宋偏安江南,但加强了对太湖东北方向昆山地区通江诸浦的治理,刘家港一带的河道开始不断发育。加之两宋时期是一个高海平面期,海洋活动频繁[①],对应状元谶的淳熙年间有多次风暴潮活动,影响非常大,甚至将穿窿山的山石都被移动了位置。与之相应的,潮过夷亭的现象在此时出现。当地方志记载当时的潮汐现象:"海潮一日夜两至,唐世可至苏州府城。宋时不及昆山,绍兴中始至县郭,已(而)遂过夷亭。"[②]自然现象与人文现象的重合,恰恰验证谶语的灵验。

与之相对,从北宋开始,吴淞江的出水条件却日益恶化,"所谓吴淞江者,顾江自湖口,距海不远,有潮泥填淤反土之患;湖田膏腴,往往为民所围占,而与水争尺寸之利,所以松江日隘"[③]。北宋郏侨讲:"吴松古江,故道深广,可敌千浦。"旧地方志载唐时河口阔达二十里,北宋时尚阔九里,元代最狭处犹广二里。至元末明初,淤垫加速,江尾几已淤成平陆。"吴松江西自道合浦,东至河沙汇,约长六十余里之间,元阔六七里,或三二里。目今两岸涨沙,将与岸平。其中虽有江洪水流,止阔三二十步,水深不过二三尺。"[④]整个吴淞江河道的淤塞情况已经非常严重。

面对吴淞江的这种淤废状况,元代周文英大胆提出放弃吴淞江,转向于东北方向的刘家港等处,"某今弃吴松江东南涂涨之地,姑置勿论,而专意于江之东北刘家港、白茅浦等处,追寻水脉,开浚

---

① 王文、谢志仁:《中国历史时期海面变化(Ⅱ)——潮灾强弱与海面波动》,载《河海大学学报(自然科学版)》1999 年第 5 期。

② 嘉庆《直隶太仓州志》卷一八,清嘉庆七年刻本。

③ 〔明〕归有光:《三吴水利录》卷四《水利议》,《丛书集成初编》第 3019 册,中华书局 1985 年版,第 47 页。

④ 〔元〕任仁发:《水利集》卷八,《续修四库全书·史部·政书类》,上海古籍出版社 2002 年版,第 100 页。

入海者。盖刘家港即古娄江,三江之一也"①。元代虽然仍有整治吴淞江的举动,但这一水利设想已经有所实施。至元二十四年(1287),朱清领导开浚河道,"自(苏州)娄门导水曰娄江以入于海,粗得水势顺下,不致甚害"②。经过治理后的刘家港"浸润而流,迅不受淤",当地方志记载道:"太仓塘,在昆山。自具塘桥至周泾出海。(宋)时湮洪,潮汐不通。至元时,娄港不浚自深,日往月来,不数年间,朝夕两汛可容万斛之舟。于是宣慰朱清自淮而浙创开海道漕运,每岁粮船必由此入海。"③元代年运量高达三百万石的海运正是从这里起航,运往大都。由此,浏河的河道得到发育,"凡海船之市易往来者,必由刘家河泊州之张泾关,过昆山,抵郡城(苏州)之娄门",当时"刘家河至南薰关筑长堤三十余里,名楼列市,番贾如归"④,刘河口成为著名的"六国码头"。元末的战乱割据,水利也被荒废:"张士诚据郡城,畏海盗(方国珍)之扰,遂塞至和塘尾,以障海潮。开九曲河,仅通太仓东门。于是半泾、陈泾、古塘等港俱塞,涨以为平陆田畴,无潮汐之利,市民无贩海之资矣。"⑤但这种状况时间非常短暂,局势稳定之后,河道很快恢复。至正十三年(1353),张士诚据有江浙地区后,实行保境自守,"浚刘家港及白茆",河道又有所发展。这一时期河流宽广,潮汐通利,只是由于元代科举不兴,因此状元谶语也无人提及。

至明初,吴淞江已经难以为继,夏原吉实地考察后认为:"自

---

① 〔明〕姚文灏编辑,汪家伦校注:《浙西水利书校注》之《周文英〈三吴水利〉》,农业出版社1984年版,第87~88页。

② 万历《昆山县志》卷二《水利》,明万历四年刻本。

③ 洪武《苏州府志》卷三,明洪武十二年钞本。

④ 宣统《太仓州志》卷一七《人物》,民国八年刻本。

⑤ 弘治《太仓州志》卷九《杂志》,《汇刻太仓旧志五种》,清宣统元年刻本。

吴江长桥至夏驾浦约一百二十余里,虽云通流,多有浅狭之处;自夏驾浦抵上海县南跄浦口一百三十余里,湖沙渐涨,潮汐沙壅障,菱芦丛生,已成平陆。"而"嘉定之刘家港即古娄江,径通大海,常熟之白茅港径入大江,皆系大川"。因此,夏原吉确定其治水措施为:"浚吴淞江南北两岸安亭等浦港,以引太湖诸水入刘家、白茅二港,使直注江海"①。同时,"自昆山下界浦掣吴淞江之水北达娄江,挑嘉定县四顾浦,南引吴淞江水,北贯吴塘,亦由娄江入海"②。这就是太湖水利史上著名的"掣淞入浏",由于这一措施,"娄江始并吴淞江之水而势滋大",浏河清水来量增加,水流迅急,郑和下西洋时将其港口基地定在浏河口显然也是利用了这一自然条件。在之后的200余年间,浏河虽然有所淤塞,河形变化甚大;但经过历朝不断修治,浏河基本上保持了广阔通利的局面;虽有一些疏浚,但浚治浏河本身的工程很少,多是疏导夏驾、大驾等入浏纵浦,如嘉靖年间的吕光洵奏称:"惟二江颇通,一曰黄浦,一曰刘家河。"清初顾士琏记载明末天启四年(1624)时,刘家港仍相当宽广,"阔者一二里,狭者亦不下百丈",该年江南地区大水,"终以河阔,水去甚速"。当地人称:"宋时水莫大于吴淞,明时水莫大于娄江。"可见其河流的通利状况。但掣淞入浏使得吴淞江的水量大部分通过新洋江、夏驾浦等改入浏河,浏河在事实上成为了吴淞江的分流,而潮汐上溯时大多由于分流而力量减弱,"下驾浦、新洋江二河与吴淞江交会之处,横引江水斜趋娄江,以致吴淞水弱,不能冲激污泥,抑且二河通引浑潮,倒流入江,与江下流日相

---

① 〔明〕夏元吉:《苏松水利疏》,见〔明〕陈子龙等选辑《明经世文编》卷一四,中华书局1962年影印本,第90页。

② 〔清〕傅泽洪等编:《行水金鉴》卷一五四,《景印文渊阁四库全书》第582册,台湾商务印书馆1986年版,第420页。

抵撞,易成淤积"①。不同方向的来潮力量互相抵消,潮流很难到达夷亭,这也是为何明初浏河虽然通利,却无人应谶之由。直到后来,当地在此二处创建了石闸,使潮流"一线上溯",越过夷亭。

至明末,浏河河道有所淤废,但很快在清初康熙年间由知州白登明等重新疏浚,后康熙、雍正、乾隆各朝均加以疏浚,使之重得通利。"刘港潮头"成为太仓地区重要的胜景,潮过夷亭成为常见现象:"刘口之潮,朔望大汛,漫过唯亭。于八月间海潮更大,苏郡新、昆老幼妇女于十七、(十)八、(十)九日,群聚新洋江塔前观潮,谓之迎潮会。乡人筑问潮馆于塔旁,彩旗金鼓各异,神像汇集于此,游船如蚁,笙箫鼓乐,十番百戏,晓夜不绝。盖刘口海潮涌至玉柱塔前,西迎娄江之水,南迎新洋港、吴淞之水,北迎巴城、阳城之水,四水汇激,无风生浪,至夜月东升,如万道金龙戏舞塔前,为娄江一大观。"②正是在浏河河道通利这一环境背景下,明清两代已经流传数百年的状元谶反而显得更加灵验了。

但随着水利环境的变化,潮过夷亭现象越来越难出现并最终消失,其主要原因在于长江口地区水利形势的变化。自明代中期以来,长江河口的河势发生变化,由于崇明岛的形成,长江干流开始向南支转移,由此导致南岸地区发生了比较严重的河岸崩塌现象。"(太仓)州滨海为利固大。而为害亦大。盖海水汹涌,沙岸崩圮,沧桑之变,岁且有之。故老相传,天妃宫已三迁矣,每造黄册必开除坍海若干。"③清初顾士琏记载道:"刘河口海塘,至明末

<hr />

① 〔明〕张国维:《吴中水利全书》卷一五《李充嗣奏报开浚各项工完疏》,《景印文渊阁四库全书》第 578 册,台湾商务印书馆 1986 年版,第 435 页。

② 〔清〕金端表纂:《刘河镇记略》卷一《发源》,清稿本,江苏古籍出版社 1992 年版。

③ 宣统《太仓州志》卷五《水利》,民国八年刻本。

塘基坍入半海,张家行镇漂没,沿海棉稻岁遭淹湮。至顺治十三
四年间,坍逼刘河南城基,殆不可守,今督抚按议迁堡城。"按此
计算,自明嘉靖至清顺治的90余年间,有约三里半的河岸崩坍入
海,崩坍速度平均每年19米,崩岸段沿岸水深,通常可达30~50
米。① 如此大规模的崩岸是当时的护岸工程技术所难以治理的,
时人只能通过不断修筑海塘来作消极防御,这严重影响到浏河口
的水利形势。

　　同时,掣淞入浏导致浏河的排水负担过大,反而加重了江南地
区的水灾,"三江塞二,而以全湖东注之水,独归于刘家港,其势渐
不能容,日积月累,行复如二江患矣"②。吕光洵评价道:"近年以
来,纵浦横塘多湮塞不治,惟二江颇通,一曰黄浦,一曰刘家河。然
太湖诸水源多而势盛,二江不足以泄之,而冈陇支河,又多壅绝,无
以资灌溉,于是高下俱病而岁常告灾。"③因此从天顺二年(1458)
至隆庆三年(1569),朝廷对夏驾浦以下的吴淞江河道先后进行了
六次疏浚,使其河道有所恢复。同时黄浦江水系也在不断发育,这
就使得浏河的河道出现了退化现象。至明末,浏河的淤塞已经非
常严重,但屡塞屡浚。至清乾隆二十七年(1762),庄有恭言道:"浏
河古之娄江也,今河形大非昔比,舟楫往来,必舣舟待潮。昆山外
濠为娄江正道,浅狭特甚,苏州之娄门外江面仅宽四五丈。"④浏河
之状况可见一斑。"自淤塞以来,贱壤变为斥卤",延至嘉庆二十四
年(1819),情况变得更加严重:"浚吴淞江而不及娄江,水益南注,

　　① 林承坤:《古代刘家港崛起与衰落的探讨》,载《地理研究》1996年
第2期。
　　② 崇祯《太仓州志》卷一四《艺文志》,明崇祯十五年刻本。
　　③ 〔明〕吕光洵:《修水利以保财赋重地疏》,见〔明〕陈子龙等选辑《明
经世文编》卷二一一,中华书局1962年影印本,第1938页。
　　④ 同治《苏州府志》卷一一《水利三》,清光绪八年刻本。

北条重困。干河既塞,支港随之。现在镇属东境,稻田大半改种棉花,民力倍形拮据。"①

更为严重的是浑潮泥沙对河道的淤塞。早在宋代时,人们已经认识到潮水挟带的泥沙淤塞河道。明清时由于长江上中游地区的开发导致水土流失日益加重,加之黄河长期南泛,长江口地区潮水的泥沙含量增大,人们称之为"浑潮","江南并海之河江港汊通潮汐者,土人谓之浑潮。来一日,泥加一箬叶厚。故河港常须疏浚,不然淤塞不通舟楫,旋成平陆,不能备旱涝矣"②。事实上早在明初,浏河就已经有所淤塞,明永乐三年郑和下西洋时,由于浏河航运条件不佳,崇明在一定程度取代了其地位,"永乐三年,太监郑和下西洋,海船二百八艘集崇明;二十二年八月诏下西洋诸船悉停止。船大难进浏河,复泊崇明"③。之后其形势愈发严重:"然湖水自西下,而海潮自东来,清流每不胜浊泥之滓,不可一日而不浚。百年以来水土之政不修,人力懈于疏导,驯至潮泥填淤,反土又河。浚地潏衍沃,豪民往往围占为田,与水争尺寸之壤,此以河流涓涓,日就湮塞。"④正因为明末清初这段时间浏河淤塞严重,所以虽然顺治、康熙年间苏州地区出了不少状元,却无人应此谶语。

受浑潮的影响,浏河的河道发生了巨大变化,河道曲流发育迅速,形成了著名的浏河三大湾:

---

① 〔清〕张作楠:《上魏中丞议浚刘河书》,见〔清〕贺长龄等辑《清朝经世文编》卷一一三《工政十九·江苏水利下》,台湾文海出版社1972年影印本,第3966页。

② 〔明〕叶盛撰,魏中平校点:《水东日记》卷三一《江南浑潮塞北风沙》,中华书局1980年版,第305页。

③ 康熙《崇明县志》卷一四《逸事志》,清康熙二十三年刻本。

④ 〔清〕吴伟业:《开浚刘家港记》,见〔清〕顾沅辑《吴郡文编》卷三一,上海古籍出版社2011年版,第502页。

按从前刘河故道,吴家坟至十八港,仅三里许。后来改从老虎湾、历公塘、袁家诸湾,潆洄缭曲,约二十里。据绅耆佥称,潮水冲击,故纤曲以杀其势。但水道既曲,则潮之逆流而上者,其势固缓,而清水之顺流而下者,其势亦缓,缓则沙停,停则河淤。况潮汐往来,每日不过一二时,海口又有闸座抵御,乃求一二时潮水缓来,不计及八九时清水之不能速去,咽喉一哽,上下皆病,易淤之故,实由于此。……太仓东境海口一带,地形本高于腹内。自明季以来,口门突涨阴沙,现在舟抵崇明,不能对渡。必绕北数里,以避此沙,犹时有胶浅者。向无涨沙横亘,潮汐往来畅顺,泥沙随潮来去,势急而不停积。自有此沙,则潮来时势高性急,越沙直进口门。及其退也,势平性缓,泥沙重浊,得缓即沉。而上源清水又不足以涤荡之,积久成淤,必然之势。①

而为了防御浑潮泥沙进入内河导致的淤塞,早在清康熙十年(1671),巡抚马祐就建闸于河口天妃宫,以后雍正、同治诸朝又不断重筑。"潮来则闭,潮退则开",按时启闭,同时"建滚水涵洞石坝一道",这一设施虽然使得潮沙不能冲入内河,却使之不断在河口沉积,同时清水不能冲刷潮沙,日积月累,使得河口段几乎淤废,水流多改为北走白茆,南下吴淞。上游来水的减少,清水之力不能冲涤潮沙,加上河口暗沙的存在,导致退潮流力量减弱,不能挟泥沙而出,浏河河道的淤塞日渐严重,最终导致完全淤塞。伴随着浏河河道的淤废,潮汐上溯的通道被阻断,潮过夷亭现象最终成为历史的陈迹。至道光年间,运河淤

① 〔清〕张作楠:《上魏中丞议浚刘河书》,见〔清〕贺长龄辑《清朝经世文编》卷一一三《工政十九·江苏水利下》,台湾文海出版社 1992 年影印本,第 3967 页。

塞,林则徐、陶澍等创办海运,重浚浏河,成就了道光年间吴钟骏应验最后一次状元谶。至太平天国之后,江南地区受创甚重,地方无力再办水利,浏河也最终淤塞,成为普通的小港浦,潮汐无道可入,自然不过夷亭。随着1905年的科举废除,状元谶成为历史典故。

三、历史文献资料与环境变迁研究

通过前面的论述可以发现,长江口蟹类的分布转移反映了这一地区江海形势的变化,苏州地区长期流传的状元谶与娄江的通塞状况有着极为密切的联系,充分体现了环境变化及其响应的密切关系。从江南地区现存的文献来看,类似记载环境变迁的历史文献材料是相当多的,仅仅与潮汐有关的谶语就不止状元谶这一条,在江南地区经济、人文繁荣的松江府、常州府等地方也存在类似的谶语。

松江府地区,清代叶梦珠记载道:"旧闻民谣云:'潮到泖,出阁老。'嘉靖辛亥,潮到泖,徐文贞公大拜。崇祯初,机山钱先生大拜时,潮亦到泖,可谓屡验矣。至近年而泖上之潮与浦中无异,即近泖支河,无不浸灌,而吾郡无拜相者,不知何故。"①这里是以明代徐阶和钱龙锡入内阁之事来反映松江府三泖一带的水利形势变化,其谣性质与谶语相似。此事亦见于当地方志记载:"明夏忠靖浚范家浜以通黄浦,自是浦渐深阔,嘉靖年潮始到泖。"至清代,随着黄浦江的不断发育,"乾隆初……潮汐渐急,南泖已多涨滩,中泖亦浅。至嘉庆初年,南泖尽成膏腴"②。通查历史可知,直到元代之前,黄浦江水系尚未完全形成,三泖地区仍是不通潮之地,元末陶

---

① 〔清〕叶梦珠撰,来新夏点校:《阅世编》卷一《水利》,上海古籍出版社1981年版,第13页。

② 光绪《松江府续志》卷六《山川志》,清光绪十年刻本。

宗仪记载道:"(至正)甲辰六月二十三日夜四更,松江近海去处,潮忽骤至,人皆惊讶,以非正候。至辰时,潮方来,乃知先非潮也。后见湖泖人说:'湖泖素不通潮,忽平拥起,高三四尺,若潮涨之势。'正与此时同。又闻平江、嘉兴亦如之。"①其原因即是入海口形势的变化:"海口老鹳嘴向来横亘吴淞海口,近为潮水冲决,日就坍毁,以至潮汐直入,无纡回之势,故所被自远,殆不可以风水论矣。即如潮泛朔望,旧以午时为准,今邑城之潮,参前将逾一时,是其明验也。……按府志自海潮决李家洪去吴淞江口南二十里,潮信遂早数刻,故浑潮日至,泥汀日积。"②显然,这一谶语可以较为精确地反映出黄浦江上游干道的形成应当是在明代中期的嘉靖年间以后,而这一推测与黄浦江河道形成的现有研究成果完全吻合。③ 在松江府城内的日月河,也有相关的状元谶,"云间占谶云,日月河通出状元"。明成化年间兴工开通,"成化乙巳丙午间,知府常山樊侯莹议疏通之……未几,钱福果状元及第"④。弘治三年(1490),钱福应验此谶。常州府也有修城门楼出状元之说,只是由于状元人数较少,不像苏州的状元谶如此灵验,因此流传不广。

　　潮汐现象严重影响了江南地区的河流水文状况,并进而影响到人们的认识,导致了有违常识的记载。对于这种较为普遍的现象,明代姚文灏的一段议论显得特别有意义:

---

① 〔元〕陶宗仪:《南村辍耕录》卷一九《松江志异》,中华书局1959年版,第236页。

② 〔清〕叶梦珠撰,来新夏点校:《阅世编》卷一《水利》,上海古籍出版社1981年版,第13页。

③ 满志敏:《黄浦江水系形成原因述要》,载《复旦学报(社会科学版)》1997年第6期。

④ 正德《松江府志》卷二《水上》,明正德七年刻本。

旧见毗陵志叙沿江诸港，皆自外而内，自下而上，倒置源流。私怪近世作志者不识水道，比于泪陈。不意江阴旧志亦然。夫三吴水道皆西出于山，中潴于泽，东北注于江海，源流甚明。何乃类云自大江而入，南经某处某处耶？似以诸港皆出于江而流入于漕渠，若荆州沱、潜出于江、汉之类，悖亦甚矣。此必前代初作志者见诸港腹里之源千支万派，交流错注，难为本始。而其入江之处却有头绪，易于识别，遂据彼叙起，不顾其以尾为首，而后来续者志承讹踵谬，莫觉其非也。然观其初，似亦知诸港之不可以江为源，故于黄田港、夏港犹云北引江潮而入。若曰自江而入者，潮耳，非流水也。至于石头、蔡港而下，遂忘其初意，略去潮字而直云自大江入矣，可乎哉？由仆之说，记黄田者当云：东引长河，西至九里河口折而北贯城中，出黄田闸北入江。旧志乃云北引江潮贯城南出，折而西截蔡泾与夏港合流，以达于漕渠。记夏港者当云：南引五泻堰，过青旸北，止山塘河口，折而东过茶镇，出蔡泾闸北入江。旧志乃云北引江潮，南出蔡泾，折而西南过茶镇，截山塘，又折而南，历青旸，至五泻堰，以达于无锡。且夏港自西南来，出蔡江而入江，黄田自东南来，贯县城而入江，二港相距九里，各自入江。昔人于九里之间凿渠，以通舟楫，遂以九里名河。是二港自二港，九里自九里也。而旧志之记黄田，乃舍其东南之源，而假以西南之派，且并吞九里。又以上下各二闸，若本为一港者，彼岂知三水各有派而二闸本不相沿乎？此其大者，余可例推也。由是言之，则前记所叙谬戾多矣。嘉定开河记云，暨阳北通大江，其港与河接者多置水门，语意似谓黄田、夏港皆大江之支港也。又云导河自城闉南出黄田，西距五泻。大观记亦云黄田港北引大江，贯城中，南出于郭，逶迤截蔡泾。又云昔人即港口为上闸，又即蔡泾为一闸。夫谓黄田为上闸者，

谓水于此来也。云导江水而南被,由黄田港距五泻堰而为漕
渠,吁!漕渠果江水之所为乎?若是者,皆为首尾倒置,支派
混殽,同归于当为汩陈,似宜删去,但存其他,识废置岁月可
也。最后得曹寀氏札子,其略云:江阴地势最卑,当运河下流,
其水自常州经申港、利港以入于江。又云丹阳练湖、白鹤溪诸
水,西自常州而来,入于江阴,其南太湖、梁溪皆溢于运河,自
五泻堰奔冲而下申、利、夏港以出于江。不意诸志舛逆之余,
复有深明水道自源而委秩然灿然如曹氏者,贤于人远矣。噫,
微斯人,几于无征矣。[①]

姚文灏以自己的亲眼所见,揭示了当时人们对于潮汐导致的
河流倒溯的自然现象的认识与理解。由于其认识还达不到现在的
科学程度,又缺乏实地调查,由此导致了姚文灏在记述河流时的谬
误。这种记载方式是时人对于当地环境变化结果的感知,也正是
宋代以来该地区的水利环境变化的真实反映。由于吴江塘路和上
游各地的水利工程(如东坝)的修筑,导致太湖来水减少,西来清水
不敌浑潮力量,使得河网水系发生了变化,"今西水径从浦泻,不能
曲折灌输,惟引黄浦来潮以资灌溉。浑潮既肆,沙壅益易,日久月
深,必致中梗,则蓄者愈湮,泄者亦壅"[②]。由此导致的结果是,"惟
西北来源水清而弱,浦潮则浑而强。向时通浦之港以浦为委者,今
惟浦水为来源"[③]。

当时许多地方志的修纂者就已经认识到这个现象,针对当地

---

① 〔明〕姚文灏:《河渠私议》,见正德《常州府志续集》卷六《杂著》,明
正德八年刊本。

② 光绪《松江府续志》卷六《山川志》,清光绪十年刻本。

③ 宣统《华亭县乡土志》,见上海市地方志办公室、松江区地方志办公
室编《上海府县旧志丛书松江县卷》,上海古籍出版社 2011 年版,第 1740 页。

河流的状况难以分清源委的状况，发出了"自浦潮倒灌，而邑境之水难志一即记录记载之意"的感叹。金山县的乡界泾，"泖港以北为米市塘，南为乡界泾，昔通利时，南承运石河，西承张泾之水，北流出浦"，即乡界泾原本是由南向北汇入黄浦江，可是"自高家泾、张泾淤塞，惟藉浦潮内灌"，结果导致"华志以为从南入也"。① 与之类似，同治《上海县志》的作者在记叙该县河道时，也为此事大伤脑筋，他们都知道河流的实际情况是水由西向东流，"上海附郭诸河源由横泖、蒲汇、横沥、蟠龙东注肇嘉浜，分达内外城河，东泄于浦"。但由于水利环境的变化，"今上流久塞，绝无源头活水，潮汐一退，涸可立待"。因此，在具体表述方式上不得不有所变通，"故论水者不得不记潮之所至，以资利用；更求决排之术，引太湖不竭之源，多设闸座，时其启闭，庶尽旱潦之备而享百年之利焉。案前志自语儿泾至龙华港皆据上流，称入于浦，此不易之书法也。乃自上流淤塞，绝无来源，转恃黄浦潮水为来源。邑人采访者，耳目见闻，不能及远，率以浦口为据，沿流溯源，或亦一道乎？为一邑志止能就一邑形胜言，东南大局固非区区邑志所能尽，姑依而书之而此矣"②。同治《上海县志》和光绪《松江府续志》在记述汇入黄浦江的各条河流时，都采用的是（某河、某浦）"纳浦潮南流""纳浦潮北流"的书写方式，类似的书写方式在感潮地区的方志中还能找到很多。在光绪《松江府续志》中按此记有 38 条河，但府志资料因地域范围较大，所载可能并不完全，在民国《上海县志》中，仅上海县此类情况的就有 50 条河。

　　显然，以上文献的记述正反映了当时人对于当地环境变迁的认识。时人对于这一地区水利环境的变化已经有所感知与关注，

---

① 嘉庆《松江府志》卷九《山川志》，清嘉庆二十三年刻本。
② 同治《上海县志》卷三《水道》，清同治十年刻本。

并按其自身的认识与理解将这一变化记载下来。这种地方性环境的描写方式即承载有环境变迁信息的特殊历史书写方式,恰恰是以往较少被注意的。这类信息往往是作为地方性知识而存在,甚至以谶语这类带有迷信色彩的方式来被记载和传播。所以,充分发掘和利用这类资料,对于促进这一地区水利环境变迁的研究无疑是大有裨益的。

第三节 县际水利博弈——以青浦县为中心的讨论

传统时代由于水利争端引发的地域社会关系复杂多样,在缺水地区表现为引水与分水,在丰水地区面临的则是排水问题,对此学界已经有较多探讨。[①] 但在长期的历史进程中,环境本身也在不断变化,由此导致相应的社会问题会随之而变。森田明曾指出:"水利灌溉、治水等事业是无法单独实施的,必须与历史的自然环境、社会经济方面的各种问题密切配合,方能进行。"[②]在中国古代,在作为基层政区的县级层面,由于政区划分与自然流域并不完全重合,因此导致不同的地区间水利矛盾频发,不同政区往往围绕同一水利问题展开利益博弈。由水利争端引发的利益博弈,又是传统时代基层政治运作的结果。在跨流域的太湖与水阳江流域之间,在江南滨江沿海的感潮地区,水利环境的复杂性及其变化,导

---

① 详参考王培华《清代河西走廊的水资源分配制度——黑河、石羊河流域水利制度的个案考察》,载《北京师范大学学报(社会科学版)》2004 年第 3 期;谢湜《"利及邻封"——明清豫北的灌溉水利开发和县际关系》,载《清史研究》2007 年第 2 期;冯贤亮《清代江南乡村的水利兴替与环境变化——以平湖横桥堰为中心》,载《中国历史地理论丛》2007 年第 3 期。

② 〔日〕森田明著,郑樑生译:《清代水利社会史研究》,台北编译馆 1996 年版,第 5 页。

致不同流域之间、同一流域内不同区域对水利问题的博弈；其博弈过程与最终结果，比较典型地反映了传统时代环境、水利与社会三者之间的关系。在中国古代，行政区划的边界确定原则，大致是"山川形便"与"犬牙交错"两种。

一、青浦县的水利形势

青浦县在明清时期均属松江府管辖，明嘉靖二十一年（1542）析华亭、上海二县界置青浦县，嘉靖三十二年（1553）废，万历元年（1573）复置。清雍正三年（1725）析置福泉县，乾隆八年（1743）又省入青浦。从地势上来看，这一地区属于以太湖为中心的碟形洼地的底部，称为淀泖低地，海拔多在3.5米以下，最低处还不到两米。① 水高田低，在洪汛和高潮时期，外河水位经常高出地面。这里又位于太湖下游尾闾，上游太湖来水从西、北、南三面汇集于此，向东集中于黄浦一江泄水，排水流线迂回曲折，下有江潮顶托，排水十分不畅。

在水文上，青浦全境基本属于感潮区，除了有太湖西来的清水外，河流还受长江口潮汐的影响而倒流，由此导致其水文条件非常复杂。另一个显著的变化是浑潮的影响越来越大，清代中期以前，这里还较少受到浑潮的影响，"百年以前，邑境河水清足以敌浊"。此后，浑潮的影响发挥来越明显，浑潮带来的泥沙也往往使河道的淤塞和变迁，由此导致排水的困境。② 其水利形势正如当地方志所述：

> 邑境之水，清浊汇趋，支干诸河，前志具载。清流源出太湖，由西注东，经吴淞江、淀山湖而分布县境；浊流来自江海，由东注西，经南北黄浦，越上、华、娄三县而环绕邑城，其交汇

---

① 程潞等编著：《上海农业地理》，上海科学技术出版社1979年版，第9页。
② 上海市青浦县县志编纂委员会编：《青浦县志》，上海人民出版社1990年版，第108页。

之区,则在黄渡、蟠龙、打铁桥、广富林、沈巷、安庄等处。盖沿东北县鄙以迄西南腹地,此水之大概也。①

因此,这一地区的主要水利问题在于排泄洪水。由于历史上的河道变迁,该地区的主要出水通道也有所变化。根据当地的水利形势,在明清时期,主要的排水通道有以下四道:

> 一北条之水,东出吴淞江;一中条之水,由北漕港经横泖以出上(海)青(浦)交界之蒲汇塘;一南条之水,由南漕港经苦澳、崧泽、诸家三塘而出娄境之姚冈泾(即毛竹港);一西南条之水由烂路港、金泽塘,经泖湖以出斜塘。四者皆自西北倾泻东南,归束于浦而朝宗于海。盖地势西北高、东南低,水性就下,其理然也。②

在明代之前,整个青浦县地区的水流,主要是通过五大浦(大盈浦、顾会浦、盘龙浦、赵屯浦、崧子浦)分流入以上几大出口而排出。但随着长江口浑潮溯黄浦、吴淞诸河而上,其所挟的泥沙能入而不能出,最终淤塞河道。吴淞江和蒲汇塘日益淤塞,排水形势日益恶化,水流情况也发生了变化。除了淀泖湖群发育成为黄浦江上游之外,也有部分北流、东流之水转而向南通过姚冈泾汇入黄浦江,"第清水以分流而东注之势缓,刷沙之力弱。既不能抵御潮汐,更何由排除淤壅。日复一日,遂使浊流倒灌,而北条与中条之水不能不迁道南行矣"。尤其是上海设立外国租界,以及沪杭铁路的修建,清末民初各条排水通道全面恶化:"今则吴淞江之新闸以下、蒲汇塘之徐汇以下,其两岸皆为建筑物所侵占,泖湖又为蒲荡子田所涨塞,姚冈泾又为铁路桥所障碍,于是四口皆不便宣泄。"③

---

① 民国《青浦县续志》卷四《山川上》,民国二十三年刻本。
② 民国《青浦县续志》卷四《山川上》,民国二十三年刻本。
③ 民国《青浦县续志》卷四《山川上》,民国二十三年刻本。

在排水形势全面恶化的形势下,相对而言,姚冈泾的地位突出起来,"姚冈泾河身最低,适当其隘,百川会归,势难跳夺,一遇淫潦,泛滥堪虞。低田九年三熟之谚,至清季而益验"。由此,姚冈泾对于青浦县来说,水利地位日益重要,它"北承青邑大盈、赵屯两大浦水,南流柘泽塘,又南流沈泾塘,又南流即吕冈泾。其南为张泾,其西通秀州塘,古称沈泾塘,自携李城下,水流东北,则此塘所以泻上流之水者也。其北在青邑之支河水港,不啻百数,俱南流达浦,以资宣泄"①。在其余诸道皆已难通的情况下,姚冈泾俨然已经成为青浦县出水的咽喉之地,民国时修纂的《青浦县续志》在卷首专列《邑境水利关系北姚泾吕冈泾略图》,特别强调"群流汇趋,实为邑境下游宣泄之要道,通塞所关利害至巨"。因此,青浦县不得不关注姚冈泾的兴废变动,"邑人士力争姚冈泾之通塞,有以也夫"②。但姚冈泾不在青浦县境内,而归属于郡城所在的娄县管辖。对于松江府城和娄县来说,姚冈泾在水利上是无关紧要的,而筑坝还能有效地阻止浑潮阑入,保持郡城一带的水利环境,由此就导致了两地间筑坝与拆坝之争。

二、筑坝与拆坝经过:传统时代的困境

姚冈泾,又称吕冈泾,本是娄县境内一条不起眼的小河流。随着水利环境的变迁,它却成为邻县青浦县的重要排水通道。但由于分属不同政区,水利形势不同,因此不同地区对其有着不同的态度,尤其是道光二十六年(1846)松江知府练廷璜筑坝于姚冈泾之后,引发了娄、清浦两县"筑"与"决"的水利矛盾。

娄县为松江府的附郭县,其水利形势关乎郡城,因此,道光年间的筑坝行为是由松江府知府练廷璜主持的。关于修建原因,练

---

① 民国《青浦县续志》卷四《山川上》,民国二十三年刻本。
② 民国《青浦县续志》卷四《山川上》,民国二十三年刻本。

氏著有记略:

> 郡城西折而南十里为西泖,黄浦入西泖,由二里泾达市河,蓄泄赖焉。雍正初鹾商谋杜私贩,尝筑坝于泖截其流。乾隆六年,以支河浅涸,复抉坝以纳之。然浦潮东南并入,北来湖泖流弱,不能敌震撼迅迫之事,更百余年来,仍为民患矣。先是泾西陈陀港有锁水桥,后桥废而港口日侈,泖水盛从入贯姚泾而北,其分流入二里泾者,盖十分之二耳。于是郡城内外诸河道泥胶沙固,顷年益甚。郡城士大夫乃议于吕冈泾筑坝,使泖水直趋二里泾,以利环城之河。其地上承姚泾,下注陈陀港者也。请于前摄守徐君,甫将起工,会以去郡而罢。余来守之,次年谋成此举,复得广文叶君珪,明经方君连所条十益四无害说,时方伯张公祥河奉讳里居,亦主其议。遂先浚长三里河,古所谓秀州塘者,畅泄北来清水,即继以坝工焉。坝长三十丈,深二丈余,以三月丁巳经始,迄四月丙戌竣事,通用钱万贯云。[1]

坝成之后,对于郡城及其所在的娄县、青浦二地有着截然不同的影响。“坝成潮水迅疾,市河不一年而刷深。……惟青浦适当下流,若遇大水,宣泄阻滞。”[2]具体来说,郡城与青浦县、娄县北乡存在着不同的利益,“郡城固得沾清水之益,一遇霪雨,则青邑低区泄水无从,未免有漫溢之患,此吕冈泾筑坝便于郡城而不便于青邑之情形也”[3]。实际情况也证实了这一论断,青浦县在此后连年水灾不断,如道光二十九年(1849),“上海全境春雨接连黄梅及六十日,三江两湖皆灾,禾棉多淹,水势以松江、金山、青

① 光绪《松江府续志》卷七《山川》,清光绪十年刻本。
② 光绪《松江府续志》卷四〇《拾遗》,清光绪十年刻本。
③ 民国《青浦县续志》卷四《山川上》,民国二十三年刻本。

浦为甚"①。

坝成以后,对于郡城及其所在的娄县、青浦两地产生了截然不同的结果,"坝成,潮水迅疾,市河不由此,矛盾迅速激化。自坝成之日,青浦县就对此多次表达反对意见,但结果均无法令其满意。在无法通过官方渠道解决问题时,地方民众便私自开坝。而受益的一方又借助官方力量再次重筑,"道光二十九年水灾,北乡农民将坝开决。三十年,当事从邑绅之请,重为修筑。嗣于咸丰十年贼扰时,居民又私决坝口以通舟楫,至今河更深阔焉"②。这种格局直到太平天国运动爆发后方才被打破,借助于战时的混乱局势,受困民众成功将坝口掘开。而太平天国战后,地方受创甚巨,财力支绌,重新兴建困难重重。因此,直到光绪年间才有人动议重筑此坝,结果引发了更为激烈的争论。由于重新修筑土坝面临青浦县民众的激烈反对,而改筑石坝又因成本较高而难以实现,最终不了了之,《青浦县续志》记载了此事始末:

> 光绪十一年,松江府知府时乃风徇郡人之请,拟重筑吕冈泾土坝及开浚古浦塘河。禀准各大吏,在华、青、娄三县劝捐绅富,以济工需。继任姚丙然札县催办。邑人胡见超、朱家证等以此坝关系青邑水利农田甚大,先后禀县抗议,旋由水利总局委派莫葆辰,会同松府及娄、青两县赴吕冈泾会勘。当以修筑土坝确碍青邑农田,如欲建筑,则须改造石闸,以资启闭。苏抚卫荣光詈之,事遂寝。③

这次争端本是中国古代诸多水利矛盾中的个案表现,但戏剧

---

① 火恩杰、刘昌森主编:《上海地区自然灾害史料汇编(公元751—1949年)》,地震出版社2002年版,第276页。

② 光绪《松江府续志》卷七《山川》,清光绪十年刻本。

③ 民国《青浦县续志》卷四《山川上》,民国二十三年刻本。

性的是这一问题并未就此打住。至近代,官方垄断经营的铁路又带来了新的冲击。光绪三十三年(1907),由于修筑沪嘉(兴)铁路,需要在吕冈泾上游的北姚泾上筑铁路桥,为防桥洞过于狭窄影响排水,又展开了一轮新的争论。

> (光绪)三十三年,苏路公司谋在娄境北姚泾筑坝以通沪嘉轨路。邑人以北姚泾居吕冈泾上游,北姚泾筑坝攸关我邑农田水利,与吕冈泾筑坝无异。因援举旧案,请变更计划。公司初议筑二十尺之桥闸,继又称可展广十尺。邑人不慊。盖以北姚泾河面宽逾三十丈,仅筑三十尺之桥闸,泄水断不能畅。

按照铁路公司的设计,将原宽三十丈(约合 100 米)的河面,仅筑二十尺(不足 7 米)之桥闸,显然于青浦的排水大有妨碍。经过不断地反复交涉,河面扩展至三十尺(约合 10 米),亦不足原有河面的十分之一,仍然显得过于狭窄。对此,青浦人自然不会满意,继续抗争:

> 遂由沈联第、章纪纲、顾文荣、陈珍彝及耆民陈福全、黄月卿等,先后禀县申详,并径向大吏呼吁。江督端方瞀于利害,偏徇一方,竟有静候官府商办,无庸多渎之批语。于是邑人势难复问,而公司亦违反原议,竟将北姚泾筑坝堵塞,仅开舟楫不通之涵洞,别于其旁挖一支河,桥门又只有九丈,不及北姚泾河面三分之一。自此东南诸水正流被阻,旁趋不畅,潆洄停潴,一遇水潦,泛滥漫溢,贻害无穷。宣统三年,我邑受水灾甚巨,即其明证也。[①]

显然,在抗争过程中,有着"官督商办"背景的铁路公司有恃无恐,在官方高层的支持下,无视地方利益,非但不遵守原来已经达

---

① 民国《青浦县续志》卷四《山川上》,民国二十三年刻本。

成的协议,甚至自行处置,将北姚泾河流筑坝堵塞,虽另开一支河,但桥门只有九丈(约合 27 米),由此直接导致的后果是宣统三年(1911)青浦县的大水灾:"淫雨兼旬,河水泛溢,农田被淹,农村损失惨重。米价腾贵,每石银十元许。"①之后在民国八年(1919)、二十年(1931)、二十四年(1935)青浦地区迭遭水患,损失惨重,并引发了新一轮的关于铁路修建的博弈。② 这正是该地区微观水利环境趋于恶化的表现。青浦县低洼地区所面临的水利困境,直到中华人民共和国成立后的大兴农田水利建设,尤其是 20 世纪 70 年代的"青松大控制"水利工程完成才获得最终的解决。

三、讨论

传统时代,囿于技术手段和社会动员能力,水利纠纷博弈除了依赖于环境的自然变化外,更多的要靠政治力量的介入。瞿同祖在研究清代政府时,曾精确地论述了各级政府间的行政关系:"中国地方政府的行政是高度集权的,在一省之内,每一级政府都在上司控制下。"③其中主要的表现之一就是水利问题解决的结果取决于基层政治的运作:中央集权模式下的传统政治,跨界水利争端的解决,往往需要平级政区间的争论与协商,但如果不能协商一致,则必须报至上级政府方可解决。前述涉及青浦县的个案水利问题,各个环节中都体现了这一特点。而上一级政府在解决这一问题时,其考虑的范围往往会超出单纯的水利角度。前述案例中,

① 青浦县县志编纂委员会编《青浦县志》,上海人民出版社 1990 年版,第 108 页。
② 详参张根福等著《太湖流域人口与生态环境的变迁及社会影响研究(1851—2005)》第 7 章《近代铁路建设对水利的影响》,复旦大学出版社 2014 年,第 183~224 页。
③ 瞿同祖著,范忠信等译:《清代地方政府》,法律出版社 2003 年版,第 11 页。

"吕冈泾筑坝便于郡城而不便于青邑"的情形,郡城(松江府城)在解决问题时必然面临着孰轻孰重的抉择,郡城的政治地位显然是高于青浦县的利益的;甚至于此坝的修筑,也是在知府练廷璜主持下完成的,两地利益的轻重自现。也正是由此,青浦县虽然屡有抱怨,但通过正式途径无法解决这一问题,只能是通过非常规的"私决"来缓解问题。倘若这一政治秩序一直保持稳定,跨界水利争端恐怕还要再延续相当长的时间。直到后来,太平天国运动对整个江南地区基础设施与社会秩序造成了前所未有且久久难以恢复的冲击与破坏,才使得这一问题暂时被缓解并搁置起来。显然,高度集权的政治体制往往会使得单纯的水利问题最终演绎成为不同地域空间的政治博弈;在没有外力干扰的情况下,这种博弈的结果一旦形成就会相对稳定,这是中国古代传统水利争端中长期存在的常态问题。青浦诸小河所引发的水利事件,既非空前,亦非绝后。与青浦邻近的娄县,早在乾隆年间,因为盐商运输与地方农田灌溉之间的矛盾,对于在附近的二里泾上的筑坝问题,就曾产生过激烈争论。时人黄之隽对其始末记载如下:

> 黄浦支流在娄者,莫要于东西二汊。东汊由张泾,西汊由二里泾以入所从来久。浙盐政听商人言,坝于泾口而断其流者十八年,积久而害弥甚。于是诸生卫自俊、耆老徐万春等奔走呼吁于江南督抚暨盐政,下娄邑勘覆,颇以国课所关,与成功不毁为疑。贤宰胡侯躬履其地,询民疾苦,具文书上当事曰:娄邑水利全资黄浦,其西汊水口二里泾南接浦,东至掣盐厅所,西通各支河,北接仓城,达于青浦、福泉。凡西北河港胥赖是泾进水,由运河分流,溉三县之田万余顷。四方商旅往来,诸县纳漕米、佃之输租,咸于是通舟楫,厥利民生甚大。雍正二年,鹾商因地近盐仓,虑东西潮入易淤,盐舻难以速运,欲遏上流以潴水,而以杜私贩出入为辞恳盐政,始筑坝。乃自西

汉截流以来,支河潮汐不通,皆成断潢绝港,田畴无蓄泄,患旱潦矣;挽输懋迁由巨浦,患风涛矣。履勘情形,实通浦要道,万万不可堵截。今掣盐所河道深广,即或日久水缓沙积,群商于一岁两掣时稍为疏浚,河段无几,殊易为力,不宜怙商人一时之小利,贻百姓无穷之大害。应请亟予开通,以恤民隐,如或过虑私盐出没,请于开坝后添设木栅,以时启闭,实商民两有裨益。江抚张公、江督杨公先后据辞入告。奉旨江南督抚浙盐政会集再勘,侯持之益坚。疏上,诏下工部议,而开坝之论始定。抚臣议建石闸,浙盐政议建鱼背石坝,多开涵洞,皆无关有无,杨公独采侯木栅之说,部亦奏允。乾隆六年四月丁酉,拔杙划土,不日而通,洪波汤汤,与潮俱来。既讫功,居民相聚言曰:是役也,浙商以侯谬议沮详摇惑大吏,而侯实始终主之,宜树碑勒文以无忘侯绩。①

显然,此事与前述各事几乎如出一辙。跳出青浦的县域范围,将视野放诸整个江南地区,同样存在着相似的情形:自明初开始,长期归属于同一大政区的整个太湖流域开始分属于江苏、浙江两个省级单位,其内部又各自划分为数十个县级单位。分县的划分标准是"以赋税之数为衡",从加强管理和控制的角度而言,这种划分有一定的好处,但对于基层的县级政区而言,在赋役、水利、社会控制等方面形成"犬牙交错"的局面,又往往会成为引发问题的源头。② 由于行政界线与自然的"山川形便"的水利流域范围并不能完全重合,故在太湖治理时,常需要两省之间的"协济"与配合。但在实际过程中因各自的地方利益不同,对经费、赋役摊派、工程量

① 乾隆《娄县志》卷五《山川志下》,清乾隆五十三年刻本。
② 冯贤亮:《疆界错壤:清代"苏南"地方的行政地理及其整合》,载《江苏社会科学》2005年第4期。

分配等问题往往不能达成一致；即或经由上级政府协调，在实际执行中也难以做到完全的无缝对接；省级单位尚且如此，下级的府、州、县更是难以摆脱这一问题的困扰，由此引发了上下游之间诸多的水利矛盾。在太湖流域东部地区，存在着排水与防潮两大水利问题。这导致该地区在水利环境上分为两大部分，其矛盾表现为："上流诸县，以江水通利直达海口，使震泽常不泛滥为利；而下流诸县逼近海口，常患海潮入江，沙挟潮入，不能随潮出。沙淤江口，则内地之纵浦横塘亦淤，农田水利尽失。因之与上流诸县利害相反，而主蓄清捍浑。"①其解决之道，可以是自然环境的变化，也可以是行政区划的调整。但在太湖流域这样一个全局联系紧密且高度人工化的水利环境下，自然环境的变动往往牵一发而动全身，青浦县的水利困境不是个案，而是宋元以来整个太湖流域水利环境变化的一个缩影。自宋代开始，太湖流域的塘浦圩田系统开始遭到破坏，主要的排水通道也由吴淞江转移到黄浦江，加上对低洼地区的深入开发，整个地区的排水问题日益困难；而下游的浑潮问题越来越严重，且上游的"清流"难抵"浑潮"，从而导致下游河道的进一步淤塞，上游的排水更加困难。可以说，这一环境变化是整个太湖流域水利问题的触发点。清代雍正年间曾有过对行政区划的较大调整，但如前所述，中国古代调整行政区划的主导原则并非完全遵循"山川形便"原则，且基层行政单元往往不能覆盖较大的水利流域，因此，主要的解决之道还是政治途径。这一问题从宋代开始显现，是太湖流域长期存在的主要水利问题，但在传统时代一直未能得到较为彻底的解决。

在这一长期的博弈过程中，江南地区强大的地方绅士自然不会缺席，在各种矛盾集中体现的水利争端中的各个环节都有他们

---

① 民国《嘉定县续志》卷四《水利志》，民国十九年铅印本。

的身影。本书所述的筑坝事件在张仲礼关于中国绅士的经典著作中,也是作为反映绅士地位的典型事件被列举出来的。① 作为地方利益的代表,绅士们的影响渗入社会生活细节之中,在对水利争端的文献记载中,《松江府志》只是大致记载了事件的经过与结果,而《青浦县志》则完整记载了历次斗争中青浦县的利益所在,以及当地人的抗争经过、主张,甚至指责"江督端方瞀于利害,偏徇一方",显然府、县各自所看重的利益并不一致。借助于这一记载,整个事件才被较为完整地呈现出来。值得注意的是,作为非正常事件的太平天国运动,对于该地区的绅士阶层冲击巨大,但并没有完全改变既有的地方秩序。战乱中坝毁,但战后关于修坝的争论继起,说明这一博弈仍在延续。

延续至近代,这一老矛盾中增加了新问题——铁路。由修筑铁路带来的环境变化,尤其是对水利的影响,绝非小事。钱穆曾注意到这一问题:"一条京沪铁路(今沪宁线),东西横越,对于各处水流宣泄吐纳的作用,实有不少妨碍。……近年来江浙两省竞事公路建设,想来跨水架桥,窄洞曲流的去处,定也不少。其对于农田水利的影响,不会没有。"②民国时期金天翮曾专门论述铁路与水道的关系:

> 盖铁道之为物,其线长,其基高而固,蜿蜒特起于大地之上,视之固一堤障也。路之所趋,惟平与直,然平或不直,直或不平,大河支川,细流深涧,则上架桥梁以为渡,下开涵洞

---

① 对于绅士在中国传统社会中的作用,可参考张仲礼《中国绅士:关于其在19世纪中国社会中作用的研究》,上海社会科学院出版社1991年版,第61~65页。

② 钱穆:《水利与水害(下篇):论南方河域》,收入钱穆《古史地理论丛》,生活·读书·新知三联书店2005年版,第275页。

以通流。而水之受堤障之害者忆不少矣。……故路之东西行者,于南北水之所经非常不利。若与水平行,宜若可以无碍矣。而支河细流,自左右翼来者,汇集于一二涵洞之下,其势遂杀而缓,久之淤涨生,通津溢,而水遂隐受其害,或至于不可治。故水与铁道同为一国交通之命脉,而利害乃至不相容。铁路以水为蟊贼,患其冲决也,水以铁路为仇敌,患其障碍也。①

同时,铁路在中国近代的意义绝非仅限于新式交通工具的应用,也是新式生活方式传播、社会经济结构变化的重要因素,当然,更是各类势力角逐利益的角力场。对于所述的种种影响,不同的利益群体间必然会存在着斗争,而斗争的结果如何,仍然取决于各相关利益群体的政治角力及其运作过程,前述苏路公司对筑坝问题的态度与方式完全体现了这一特点。

从修筑过程来看,苏路工程于光绪三十二年(1906)四月始议,"三十二三年之间,仅有规划,工程尚无成效",至"光绪三十三年二月开工,三十四年五月上海至松江竣工开车,同年十月松江至枫泾竣工开车"②。在当时的技术条件与社会动员组织能力下,其速度不可谓不快。而这种"快"亦是有着深厚的政治背景的,先后担任苏路公司的总协理王清穆、张謇等人均为清末著名的官绅,具有浓厚的官方背景;历任高官如江苏巡抚卫荣光、两江总督端方等人在处理问题时基本上是一边倒地偏袒铁路公司。由此说明在绅士阶层内部也是有分层的,其区别在于与行政权力的结合程度;同时也再次论证了瞿同祖的观点:"官绅"比"学绅"具有更大的影响力,官

① 金天翮:《铁道与水利之关系》,载《江苏水利协会杂志》1918 年第 2 期。
② 宓汝成:《近代中国铁路史资料》,中华书局 1963 年版,第 1009 页。

阶和功名高者比低者具有更大的影响力。[①] 由此,必然导致铁路公司在筑路问题上的强势,而这一强势地位亦可由其他事件证明,同样是光绪三十三年(1907)夏筑沪嘉铁路,线路经过上海郊的漕河泾、法华镇等地,结果:"所过之地,坟山瓦屋拆迁甚巨,万姓遭劫。"[②] 面对这样的情况,虽然地方上深感代价惨痛,乃至于在地方志中对铁路多有埋怨、指责,但仍不足以改变最终的结果。由铁路建设引发的农田水利的矛盾,在江南地区也绝非青浦之一例。在20世纪20年代,围绕沪杭铁路屠家村港的拆坝筑桥问题,各利益主体展开了长达两年多的交涉,涉及北京政府交通部、上海沪杭甬铁路管理局以及浙江省长公署等多个部门,历尽波折,终获解决。[③] 直到今天,密集的铁路、公路等现代交通体系的建设,依然并将继续对太湖流域的水利产生着深远的影响,如在昆山地区,(沪宁铁路)桥梁束水,原有水系被打乱,境内沪宁铁路成为阳澄、淀泖水系的实际分界线。[④] 在松江地区,南北纵贯的沈泾港从广富林至松江城北,底宽在15米以上,但到了城区的沪杭铁路处就缩小到只有8米,形成肚大口小、进水量大、泄水量小的极不正常的局面。[⑤]

显然,在传统中国的社会体制中,自然环境及其变迁虽然是引发

---

① 瞿同祖著,范忠信等译:《清代地方政府》,法律出版社2003年版,第298~299页。

② 唐锡瑞辑:《二十六保志》卷一,见《上海乡镇旧志丛书》,上海社会科学院出版社2006年版。

③ 岳钦韬:《近代铁路建设对太湖流域水利的影响——以1920年代初沪杭甬铁路屠家村港"拆坝筑桥"事件为中心》,载《中国历史地理论丛》2013年第1期。

④ 昆山市水利局水利志编纂委员会:《昆山县水利志》,上海科学技术文献出版社1995年版,第53页。

⑤ 程潞等编著:《上海农业地理》,上海科学技术出版社1979年版,第86页。

水利博弈的主要原因与矛盾的触发点,但最终的博弈结果往往取决于不同地方、不同人群的政治运作过程。在分析传统时代水利争端问题时,我们更需要从环境变化、基层政治运作等更多的层面来加以考虑、求证与分析,方才有可能还原本就复杂多样的历史。

本章小结

长江河口地区是历史时期环境变化比较剧烈的地区,主要表现为河口的不断束狭、下延以及岸线的坍涨不定。这些环境变化改变了该地区的地理环境景观,也引发了相应的生态响应;除了对环境变化敏感的生物如沙里勾等蟹类、鲥鱼等洄游性鱼类的分布发生变化外,更深入影响到社会文化层面,这些变化为人们所感知、所记载,形成了如同状元谶之类的文化现象。这些记载可能是怪异乃至荒诞不经、充满迷信色彩的,却恰恰反映了该地区水利环境的变化。正是依赖于这些资料的记载,笔者才可以透过对资料的分析来复原环境变化。尽管复原的精度可能还不尽如人意,但已经可以找到较好的切入点。在历史环境变迁的研究中,历史文献资料的应用具有非常重要的作用。中国古代遗存有丰富的、连续性较强的历史文献资料,但就目前的研究来看,除了在研究气候变迁、水旱灾害等方面利用较多外,其他方面利用程度和挖掘深度还相当不够。在文献资料异常丰富的江南地区,这类资料更有深入开拓的空间和必要。因此,除了常用的"灾异志""五行志"外,学界还应进一步挖掘其他承载有环境变迁意义的历史文献资料。本节所讨论的沙里勾蟹类的变迁与苏州状元谶的长期流传,无疑为长江口地区的环境变化,以及娄江的河流状况及水利形势的变化提供了侧面的证据,而且完全可以和江南地区河流、海岸变迁的研究成果相联系。研究者对此类文献资料需要有更为强烈的学术敏感性,由此也可以大大扩展江南地区环境变迁研究的资料与途径,使研究的视野更为扩大,资料更为丰富多样,所获得的研究成果也将会更加精彩。

潮汐对感潮区的环境变化的响应并不仅仅局限于自然生态层面。透过对水利环境的影响,整个江南地区的水利格局被改变,其中最突出的就是区域水利利益博弈所引发的矛盾。这种矛盾普遍存在于省际、府际、县际,乃至更深入的基层地区。本章选取青浦县作为个案,详细分析了水利环境变迁背景下,政区间水利利益在政治基础上予以划分后,县级政区是如何依据自己利益,利用时机予以表达和博弈,以求改善的。这种博弈受到自然、社会等多重因素的影响,长期延续,随着近代铁路、机电排灌等新技术的应用,老问题又呈现出新面目,透过对其考察,展示出历史上江南水利问题的内核。

第六章　江南的地域开发过程

　　地域发展不平衡是江南地区开发进程中始终存在的问题,这一问题不仅涉及地域开发问题,与水利建设的关系也非常密切。纵观江南地区的发展历程,以苏州为中心的地区始终居于领先地位,其他地区的开发顺序先后不一,太湖西北部至今仍是区域中较为后进的地区。在整个江南地区的开发过程中,各个地区的开发顺序如何,水利建设是较为明显的指标,环境变化亦与水利建设直接相关。在以往的"江南"研究中,"研究的地域范围,实际上始终未能涵盖到整个江南,既有研究几乎全部集中在相当于明清时期的苏州、松江、湖州、杭州、嘉兴五府和太仓一州之区,即太湖流域的东南部地区,而对于同一流域西北部地区(主要属于常州府、镇江府、江宁府)的研究涉及甚少"①。通过对已有研究成果的检索与整理,也可以非常明显地发现,对于太湖流域西北部地区的专题研究在研究的深度与广度、质量与数量上,都与流域东南部地区之间存在着巨大的差距。与之相应,目前的"江南"研究得出的结论绝大部分是建立在对太湖流域东南部地区(即苏、松、太、杭、嘉、湖等府州)史料研究的基础上,并以一种"选精"与"集粹"的研究方

---

　　① 范金民:《江南市镇史研究的走向》,载《史学月刊》2004年第8期,范氏所论虽是就市镇史研究所作的评价,但对于整个江南研究的状况也同样适用。

法来进行论证①,研究结论自然不能完全代表整个太湖流域的真实面貌。从区域发展历史过程来看,江南地区在自然环境、区域开发等方面均有自身的独特之处,其开发进程也非匀质的线性向前,本章拟对此问题展开讨论。

第一节　区域开发模式的探讨

一、斯波义信模式及其讨论

江南的开发起源很早,早在新石器时代,这里就出现过良渚文化等灿烂文明。但在以后的社会历史进程中,江南的发展程度长期落后于黄河流域。自唐宋以后,随着经济、文化等重心的南移,这一地区开始成为整个中国经济、文化最为发达的地区之一,这种地位甚至一直持续到今天。因此,对于江南地区开发过程的探讨及其模式的总结,一直为学术界所关注。但在以往的研究成果中,学界比较关注的是地域开发过程、经济重心的南移、地域经济文化的发展等较为具体的问题,对于开发模式的探讨比较少见。目前成果中,以日本学者斯波义信的讨论比较深入,而他的研究主要是参考高谷好一关于泰国湄南河流域开发过程的研究成果而得出的,因此,我们首先应当对高谷好一的研究有所了解。

日本学者高谷好一的研究成果表明,湄南河流域的开发进程与泰国的历史进程紧密相关:清迈王朝、素可泰王朝的建立是以湄

---

① "选精""集粹"是李伯重在反思江南经济史研究时对当前研究存在弊端的总结,即将某些例证所反映的具体的和特殊的现象加以普遍化,从而使之丧失了真实性,显然,在目前的江南研究中,这个问题是普遍存在的,详参李伯重《"选精""集粹"与"宋代江南农业革命"——对传统经济史研究方法的检讨》,载《中国社会科学》2000年第1期。

南河上中游山间盆地的开发为基础的;湄南河三角洲顶部地区的开发对应的是阿育他雅王朝的兴起;三角洲下部的开发则对应持续至今的曼谷王朝。在这一对应关系中,治水技术的不断进步促进了地域开发不断向人居环境较差地区的扩展;同时,水利工作的需要也促进了政治组织的发展,政治组织从最初的小地域组织(村社级)直至流域级(国家级)的发展过程,也正是泰国历史进程的真实反映。①

在高谷好一研究的基础上,斯波义信运用湄南河地域开发模式来论述江南地区的开发过程。他将整个江南地区从地形上分为三个部分,并且认为江南的开发也遵循以下顺序:河谷扇形平地→三角洲上部→三角洲下部。② 换言之,最先开发的是宁镇丘陵和浙西山地中的河谷平原,其次是江南平原上的高田地带,最后才是江南平原上的低田地带。与前述的湄南河三角洲地区相类似,江南地域开发进程同样与该地区的历史进程紧密相关。

斯波义信指出,在最早的地区开发中,移民所能利用的土地是能够提供稳定给水的山间小盆地。而随着时间的推移,排水造田、土地开垦的趋势主要是从起伏较大的冲积扇向平坦的泛滥原地区推进,如汉代的水利工程主要集中在太湖流域边缘的天目山和会稽山山麓地带;直到唐代以前,总共26处水利工程中,有15处位于这两个地区。因此,在三国及六朝时期,江南区域的行政中心在南京,该区域内的政治组织是以分散在各地的互不相连的高阜地上

---

① 〔日〕高谷好一:《热带三角洲的农业发展》,见〔日〕斯波义信著,方健、何忠礼译《宋代江南经济史研究》,江苏人民出版社2001年版,第177~179页。

② 〔日〕斯波义信著,方健、何忠礼译:《宋代江南经济史研究》,江苏人民出版社2001年版,第190~194页。

的资源为支柱的。相对而言,对低洼地区的开发,主要表现在交通组织的整备(运河)。至于沿海高地区盐碱地,其开发程度相对较落后,水平也较低。而自唐宋以来,开发地域发生了明显转移,三角洲低地区的开发明显加强,人口、耕地、肥料、种植制度等技术进步是其主要促进因素,水利工程的分布可以明显反映这一趋势。运河的堤坝(吴江塘路)在长江三角洲中部地区构筑,有效防御了洪水的泛滥,促使整个地区的干枯化。至明代中期三角洲中部的泛滥原地区,几乎完全开垦成为肥沃的圩田,由此也标志着整个流域开发的完成。①

在具体的实证研究上,斯波义信主要参考了陈桥驿等人对会稽(绍兴)地区的研究成果,并以此为基础来论证其地域开发模式;大而化之,以会稽地区作为参照,江南地区(太湖流域)的开发,几乎完全是沿袭了会稽的模式,只不过其规模要大得多。同时,斯波义信认为,出现跨越式增长的时间段,并不是在通常认为的唐宋时期,即并不存在传统所论的"唐宋变革说"。根据斯波义信及其他日本学者的研究,直到北宋时期,江南地区的农业生产水平仍不是很高,低洼地区的开发程度也并不充分,真正的跨越式发展是在南宋及其以后。但在宋代,人口、耕地等的增长已经出现了快速发展的趋势。当时人口的增加,并非均匀地铺开,而是主要集中在东部低田地带的苏州和嘉兴(即明清的苏州、松江、嘉兴三府及太仓州),而人口减少则主要发生在位于江南西部和北部的高田地带各州府。东部苏、常二州的户数在整个江南地区户数中所占的比重,从宋初的40%弱,上升到了北宋最盛时的44%。在南宋时期,随着大批移民的南迁,人口的增长明显加速。以至于苏州的每平方公

① 〔日〕斯波义信著,方健、何忠礼译:《宋代江南经济史研究》,江苏人民出版社2001年版,第195～206页。

里的人口密度高达 196 人,仅次于拥有大量官僚、军队和其他非本地人口的首都临安府(261 人),大大超过了有重兵屯驻的建康府(83 人)与镇江府(159 人)。① 因此,这一时期江南人口变化的主要特点是人口重心从西部和北部转移到东部。耕地的变化,也表现出同样的趋势。北宋景祐年间苏州所属 5 县共有税田 340 万亩,但到南宋端平二年(1235),仅其中的常熟县就有税田 240 万亩。南宋中叶以后江南东部的平江府(苏州)、嘉兴府(秀州),耕地都达到 700 万亩左右,加上常州约 700 万亩和江阴军 125 万亩,总数约为 2225 万亩,这一数字已经接近明清时该地区总的耕地面积。与此相比较,在西部各州,特别是在宁镇的丹阳湖周围地区和浙西的太湖西岸地区,人口、耕地数虽然也有颇大增加,但在速度和绝对数量上明显逊于东部地区。

表 6 - 1 唐至北宋江南户数的变化

地 区	639 年	746 年	806—820 年	980 年	1080 年	增长倍数
苏州(含苏州、嘉兴和松江)	11859	76421	100808	58247	313106	26.4
杭 州	30571	86528	51276	70457	202794	6.6
湖 州	14136	73306	43469	38748	145121	10.3
常 州	21182	102631	54767	70103	136360	6.4
润州(含江宁与镇江)	25361	102033	55400	84226	223260	8.8
总 数	103109	440919	305720	321781	1020641	9.9

资料来源:李伯重《宋末至明初江南农业变化的特点和历史地位——十三、十四世纪江南农业变化探讨之四》,载《中国农史》1998 年第 3 期。

---

① 〔日〕斯波义信著,方健、何忠礼译:《宋代江南经济史研究》,江苏人民出版社 2001 年版,第 204 ~ 212 页。

　　这一趋势发展到了明初，人口最稠密的地区已经从太湖流域的西部和北部转移到了东部地区；耕地面积的变化也表现出同样的趋势：整个流域都出现了较大增长，但西部明显逊于东部；这一时期的水利工程，也大部分建于江南平原。① 唐宋之后，太湖流域经济的发展趋势、格局等与之前发生了若干重大变化，但依然保持了向前发展的趋势，并没有出现传统研究中所认为的"十三、十四世纪的转折"，即并不存在所谓的"明清停滞论"。② 当然，这一发展历程并非直线前进，而是经历了数个上升期与下降期，呈螺旋型上升。③

表 6-2　明初至清中叶江南人口的变化

地　区	1393 年(单位：口)	1820 年(单位：口)	增长倍数
苏　州	2355030	5473348	2.3
松　江	1219937	2631590	2.2
常　州	775513	3895772	5
镇　江	522383	2194654	4.2
应天(江宁)	1193620	1874018	1.6
杭　州	720567	3189838	4.4
嘉　兴	1112121	2805120	2.5
湖　州	810244	2566137	3.2
总　计	8700415	24630477	2.8

资料来源：李伯重：《宋末至明初江南农业变化的特点和历史地位——十

---

　　① 〔日〕斯波义信，方健、何忠礼译：《宋代江南经济史研究》，江苏人民出版社 2001 年版，第 204～212 页。

　　② 李伯重：《多视角看江南经济史(1250—1850)》，生活·读书·新知三联书店 2003 年版，第 96 页。

　　③ 如斯波义信在其著作中就将宋初至明初这段时期的江南经济变化分为 7 个时期，大致以南宋开禧北伐前为上升期，之后与整个元代都为下降期，自明代开始又重新进入上升期。

三、十四世纪江南农业变化探讨之四》，载《中国农史》1998 年第 3 期。

除了斯波义信外，大泽正昭、足立启二等日本学者从稻麦复种与轮作、生产力水平等不同角度论证了这一问题，其研究结果表明，在宋代稻麦复种制虽已出现并有相当程度的普及，但实行这种种植制度的田地主要分布于江南西部的河谷丘陵地带（即高田地带），而太湖以东的低田地带（即所谓的"强湿地"）仍以水稻一年一作甚至两年一作的"强湿地农法"为主，低洼地区还存在有大量的休耕地。低田地区在南宋时期的开发程度，总体来说仍然明显低于太湖以西的高田地带；直到明清之际，随着地域开发的进一步深入，稻麦复种制度方才在江南低洼平原地区取得优势。① 他们的基本结论与斯波义信所述大体一致。

对于日本学者的观点，李伯重持赞同态度，并作了一定的补充，即在太湖以东的低田地带，有若干地方，尤其是苏州附近地区，早在唐代就已是江南最发达的地区之一。而且在唐以后的近千年中，江南地区一直保持着这种地位。但是总体来看，在南宋时代地域开发的大体情况仍然如斯波义信、大泽正昭、足立启二等人所述，尽管这并不排除有一些例外存在。因此，按照这种模式，宋末至明初江南农业的变化，很大程度上是江南平原低洼地带的进一步开发，或者说是整个江南农业生产重心从西部高田地带向东部低田地带的转移。②

按照一般的传统看法，地域开发的顺序，先是从平原开始，然

---

① 〔日〕大泽正昭著，刘瑞芝译：《关于宋代"江南"的生产力水准的评价》，载《中国农史》1998 年第 2 期；〔日〕足立启二：《宋代两浙水稻业生产力水准》，转引自李伯重《宋末至明初江南农业技术的变化——十三、十四世纪江南农业变化探讨之二》，载《中国农史》1998 年第 1 期。

② 李伯重：《宋末至明初江南农业变化的特点和历史地位——十三、十四世纪江南农业变化探讨之四》，载《中国农史》1998 年第 3 期。

后才是丘陵、山地。这一具有普遍性的开发模式,久已为人所熟知,如王祯在谈到南方梯田的出现时,即指出了农田开垦的顺序是:"盖田尽而地,地尽而山。"①因此,依照这个开发模式,江南的开发顺序应当是:江南平原→宁镇丘陵→浙西山地。这种看法,是过去的江南经济史研究中无可置疑的出发点。斯波义信所提的模式无疑对此发起了直接的挑战,极具学术新意。李伯重就高度评价道:"通过对斯波义信所提模式的认知与考虑可以发现,将这个普遍性开发模式运用于江南,显然是颠倒了江南农业生产空间变化的过程。因此,斯波氏提出的新模式,消除了过去流行的错误模式所造成的对江南地区开发方式的误解,从而促进了我们对宋末至明初江南农业变化的空间特点的正确理解。"②

斯波义信所提出的江南开发模式确有新意,对于推进"江南"研究甚有帮助。但必须注意到的是,斯波义信在论证江南地区的开发模式时,他所述及的"江南地区"范围极为广大,除了传统意义上的江南(即太湖流域)外,甚至扩展到江西、浙南等地区,远远超出以太湖流域为中心的江南范围;在具体论证过程中,斯波义信是以绍兴地区的开发进程来做实例基础的。陈桥驿的研究早已说明,古代鉴湖的兴废与山(阴)会(稽)平原农田水利发展的关系,说明了各个时代的农田水利设施与河湖网分布,是相互制约和不断发展的。③ 这一论点可以被认为是水利与环境及区域开发存在密

---

① 〔元〕王祯著,王毓瑚校:《王祯农书》,农业出版社 1981 年版,第 191 页。按:在江南地区,一般田指水稻田,地指旱地。

② 李伯重:《斯波义信〈宋代江南经济史研究〉评介》,载《中国经济史研究》1990 年第 4 期;《宋末至明初江南农业变化的特点和历史地位——十三、十四世纪江南农业变化探讨之四》,载《中国农史》1998 年第 3 期。

③ 陈桥驿:《古代鉴湖兴废与山会平原农田水利》,载《地理学报》1962 年第 3 期。

切关系。但当真正论及太湖流域的情况时,斯波义信只用很短的篇幅简单带过,不能不说是一种遗憾;从地理环境来看,显然太湖流域与湄南河流域及山会平原地区均不相同;在研究地域上,斯波义信又将属于不同水系的水阳江流域纳入其研究体系之中,这就使得他所借用的"湄南河模式",在地理基础上能否适用于太湖流域更加存疑。显然,地域开发模式除了环境基础的相似性之外,也涉及诸多其他问题,如区域内农业生产力水平差异、水利工程建设、区域经济发展落差等。尽管在其著作中斯波义信已经对这些问题有所涉及,但这些问题仍有进行讨论的空间,现笔者就结合本书的内容,重点从水利史的角度予以探讨。

二、地域开发进程探讨

从地域上看,整个太湖流域虽然属于同一水系,但在其流域内部由于海陆位置、地形、河网特征、地下水位、土壤类型的组合等因素的差异,太湖流域构成了多个不同地理环境结构的自然区域。通常,人们所熟知的是整个太湖流域大致可以分为西部丘陵山地区和太湖平原区两大区域。但综合各种影响因素,从地理学的标准出发,在丘陵山地区内部可分为四个自然区,太湖平原内部也可分为七个自然区,而在各个自然区内部还可以进一步地再加以细分。①

而从其他视角出发,也可以有很多划分标准,如从农业结构、市镇等经济因素的角度出发,大致可以划分为"稻作区"(包括常州府属诸县、松江府属西部县及苏州府诸县)、"蚕桑区"(湖州府东部诸县、嘉兴府西部诸县、苏州府属南部诸县)、"棉稻区"(太仓州大

---

① 朱季文等:《太湖地区农业自然条件的综合评价》,见中国科学院南京地理与湖泊研究所编《太湖流域水土资源及农业发展远景研究》,科学出版社1988年版,第20~21页。

部,松江府东部诸县、苏州属沿江诸县)①;在行政区划层面,各府州之间的差异也颇大,且不说江苏与浙江两省所属府县的差异,即在同级政区层面,如苏州府和松江府,在水利、农产等方面亦有明显差异;各行政区内部也非铁板一块,如松江府,可以"冈身"为界线分为"东乡"(稻作区)和"西乡"(棉稻区),明代何良俊描述到明嘉靖时松江东、西乡的差异时说:

> 盖各处之田虽有肥瘠不同,然未有如松江之高下悬绝者。夫东、西两乡,不但土有肥瘠。西乡田低水平易于车戽,夫妻二人可种二十五亩,稍勤者可至三十亩。且土肥获多,每亩收三石者不论,只说二石五斗,每岁可得米七八十石矣。故取租有一石六七斗者。东乡田高岸陡,车皆直竖,无异于汲水,稍不到,苗尽槁死,每遇旱岁,车声彻夜不休。夫妻二人极力耕种,止可五亩。若年岁丰熟,每亩收一石五斗。故取租多者八斗,少者只黄豆四五斗耳。农夫终岁勤劬,还租之后,不够二三月饭米。即望来岁麦熟,以为种田资本。至夏中只吃麰麦粥,日夜车水,足底皆穿,其与西乡吃鱼干白米饭种田者,天渊不同矣。②

松江东、西乡的农业生产力、民众生活等都有巨大差异,同时还有滨海地区的独特环境及其变化,如沿岸滩地的坍涨、从盐场到农田的变化等。③

以往江南地区的研究主要关注于太湖平原地区,其中又重点

① 李伯重:《明清江南农业资源的合理利用》,载《农业考古》1985 年第2 期。
② 〔明〕何良俊:《四友斋丛说》卷一四《史十》,中华书局 1959 年版,第115 页。
③ 冯贤亮:《明清江南乡村民众的生活与地区差异》,载《中国历史地理论丛》2003 年第 4 辑。

关注于苏州地区、杭嘉湖平原和沿江滨海高地平原区,而较为忽视太湖西北部镇江、常州地区所在的湖西平原区。湖西地区除了茅山附近的山地丘陵地区明显不同于平原地区外,这一地区的平原属于高平原,地势相对高亢,一般海拔高度在 5~8 米;北部与中部地区河道稀疏,灌溉与排水条件较差,尤其是中部较高部位为大片实心地块,水源不足,排水又不畅,是易旱易渍的低产地区。① 即便少数条件较好的地区如无锡,其农田也细分为"平田"、"高田"和"低田",其中又以"平田"的生产条件最好。② 这些情况,显然与人们印象中的江南水乡有所不同。显然,对于这些差异及其所导致的问题,需要更加细致的微观研究。湖西平原区的水利特点,与太湖东部地区不尽相同,除了部分低洼地区需要防备洪涝灾害外,多数地区更要着眼于蓄水防旱。东晋以前,这里的生产条件很差,"旧晋陵地广人稀,且少陂渠,田多恶秽"③。湖西平原区主要水利措施是修筑塘坝,早在六朝时期,这一地区的塘坝的修筑已经比较普遍,如南齐建元三年(481),萧子良曾说:"(丹阳郡)旧遏古塘,非唯一所……丹阳、溧阳、永世等四县……堪垦之田合计荒熟有八千五百五十四顷。修治塘遏,可用十一万八千余夫,一春就功,便可成立。"④这里提到旧遏古塘,显然是早已经有之,其发展情况可

---

① 朱季文等:《太湖地区农业自然条件的综合评价》,见中国科学院南京地理与湖泊研究所编《太湖流域水土资源及农业发展远景研究》,科学出版社 1988 年版,第 23 页。

② 〔清〕黄印辑:《锡金识小录》卷一《地亩等则》,清光绪二十二年刊本,台湾成文出版社 1983 年影印本,第 47~49 页。

③ 〔唐〕李吉甫撰,贺须君点校:《元和郡县图志》,中华书局 1983 年版,第 592 页。

④ 《南齐书》卷四〇《竟陵文宣王子良传》,中华书局 1972 年版,第 694页。

见一斑,当时著名的练湖、新丰塘、赤山塘等都已修建,中小型的塘堰为数更多。而在此后,湖西平原区也一直保持着这一发展势头,从宋元时期该地区的地方志,如景定《建康志》、至大《金陵新志》和至顺《镇江志》记载来看,在南宋和元朝时期,宁镇地区兴建的陂塘堰坝的数量,都大大超过前代,这一趋势显然与这一地区高亢田及丘陵地区的开发有关。① 常州、镇江地区的高亢平原情况与此类似,单锷曾敏锐地说道:"窃观(常州)诸县高原陆野之乡,皆有塘圩,或三百亩,或五百亩为一圩,盖古之人停蓄水以灌溉民田。"②运河上著名的水柜练湖,在东晋初年建立之时就为了农业灌溉,到唐代,随着江南漕运的重要程度不断提升,而运河镇江段又水源不足,练湖成为运河的重要水源;为了维持运河水量,又严格限制了农业灌溉取用该湖之水,这导致了比较严重的水利矛盾。③ 为了蓄水灌溉,除了修建较大的陂塘堰坝外,开挖小型的池塘也是一个行之有效的办法。早在南宋初年陈旉就已提出挖塘蓄水,陈旉的办法是:"高田视其地势,高水所会归之处,量其所用而凿为陂塘,约十亩田即损二三亩以潴蓄水。"④这一方法在后来有所改进,并且得到了广泛的运用,元代的《居家必用事类》,将此法作为生活必需知识向人们介绍:"种田作池,蓄水深一丈,可以荫二十种(亩)田,今

---

① 张芳:《宁镇扬地区历史上的塘坝水利》,载《中国农史》1994 年第 2期。

② 〔北宋〕单锷:《吴中水利书》,《景印文渊阁四库全书》第 576 册,台湾商务印书馆 1986 年版,第 9 页。

③ 施和金:《练湖兴废及其农田水利土壤改良》,载《华中师范学院研究生学报》1980 年"创刊号"。

④ 〔南宋〕陈旉撰,万国鼎校注:《陈旉农书校注·地势之宜篇第二》,农业出版社 1965 年版,第 24 页。

江南多用筒轮水车以备之,亦须于未旱时早备也。"①深挖池塘的方法不仅可以节省耕地,而且由于所挖池塘较深,蓄水较多,还可养鱼,有经济收益,因此明代的徐献忠在《吴兴掌故集》中也极力推崇这种方法。② 由于这种方法实用有效,后一直沿用,成为江南西部丘陵山区与北部高田地带农田的主要供水方式。塘坝水利的推广和普及,大大改善了高田地带的农田生产能力,也反映了高田地区开发的进步。

　　地域开发不仅是水利工程建设的问题,也与区域环境、农业经济结构等密切相关。汪家伦在研究太湖流域水利史时发现,各个地区地理状况的差异与水旱灾害的分布特点密切相关,而这些情况又对地域开发有着相当大的影响,如太湖西北地区的地势差异明显,水体分布不均匀,因此,水旱矛盾错综,既有旱灾,又有涝害,有时交替出现,属于洪涝旱兼有区。明清时期,随着胥溪东坝的筑成,西源基本断绝;湖荡淤浅,围垦日益严重;百渎大多湮塞,下泄不畅。引水、蓄水、调水和泄水机能的削弱,进一步加重了这里的水旱灾害。但从演变趋势来看,干旱越来越成为生产上的主要矛盾。据宜兴、溧阳二县资料统计,1513—1644 年间,水灾略有减少,旱灾却增加了 3 倍。同时,水旱灾害在季节分配上,以初秋旱和秋旱的比率较大。为了适应水源短缺、避免秋旱的威胁,湖西地区在历史上形成了以中稻为主的水稻布局,在水稻品种上则主要是选用籼稻。整个流域东北沿江、东南滨海的高地区,农田用水常感短缺,棉花种植的推广后,大量稻田为棉田所代替,与这一地区旱灾

　　① 〔元〕佚名:《居家必用事类全集·戊集》,书目文献出版社 1988 年版,第 173 页。
　　② 〔明〕徐献忠:《山乡水利议》,见《吴兴掌故集》卷一一《水利》,明嘉靖三十九年刊本,台湾成文出版社 1983 年影印本,第 722～724 页。

较多有一定的关系。① 而在太湖以东的低洼湖群区,由于地势低,排水不畅,很容易遭受洪水和内涝灾害,因此,湖东地区的开发也相对较晚。② 上述情况是环境变化的反映,也是时人对这种变化的适应。从水利史研究的视角来看,也有类似特点。缪启愉在研究太湖流域塘浦圩田发展史时发现,在五代吴越之前,从总体来看,整个太湖流域地区的开发程度还很低,已经开发的地区大多呈点状分布,生产力水平也相对较低。太湖流域的开发趋势,是以太湖为中心,从四围高地向近湖沼泽地带进展;随着社会的进步,以较为分散的形式继续招广。③ 在长期的历史过程中,每当江南地区出现割据或偏安政权,如孙吴,东晋,南朝(宋、齐、梁、陈),五代吴越,南宋诸朝,这一地区的开发进程就明显加快,这一趋势可以从江南地区历代县级行政区的设置中看出。④

在开发最早的苏锡平原地区,其开发进程也并非线型前进。最早的圩田区出现于苏锡平原区,并于唐末五代时形成了较为完善的塘浦圩田体系。但从文献中不难看出,在大圩时代,种植结构以一熟晚稻为主;圩田内部存在着大面积的水面,并非是所有的圩

---

① 按:棉花种植的推广除了这一原因外,还有经济等诸多因素,对此已有诸多研究成果论述,兹不赘述。

② 汪家伦:《历史时期太湖地区水旱情况初步分析(四世纪—十九世纪)》,载华南农学院《农史研究》编辑部编《农史研究》第 3 辑,农业出版社1983 年版,第 84~97 页。

③ 缪启愉编著:《太湖塘浦圩田史研究》,农业出版社 1985 年版,第 12页。

④ 政区的设置对于区域开发蕴含着巨大意义,谭其骧认为:"一地方至于创建县治,大致即可以表示该地开发已臻成熟。"这一观点为学术界所认可,详参考谭其骧《浙江省历代行政区域——兼论浙江省各地区的开发过程》,载复旦大学历史地理研究所编《历史地理研究》第 1 辑,复旦大学出版社1986 年版,收入谭其骧《长水集(上)》,人民出版社 1987 年版,第 404 页。

内田地都得到耕种;同时,由于肥料等因素限制,往往采用"冬水田"等休耕制度,在已经开发的田地上实行轮休以恢复地力。直到宋代,随着水稻品种改良和复种制(稻—麦或稻—绿肥)的推广,这些地区才开始有效地被利用起来。[①] 这些变化的发生,从镇江到杭州南北贯通的运河作用非常重要,一方面,运河是主要的交通运输通道;另一方面,运河也极大地改变了区域水环境,尤其是苏州—嘉兴段,尤其宋代吴江塘路和垂虹桥的修建,极大地改善了湖东地区淀泖湖群低地的水环境,从而为这一地区的开发奠定了基础。在湖西北地区,运河则成为了最主要的干河。镇江—常州段的主干运河开凿较早,宋代还开凿了从丹阳经金坛至溧阳的运河,由此联接荆溪和太湖,构成了完整的江南运河体系。同时,通过诸多河港与长江连接,这些河港除了承担一定的排泄洪水的任务外,更是引潮济运的重要通道。

  整个流域东部沿江滨海的冈身高地区,除了北段的江阴、常熟以及南段的海盐等地区开发较早外,其整体经济开发也相对较晚。经济上出现跨越发展,是在宋元时期棉花这一较为耐旱的经济作物传入并广为种植之后,在农业经济结构上形成了著名的"棉稻区",才达到足以与相邻的低洼平原区相媲美的程度。这一趋势,在政区设置上也有所反映,宝山、川沙、南汇、奉贤、金山诸县(厅),直到清代方才设置,在整个太湖流域的政区设置中为时最晚。西北部高亢平原区虽然开发较早,但受自然条件限制,发展后劲不

---

① 曾雄生:《析宋代"稻麦二熟"说》,载《历史研究》2005年第1期;李根蟠:《再论宋代南方稻麦复种制的形成和发展——兼与曾雄生先生商榷》,载《历史研究》2006年第2期;王加华:《一年两作制江南地区普及问题再探讨——兼评李伯重先生之明清江南农业经济史研究》,载《中国社会经济史研究》2009年第4期。

足。该地区存在圩田这一开发形式,其发展历程正反映了环境条件的限制。而地势最高的茅山丘陵区的生产条件相对较差,长期以来发展较为滞后,至今仍是整个流域中经济中的后进地区。

更应注意的是,江南地区的地理环境是处在不断的变化之中,其主要影响因素在于陆地的不等量下沉和沿海泥沙物质的不断堆积。单从地势来看,以今日之眼光,古代的文化遗址应当主要分布在地面高程比较适中的地区。但从现已发现的新石器时代文化遗址的分布来看,绝大多数聚集在今日的湖荡之间,有些甚至被掩埋在泥炭层之下,深埋在 2~5 米以下。历代都曾在地下或湖中发现宋代以前的文化遗址和文物,最典型的如阳澄淀泖湖群,以及漏湖等地区,这些都是该地区陆地沉降及水系格局变化所导致的。① 与之相似,冈身以东的滨海地区行政区划的设置与变动,也与这一地区河口的外延与海岸线的不断变化密切相关,这使得沿海滩荡地不断扩展,由此导致生产方式由盐业生产转向农业生产,棉花种植得到推广。江南地区的其开发是渐进的,内容也相当复杂,同一荡地,也有西熟、稍熟、长荡、沙头的区别:“西熟、稍熟,可植五谷,几与下田等;既而长荡亦半堪树艺。惟沙头为芦苇之所,长出海滨,殆不可计。萑苇之外可以渔,长荡之间可以盐。”在最初开发的时候,“税轻役简……税无赔累,役无长征”,结果是土地私有制发展迅速,“沮洳斥卤,遂为美业,富家大户,反起而佃之。名虽称佃,实同口分,灶户转为佃户,利之所在,人共争之,势使然也”。②

---

① 魏嵩山:《太湖流域开发探源》,江西教育出版社 1993 年版,第 7~8 页。

② 〔清〕叶梦珠撰,来新夏点校:《阅世编》卷一《田产二》,上海古籍出版社 1981 年版,第 24 页。关于沿海荡地的开发,具体可参考刘淼《明清沿海荡地开发研究》,汕头大学出版社 1996 年版,第 97~99 页。

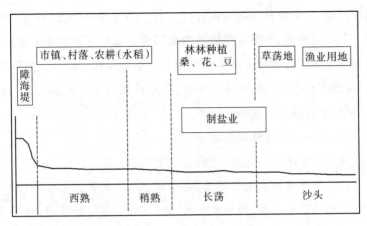

图1 沿海荡地开发示意图

资料来源:据刘森《明清沿海荡地开发研究》,汕头大学出版社 1996 年版,第 98 页附图改绘。

以上从太湖流域的开发进程入手,探讨了江南地区的开发模式,重点讨论了西北部丘陵山地区和东部冈身高地区的开发过程。可以发现,江南地区的开发进程虽与斯波义信所提出的开发模式在宏观过程上确有一定程度的相合之处,但在微观地域过程中绝非简单的一一对应关系。在这样一个流域范围内,即使处于同一流域之内,不同地区之间的发展进程仍然有着不小的差异;同时,区域环境亦处在不断的变动之中,其影响也不容忽视。斯波义信所提之模式确有启发意义,但在探讨这一问题时,还应当进行更为深入具体的研究,否则容易忽视地域差异性,从而忽视了历史的复杂性。

第二节 "夹苎干"溇的变迁

夹苎干溇是太湖流域西北部的一条河道,连结荆溪、洮滆湖群与江南运河，最终从江阴注入长江。由于湮塞较早，久已不为人所知。其演变过程，便是太湖流域西北部地区水利环境变化的缩影，也与该地区的区域开发进程密切相关。本书即拟通过对文献的梳理，考证出夹苎干渎的成因和位置，论述其水利功能及水利史上对此的争论，并探讨其湮塞的原因。

一、文献记载与位置推定

对于夹苎干渎的记载，最早见于北宋单锷的《吴中水利书》：

> 宜兴县西有夹苎干渎，在金坛、宜兴、武进三县之界，东至涌湖及武进县界，西南至宜兴，北至金坛，通接长塘湖，西接五堰、茅山、薛步山水，直入宜兴之荆溪。其夹苎干，盖古人亦所以泄长塘湖东入涌湖，泄涌湖之水入大吴渎、塘口渎、白鱼湾、高梅渎四渎及白鹤溪而北入常州之运河，由运河而入一十四条之港，北入大江。①

从单锷的论述中可知，夹苎干渎由西至东穿越金坛、宜兴、武进三县地界，其功能在于汇集五堰以东之茅山、薛步山一带的山地径流，分流荆溪，向东泄入长塘湖、涌湖，并通过大吴渎、塘口渎、白鱼湾、高梅渎及白鹤溪，向北流入常州一带的大运河，最终经由江阴一十四条港汇入长江，由此将荆溪、洮涌湖群、运河和长江连接起来。由于夹苎干渎湮塞较早，因此相关记载极少，在现存的地方志中仅见于乾隆《江南通志》："夹苎干渎，在宜兴县西北。昔时泻长荡湖之水东入涌湖，由涌湖入大吴渎、塘口渎、白鱼湾、高梅渎及白鹤溪而北入常州运河，又由运河分流入一十四渎注于大江，今湮。"②除

---

① 〔北宋〕单锷：《吴中水利书》，《景印文渊阁四库全书》第576册，台湾商务印书馆1986年版，第6页。
② 乾隆《江南通志》卷六一《河渠志》，清乾隆元年刻本，凤凰出版社2011年影印本，第233页。

了这些记载外,在方志资源丰富的江南地区,竟然难觅其踪迹。

　　相对而言,这一地区的水利著作比较丰富,可以从中寻其踪迹。由于单锷在江南水利史上享有重要地位①,后世关于夹苧干渎的记载基本上以其说法为准,如归有光的《三吴水利录》,张内蕴、周大韶的《三吴水考》,张国维的《吴中水利全书》等著作,或原文照录,或稍加改动,但基本内容都大致相同,因此也很难找到新信息。只有明代的伍馀福做了较为详细的文献与实地考证:

　　　　夹苧干,宜兴志无也。惟宋进士单锷遗书论及其事,而今无复有知故道者。近抵其地,始得闻其详:半在宜兴,半在金坛,半在武进。东抵滆湖,北通长荡湖,西接五堰。盖古人以泄长荡湖之水以入滆湖,泄滆湖之水以入大吴渎、塘口渎、白鱼湾、高梅渎四渎及白鹤溪,而北入常州运河以归大江,于水势甚便。自五堰既废之,而后其所谓夹苧干者亦复湮塞,皆为桑麻之区。虽有清东、清西,相去百里,终非水道。至于桥名,亦讹为鸭嘴之呼。②

　　这是单锷之后关于夹苧干最精确的记述。迨至清初,顾祖禹在其著作中总结了其历史变迁:

　　　　金坛、武进、宜兴之间,有地名夹苧干,东抵宜兴县西北之滆湖,北通长荡湖,西接五堰。盖长荡湖之水,东接荆溪而入

------

　　①　单锷为宜兴人,"独留心于吴中水利。尝独乘小舟,往来于苏州、常州、湖州之间。经三十余年,凡一沟一渎,无不周览其源流,考究其形势。因以所阅历,著为此书。……明永乐中,夏原吉疏吴江水门,浚宜兴百渎。正统中,周忱修筑溧、阳二坝,皆用锷说"(《四库全书总目提要》卷六九)。历代对单锷的治水之策虽评价不一,但其对常州、宜兴地区的水利之熟悉是无人可否认的。

　　②　〔明〕伍馀福:《三吴水利论》,《丛书集成初编》本,中华书局1985年影印本,第2页。

太湖。昔人引之北泄于漏湖,又泄漏湖之水北入武进县西南之大吴渎、荡口渎、白鱼湾、高梅渎及白鹤溪,而接于运河,下流归于大江。单氏谓所云"上接漏湖而运河有功,下达荆溪而震泽无害,为宣、润、常三州之深利"者也。今日就湮塞,盖水利之不讲久矣。①

单从文献资料上看,单氏及后来诸书中所记甚略,因此要考证夹苧干渎的河道情形及其变迁,是相当困难的,只能根据相关材料来做推论。单锷记述道:"今(江阴)一十四条之港皆名存而实亡。"对于夹苧干渎,也要"依古开通",可见宋代中期以前夹苧干渎已经湮塞。《中国自然地理·历史自然地理》一书中引《新唐书·地理志》认为:元和八年(813),孟简疏浚孟河故道时,"引荆溪循古夹苧干渎,穿过洮、漏湖群,北注长江"②。若据此而言,则夹苧干渎在唐朝以前已经湮塞,孟简所开的孟渎即其下游故道。然遍查《新唐书·地理志》,只云"(武进)西四十里有孟渎,引江水南注通漕,溉田四千顷。元和八年,刺史孟简因故渠开"③。并未语及夹苧干渎,孟渎与夹苧干渎二者有何关系,该书并未直接说明论证依据。

经过仔细查对文献,可知这一观点源自魏嵩山《太湖水系的历史变迁》一文,文中魏嵩山根据钻孔资料沉积岩相的分析认为,在晚更新世末期,气候寒冷,海平面下降,太湖尚未形成,当时荆溪下游东北向穿过今洮、漏湖群,循今孟河北注长江;而到了全新世中

---

① 〔清〕顾祖禹撰,贺次君、施和金点校:《读史方舆纪要》卷一九《南直隶》,中华书局 2005 年版,第 989 页。

② 中国科学院《中国自然地理》编辑委员会编:《中国自然地理·历史自然地理》,科学出版社 1982 年版,第 150 页。另按:该书太湖水系一节由魏嵩山负责撰写,此部分内容亦收入魏嵩山《太湖流域开发探源》,江西教育出版社 1993 年版。

③ 《新唐书》"常州晋陵郡武进县"条,中华书局 1975 年版,第 1058 页。

期,气候转暖,海平面上升,孟河口淤狭,荆溪主流改向东流,与苕溪汇聚形成太湖。① 据此而推论,夹苎干渎应当是荆溪主流改道后留下的河道残留。② 由于该地靠近茅山冈坡,沟河溪涧源短流急,多雨时山洪暴发,百川盈溢,保留并维持这样一条排水通道,对于该地区的水利是非常必要的。但值得注意的是,其所处的茅山山前地区,由于土壤质地疏松、历史时期的植被破坏等原因,土壤侵蚀非常严重,因此若不经常加以疏浚,夹苎干渎的中段极易为洪水泥沙所淤塞,这应当是夹苎干渎较早淤塞的原因。只有其下游入江水口孟渎等河,因是江南运河出入长江的重要通道,屡淤屡浚,常保畅通。

尽管在单锷之时,夹苎干渎就已少有人知,相关文献对其位置的记载也不够详细。但通过考察历史记载中与夹苎干渎相关联的一些河流、湖泊,如五堰、长塘湖、滆湖、四渎、白鹤溪及江阴一十四港等,还是能大致考证出其位置及走向的。

五堰又称鲁阳五堰,即银林堰、分水堰、苦李堰、何家堰和余家堰,位于今江苏省高淳县固城镇与定埠镇之间的胥溪河上,始筑于唐景福二年(893)。以后废置不常,至明永乐初改闸为坝,嘉靖三十五年(1556)筑成上、下两坝,总称为东坝,彻底阻断了胥溪西来之水。历史上记载颇多,其位置在今高淳县东坝镇附近。

长塘湖又作长荡湖,即今洮湖,位于宜兴、金坛两县之间;滆湖一名西滆沙子湖,武进、宜兴中分之。历史上两湖面积相当大,洮

---

①　同济大学海洋地质系三角洲研究组:《长江三角洲发育过程和沙体特征》,转引自魏嵩山《太湖水系的历史变迁》,载《复旦学报(社会科学版)》1979 年第 2 期。

②　魏嵩山:《太湖水系的历史变迁》,载《复旦学报(社会科学版)》1979年第 2 期。

湖"东西二十里,南北三十五里",漏湖"南北百里,东西三十余里"①。虽然西湖因历代兴筑围田而被侵蚀了一部分,但至今仍是太湖流域面积较大的湖泊。历史上两湖之间有众多河渠沟通,现有北干河、中干河、南干河等河流,水流方向是从洮湖流向漏湖。而沟通漏湖与运河的大吴、塘口、高梅、白鱼湾四渎与白鹤溪,在历史上记载较多。单锷云:"近又访得宜兴西漏湖有二渎,一名白鱼湾,一名大湖吴渎,泄漏湖之水入运河,由运河入一十四处斗门下江。其二渎在塘口渎之南。又有一渎名高梅渎,亦泄漏湖之水入运河,由运河入斗门,在吴渎之南。"②其位置从北到南依次是塘口渎、白鱼湾、大吴渎、高梅渎。渎是这一地区对较小河港的称呼,如荆溪百渎,往往变迁不定,但至迟到明末,塘口、白鱼二渎仍然存在。③白鹤溪亦名鹤溪河、荆溪,因传说东汉时丁令威在此化仙鹤升天而得名。白鹤溪西起丹阳,东南至垂虹口入漏湖。咸淳《毗陵志》载:"白鹤溪,在(武进)县西南二十里,入漏湖,接丹阳桂仙乡。"④白鹤溪虽有变迁,但一直存在至今,现为扁担河的一部分,是武进西部贯通运河、漏湖主要干河之一。⑤

位于江阴的入江一十四条港,单锷曾载:"(江阴)其地势自河而渐低,上自丹阳,下至无锡运河之北偏,古有泄水入江渎一十四

① 乾隆《江南通志》卷六一《河渠志》,清乾隆元年刻本,凤凰出版社2011年影印本,第232页。
② 〔北宋〕单锷:《吴中水利书》,《景印文渊阁四库全书》第576册,第8页,台湾商务印书馆1986年版。
③ 〔明〕张国维:《吴中水利全书》卷一《图·武进县全境水利全图》中标有塘口、白鱼二渎,此外,在多种当地方志如成化《重修毗陵志》图中对此二渎也有所标注,显然当时都存在。
④ 〔南宋〕史能之:《咸淳毗陵志》卷一五《山水》,清嘉庆二十五年刊本。
⑤ 武进县志编纂委员会编:《武进县志》,上海人民出版社1988年版,第157页。

条:曰孟渎、曰黄汀堰渎、曰东函港、曰北戚氏港、曰五卸堰港、曰梨溶港、曰蒋渎、曰欧渎、曰魏渎泾、曰支子港、曰蠡渎、曰牌泾。皆以古人名或以姓称之,昔皆以泄众水入运河,立斗门,又北泄下江阴之江。"由于长江潮水所挟泥沙的沉积,这些河港非常容易淤塞,单锷之时虽然已经"存者无几"了。但经历代疏浚,至清代时河港仍然保留有数条,如"黄汀河在常州府东北十五里,西接纲头河,东入江阴界。单锷云常州运河北边有泄水入江一十四渎,即孟渎、黄汀渎之类也。今所存盖无几云"①。由于运河镇江至常州段地势高亢,水源困难,这些河港作为引潮济运的重要通道,有时也作为北运漕粮空船回航的通道,历来受到人们的重视,屡淤屡浚,尤其是孟渎、黄汀渎等几条较大的河流甚至保留至今。

此外,还有一些其他的地理坐标,透露出一些相关信息,如白茫潭、洴涻潴等河流与湖泊。白茫潭是宜兴附近的一个湖泊,"在荆溪县西四十五里,广数百亩,受金坛、溧阳诸水"②。从史籍记载中来看,白茫潭是夹苧干渎在洮漏湖附近诸多蓄水地中的一个,"盖夹苧干为洮漏通流之径,径塞则湖水旁溢,漂没田畴庐舍,汇为潴为荡为潭者以十数,止口、白茫皆是也"③。洴涻潴是宜兴县境内的一条河流,将荆溪、白茫潭、夹苧干渎、西氿等河流、湖泊串联起来,"在(宜兴)县西二十七里,上承西南诸水,东入荆溪。癸泾自洴涻潴分流,东入从善等乡,以入西氿。止口荡、白茫潭,西北自上新河、丰义河、集义河纳洮湖、漏湖诸水,分流徐舍河、南阳河、宜风河、白溪及李家、杨舍、五牧大溪、夹苧干渎等河

---

① 乾隆《江南通志》卷六一《河渠志》,清乾隆元年刻本。
② 乾隆《江南通志》卷一三《舆地志》,清乾隆元年刻本。
③ 〔清〕瞿源洙:《白茫潭记》,见〔清〕卢文弨辑《常郡八邑艺文志》卷四,《续修四库全书》第917册,上海古籍出版社2002年版,第533页。

以入西氿"①。故而时人推测:"其地当去临津不远。而单策不行,宋时已淤塞。至明嘉靖时,悉为平陆,邑乘无由考据。今之县志,竟遗落不载。"②

由于存在这些可寻的地理参照点,循着上述这些河流、湖泊,可以在地图上大致标出夹苧干的位置与走向。

二、水利功能及相关议论

从地理上看,夹苧干溇位于茅山山地东侧的低洼地带,其西、北两方向来水一般都汇入荆溪(今称南溪),最终在宜兴分为百溇流入太湖。这一地区的水利形势是:"地形卑下,北有运河、洮湡之水,西有金坛、溧阳之水,南有张渚、湖㳇诸山之水,群会于荆溪以下百溇,百溇不尽与荆溪相接,西北诸水不能分泄,必致漫溢。"③尤其是西面高淳、溧水方向的丹阳湖、石臼湖和固城湖之水,可以通过胥溪东流入太湖,其水量相当丰富,对当地的水利形成比较大的压力。唐末杨行密部将台濛修筑鲁阳五堰,上流通过胥溪的来水有所减少,"至东坝增筑,则上流少纾",但威胁并未完全解除。茅山东麓汇聚的径流,仍然对当地的水利形势造成比较严重的压力,"然北挟二湖,南潎万涧,金坛、溧阳之水犹集于西"④。从气候上来看,当地属亚热带季风气候,降雨量比较丰沛,年平均降水量约1000~1400毫米,但季节分配极不均匀,有将近一半的雨量集中在汛期的6—9月的梅雨季节和台风期间。"或遇五六月山水暴涨,则皆入于宜兴之荆溪,由荆溪而入震泽。盖上三州之水,东灌苏、

---

① 〔明〕张内蕴、周大韶:《三吴水考》卷五《宜兴县水道考》,《景印文渊阁四库全书》第 577 册,台湾商务印书馆 1986 年版,第 213 页。

② 〔清〕瞿源洙:《白茫潭记》,见〔清〕卢文弨辑《常郡八邑艺文志》卷四,《续修四库全书》第 917 册,上海古籍出版社 2002 年版,第 533 页。

③ 嘉庆《增修宜兴县旧志》卷一《疆域志》,清嘉庆二年刻本。

④ 光绪《宜兴荆溪县新志》卷一《疆土》,清光绪八年刻本。

常、湖也。"①在夏秋雨季若遇山水暴发,低洼地区很容易遭受水灾。因此,汇聚、引导山水分泄而出,成为当地重要的水利任务。

夹苧干渎的水利功能在于引导茅山东麓的山水向东北入江,正好可与五堰相配合,减少汇入荆溪的水量来源,从而减轻对太湖的水利压力。单锷认为整个太湖流域是一个有机整体:"自西伍堰,东至吴江岸,犹人之一身也。伍堰则首也,荆溪则咽喉也,百渎则心也,震泽则腹也,旁通震泽众渎,则脉络众窍也,吴江则足也。"在他提出的治水办法中,很重要的一条措施就是"开夹苧干、白鹤溪、白鱼湾、塘口渎、大吴渎,令长塘湖(又名长荡湖)、漏湖相连,泄西水入运河,下斗门入江",使西北之水不入太湖而改入长江;同时配合上游修复五堰,下游开吴江菱芦之地、立木桥千所,以利湖水入江,构成了其兼顾上、下游流域的整体治水思想。因此,单锷认为夹苧干渎若"依古开通"的话,"则西来他州入震泽之水可以杀其势,深利于三州(苏、常、湖)之田也"②。

对于单锷的观点,历史上大多数人赞同,认为夹苧干可以减少上游来水,对于太湖水利有着积极的作用。元代周文英认为:"江阴而东,置运河一十四渎,泄水以入江;宜兴而西,置夹苧干与塘口、大吴等渎,泄西水以入运河,皆委也。……委之不治,又无以导其去之方,是纳而不吐也,水如之何不为患也。"③明代伍馀福则更是推崇其水利作用,认为:"盖此计一行,上可以接漏湖而运河有功,下可以远荆溪而震泽无害。锷称深利于三州,以予观之,岂独

---

　　①　〔北宋〕单锷:《吴中水利书》,《景印文渊阁四库全书》第 576 册,台湾商务印书馆 1986 年版,第 1 页。

　　②　〔北宋〕单锷:《吴中水利书》,《景印文渊阁四库全书》第 576 册,台湾商务印书馆 1986 年版,第 6 页。

　　③　〔元〕归有光《三吴水利录》卷三《周文英书》,《丛书集成初编》第 3019 册,中华书局 1985 年版,第 40 页。

三州然哉!"①清代吴骞在《桃溪客语》中也说道,夹苧干渎泄水入江,"于水势甚便",并认为"(单)锷之言不诬",他亦认为此渎一开,"上可以接漏湖而运河有功,下可以远荆溪而震泽无害"②。而水灾频发正是河道淤塞导致,"夏秋水发,波涛涌沸,直入荆溪。舟行驶疾,往往覆溺,而孤城当其冲,岌岌可怖,此夹苧干不复之故"③。现代水利史专家汪家伦先生也认为,夹苧干渎这条溪河,"构成高水排的控制线,导引茅山东部的冈陇水经江阴通江诸港泄入长江,是减少入湖水量的又一措施"④。

但也存在着相反意见。明代归有光作《三吴水利录》称:"单锷著书,为苏子瞻也称。然欲修五堰、开夹苧干渎,绝西来之水不入太湖。不知扬州薮泽,天所以潴东南之水也。今以人力遏之,夫水为民之害,亦为民之利,就使太湖干枯,于民岂为利哉!"⑤归有光认为夹苧干渎在水利上用功能不大。之所以会产生两种截然相反的意见,这与历史时期太湖整体水利形势的变化有关,需要结合当时的形势具体分析。唐宋之时,江南地区的开发尚不充分,面临的主要问题是与水争田,因此开通夹苧干渎、减少上游来水是水利上的必然要求。而到了明清时期,江南地区上游的诸多水利工程,已经

---

① 〔明〕伍馀福:《三吴水利论》,《丛书集成初编》第3018册,中华书局1985年版,第2页。

② 〔清〕吴骞:《桃溪客语》卷四,《续修四库全书》第1139册,上海古籍出版社2002年版,第557~558页。

③ 〔清〕瞿源洙:《白茫潭记》,见〔清〕卢文弨辑《常郡八邑艺文志》卷四,《续修四库全书》第917册,上海古籍出版社2002年版,第533页。

④ 汪家伦:《试论北宋单锷太湖治水的见解和规划》,载中国水利学会水利史研究会、江苏省水利史志编纂委员会编《太湖水利史论文集》,内部资料,1986年。

⑤ 〔明〕归有光《三吴水利录》卷四《水利论》,《丛书集成初编》第3019册,中华书局1985年版,第48页。

亩,后因围垦,到 1984 年,其面积已经缩减为 122887 亩。① 滆湖的情况与之类似,古籍记载"南北百里,东西三十余里"。面积仅次于太湖,分属武进、宜兴两县,与洮湖距离很近,被围垦的趋势也大致相同。1960—1982 年,宜兴县围湖造田建圩 8.67 万亩,其中滆湖就围垦了 62685 亩(少数改为鱼池,绝大部分垦殖为农田)。② 同一时期,武进所属的滆湖湖面缩减了 10 万亩左右。③ 围垦虽然增加了耕作面积,但大大降低了湖泊的调蓄能力。在这种大的形势背景下,夹苎干渎的湮塞也就不足为奇了。

　　从整个太湖的水利形势来看,随着上、下游水利形势的变化,夹苎干渎的地位也在发生变化。如前所述,夹苎干渎的水利功能是汇集茅山东麓山地径流、分流荆溪,因此不可避免地受到荆溪水利形势变化的影响。单锷曾说,若修复五堰,则上游入荆溪之水,"比之未复,十须杀其五六耳"④。而荆溪来水流量减少,夹苎干渎的重要性就会下降。明永乐以前,五堰时建时废,胥溪来水的压力一直存在;明永乐年间太湖下游苏松地区水患严重,为减轻太湖流域的洪水压力,改闸为坝,"而坝犹低薄,水间漏泄,舟行犹能越之"⑤。同时"五堰之侧山水东下"的排泄出路仍是需考虑的重要问题,明宣德中周忱修筑芙蓉圩也是在解决了这个问题后才获得

① 金坛县地方志编纂委员会编:《金坛县志》,江苏人民出版社 1993 年版,第 121 页。
② 江苏省宜兴市地方志编纂委员会编:《宜兴县志》,上海人民出版社 1990 年版,第 203 页。
③ 江苏省武进县县志编纂委员会编:《武进县志》,上海人民出版社 1988 年版,第 313 页。
④ 〔北宋〕单锷:《吴中水利书》,《景印文渊阁四库全书》第 576 册,台湾商务印书馆 1986 年版,第 12 页。
⑤ 〔明〕韩邦宪:《广通镇坝考》,见民国《高淳县志》卷二一《艺文志》。

成功的,"修筑溧阳东坝以捍上水,开黄田诸港以泄下水"①。因此在当时,保留夹苎干渎的排水功能仍是水利上的需要,因此不断有人提议修复该河。迨明嘉靖三十五年(1556)彻底筑成上、下两坝,使胥溪西来之水无涓滴可越之而东;而茅山来水亦为丹金漕河等水利工程所分流,宜兴一带的水利压力大大减轻,早已经成为"桑麻之区"的夹苎干渎从此更为世人所遗忘。

第三节 埂田及其发展

圩田是江南地区最重要的土地利用方式,研究成果极为丰富。但在太湖流域西部的丘陵坡洼地区,由于其特殊的地理状况,有一些形式比较特殊的圩田,较少为人关注。目前所见,仅有陆鼎言的《垗区考》对湖州地区的"垗区"做了详细考证,论述了其起源、形成、演变、基本特征及其与圩垸的主要区别。② 在与之相邻的茅山丘陵及其周边地区,还存在与"垗区"类似田制,如"埂田""坦田"等,迄今未见有专门论述。本节即拟通过对水利文献、方志等资料的整理,来论述"埂田"的一些基本水利特征及其发展轨迹,并着重讨论其水利功能及其在江南地区开发进程中的作用与影响。

明清时期太湖地区圩田的扩展趋势,就是向近山坡洼、河谷平原地区发展。这些地区背山面水,山洪暴发时上受山洪冲击,下受河湖水顶托,泄水困难;雨过天晴,便涓滴不存,"忧旱剧于忧涝"。明以前这些地区开发力度不够,明清时由于人口的增多,水工技术的进步,人们在这些地区圈围筑堤,开沟撇洪,拦洪蓄枯,建闸蓄泄

---

① 〔清〕黄印辑:《锡金识小录》卷二《芙蓉圩图考》,清光绪二十二年刊本。

② 陆鼎言:《垗区考》,载《水利学报》1999 年第 5 期。

进行治理,其堤防均与山丘相连,在一面或三面临水之地筑堤,成为半封闭状的圩田。这种圩田苏南地区称作"圩""埠""坦",湖州称作"垱""坦""裹垸""大包围"等。①

太湖以西地区,在苏南的镇江、丹阳、溧水、金坛、溧阳等地分布有不少近山坡洼地形。明初,洪武二十五年(1392)和二十九年(1396)湖西大旱,"水竭禾槁,谷稼腾贵",为解决近山坡洼地区的洪旱灾害,人们把平原圩区的水利工程引用过来,并结合整治山洪的水利技术,修建成具有自身特点的"圩"或"埠"。明中叶后,金坛县在近山坡洼处建成建昌圩、都圩、长新埠、杨树圩、大小南北圩等。丹阳、溧阳等地,也均有这类工程的修建。其中以建昌圩的面积最大,环圩堤岸周80余里,圩内面积7.38万亩,其中耕地3.88万亩。

太湖以南地区,浙西的长兴、吴兴、安吉、德清等地分布有较多的低丘坡地和河谷盆地。明代以后兴修有不少"垱",如长兴县在明初编造"鱼鳞图册"时,派差官丈量圩,查明长兴有垱758个(在山丘半圩区)、坦170个(山麓平坦处)。② 同治《安吉县志》卷四载全县有40个,面积共5.27余万亩。道光《武康县志》卷四载全县有圩187个。发展至今,湖州地区有大小垱区262处,大小包围38个,总面积945.5平方公里,内有水田56.18万亩,旱地8.73万亩,两者合计,约占全市丘陵地区总面积的52.55%。

一、发展历程

"埠"字音 hàn,属于比较生僻的汉字,《辞海》《现代汉语词典》皆收有此字,意为"小堤"。清代《康熙字典》总结了古代各种韵书

① 余连祥:《乌程霜稻袭人香:湖州稻作文化研究》,杭州出版社2008年版,第48页。

② 同治《长兴县志》卷一《建置沿革》,清同治十三年修,光绪十八年增补刊本。

对埂的解释:"埂:《广韵》《集韵》《韵会》,侯旰切;《正韵》侯干切。音翰,小堤也。"《广韵·翰韵》解释道:"筑堤埂水为田。"明代赵㧑谦的《六书本义》解释得更为明白:"岸,俗作埂。"可见"埂"字通常被认为是岸字的俗写,古人在使用时,往往是"岸""埂"两字通用的。埂田之命名,显然在于其堤岸形制比较特殊,以下详述之。

圩田在长江流域起源很早,分布范围也很广泛,因此在不同的地区有不同的称呼。宋代时江东称圩田,浙西称围田,明清时期两湖地区称为垸田,此外还有规模较小的柜田、坝田与坦田等,其形制均大同小异,本书所要讨论的埂田也是如此,因此可以看作是圩田的一种。埂田主要分布在太湖流域西北部的低山丘陵区,包括金坛、句容、丹徒、丹阳、溧阳、溧水、高淳等县,大都位于茅山山地周围的坡前洼地带,背山面水,其农业生产条件并不优越。正如当地人所议:"太湖上流,金坛、广德、乌程、归安、临安、余杭之间,并有坝堰,当以百计,各志可稽。盖使诸山之水潴而后泄。其潴也,可以救彼地之旱;其泄也,可以杀彼地之潦,且视苏松水势之大小而启闭之,计无便于此者。"[1]

由于生产条件的诸多限制,开发难度较大,因此这一地区的开发要稍晚于太湖流域的其他地区,埂田的出现也相对较晚。虽然自春秋时代开始,吴、越、楚等国与秦汉两朝都在此不断经营,但这一地区真正的开发还要到六朝时期。孙吴立国江南,"分吴郡无锡以西为毗陵典农校尉"[2]。当时的农业开发主要在湖西的毗陵(今武进)、溧阳一带高亢平原进行,吴国在此兴办了规模巨大的屯田,兴修了众多的陂塘灌溉农田,如"赤乌中,诸郡出部伍,新都都尉陈

① 〔清〕金友理撰,薛正兴校点:《太湖备考》卷三《曹胤儒水利论》,江苏古籍出版社1998年版,第136页。
② 《宋书》卷三五《州郡志》,中华书局1974年版,第1040页。

表、吴郡都尉顾承各率所领人会佃毗陵，男女各数万口"①。经过长时期的建设，其成果已经相当可观，至南齐建元三年（481），竟陵王萧子良任丹阳尹，议论道："（丹阳郡）旧遏古塘，非唯一所……丹阳、溧阳、永世四县……堪垦之田，合计荒熟有八千五百五十四顷，修治塘遏，可用十一万八千余夫，一春就功，便可成立。"②萧子良说的正是这里，其开发情况可见一斑。最早关于埠田的记载也在此时出现，景定《建康志》引石迈《古迹编》记载："赤山湖，在上元、句容两县之间，溉田二十四埠。南去百步有磐石，以为水疏闭之节。"赤山湖工程始于南朝梁代，在后代不断修缮，"唐麟德中，令杨延嘉因梁故堤置。后废。大历十三年，令王昕复置，周百里为塘，立二斗门以节旱暵，开田万顷"③。这是关于埠田的最早记载，虽然还比较模糊，却说明这一时期埠田已经出现，并且有了一定规模。

唐宋时期尤其是南宋以来，随着大量人口的增长与南迁，这一地区的开发进入高峰期。而圩田建设是该地区开发的主要内容，这一时期，"埠"字的使用频率非常高，不但常见于正史与水利书中，也为一般文人所使用，如《宋史》记载："熙宁元年六月，诏诸路监司：比岁所在陂塘堙没，濒江圩埠浸坏，沃壤不得耕，宜访其可兴者，劝民兴之，具所增田亩税赋以闻。"④诗人杨杰有诗云："洪范八政一曰食，民非稼穑胡为生？江南风俗重圩埠，岁遇丰

① 《三国志》卷五二《诸葛瑾传附子融传》，中华书局1959年版，第1236页。

② 《南齐书》卷四〇《竟陵王宣王子良传》，中华书局1972年版，第694页。

③ 景定《建康志》卷一八《山川志二》，《宋元方志丛刊》第2册，中华书局1990年影印本。

④ 《宋史》卷九五《河渠志》，中华书局1977年版，第2366~2367页。

稔仓箱盈。"①这里的"埠"字当作"岸"字来理解,充分说明了圩岸修筑对于本地民生与国家税赋的重要作用。在这种区域大开发的背景下,除了江河湖泖等水面被大量围垦外,农业开发也在向丘陵山区扩展,这一地区的埠田有了相当程度的发展。范成大诗云:"山边百亩古民田,田外新围截半川。六七月间天不雨,若为车水到山边。"②正是对埠田的真实写照。元代修纂的至顺《镇江志》中专列"围埠"一项,并对其数目进行了统计:"丹徒县,围埠二十;丹阳县,围埠五十七;金坛县,围埠三百五十。"③可见,当时镇江下属的丹徒、丹阳、金坛三县的埠田已达到相当大的规模。邻近的南京地区也有埠田,元代的《舍田记碑下题名》记载:"至顺辛未九月初二日,亨公泰庵和尚舍到田地山塘共计八拾陆亩贰拾玖步,在艾塘、后村、范塘、柘湆、柘时塘等埠周回,四散坐落。"④这正是农业开发长期向丘陵山地扩展的结果。

明清时由于人口压力的日益凸现,随着水利工程技术的进步与水稻种植的扩展,丘陵山地的开发力度大大加强,人们在这些地区圈围筑堤、开沟撒洪、建闸蓄泄进行治理,与之相应的,埠田也在不断扩展。除了前述的丹徒、丹阳、金坛等县外,邻近的高淳、句容等县亦有埠田存在。明嘉靖《高淳县志》列有"圩埠"一门,清代的《江南通志》亦记载道:"藕丝堰在高淳县北三十里,自寻真观北至

---

① 〔北宋〕杨杰:《无为集》卷三《和章学士祈晴昭亭山》,《景印文渊阁四库全书》第1099册,台湾商务印书馆1986年版,第694页。

② 〔南宋〕范成大:《范石湖集》卷二八《围田叹四绝》,上海古籍出版社1981年版,第393页。

③ 〔元〕俞希鲁纂,杨积庆、贾秀英等校点:至顺《镇江志》卷二《地理》,江苏古籍出版社1998年版,第59~60页。

④ 〔清〕严观辑:《江宁金石记》卷六《舍田记碑下题名》,清宣统二年刻本。

石臼社凤凰桥折入横沟,与溧水分界。沟汇戴家、城江、夏桥诸水并出堰口,内有圩埠十余座,共计田万余亩。"①明末张国维《吴中水利全书》统计金坛县有埠219座②,到了清代乾隆年间,金坛县的埠田已经发展到252座③,民国初年的《金坛县志》统计总共有289座埠田,而且在记载时已经清楚地将埠与圩并列而称,其数量与面积也相当可观。显然,随着这一时期丘陵山区开发程度的提高,埠田已经在这一地区普遍发展起来。

二、埠田规制

埠田最为集中的地区是在金坛县。根据民国时期的统计,金坛全县共有埠田289座,总面积超过16万亩,而金坛全县的耕地面积在65万亩左右,埠田占金坛全县耕地面积的四分之一强。④ 金坛县不仅埠田数量多,面积大,而且保留有关于埠田的丰富文献,刘天和、刘美、于业等人都留下了详细的记载,使我们可以对埠田的水利特征有更清晰的了解。

金坛县位于茅山丘陵东南坡的山前洼地区,明代刘天和对其水利形势做了细致的总结:"金坛地势,西北为金陵诸山之麓,东南连震泽诸山之尾,故水皆发源于西北,而归泄于东南。然山本无泉,因雨为源。"而该地区的气候条件,降水又集中于夏秋季节,"故建昌等圩、都圩等埠,近西北、西南之山墅者,形高势洼,一雨经旬,

---

① 乾隆《江南通志》卷六二《河渠志》,清乾隆元年刻本,按:民国《高淳县志》卷三《水利》亦载:(藕丝)堰内共有圩埠一十二所,散水田九千,共计万有余亩。

② 〔明〕张国维:《吴中水利全书》卷六《水名》,《景印文渊阁四库全书》第578册,台湾商务印书馆1986年版,第249~251页。

③ 乾隆《镇江府志》卷一八《水利》,清乾隆十五年刻本。

④ 数据来源于民国《金坛县志》卷二《山水志》,其中有部分埠田面积失载,但由于其面积均不甚大,因此面积偏差当不会太大。

则水瀑而易潏；一旱逾月，则渠浅而易涸，浚渠修埂置闸以蓄泄，民斯可耕也"①。面对这种水利形势，金坛县的对策在于"讲求水利者能常使上流疏通、湖口浚治，低洼障水有圩，高阜蓄水有塘，庶旱涝皆有所恃矣"②。当地发展出多种多样的水利设施，"曰河曰塘，所以蓄水也；曰圩曰埂，所以御水也；曰坝曰闸，所以阻水泄水也"③。可见，在金坛地区圩与埂的水利功能基本上是一致的，都是为了防御洪水，以下结合几个具体实例来分析埂田的水利特点。

（一）建昌圩

建昌圩虽以圩名，但通过分析其具体形制，发现其具有典型的埂田特征。明代刘天和在《建昌圩记略》中详细作了记载："金坛西北有圩曰建昌，其上流受茅山、丁角、长山诸水，每夏秋霖潦，则水泛滥而下，乃环圩筑土为长堤以御之，周八十余里。"建昌圩的筑堤方式是"分诸水为二派，南北环堤而流，以入于运河"。圩中则"为天荒荡，溪流旁达，积水以备旱"。显然，在未筑堤前，由于山洪直泻、洪涝为害，雨过天晴，又涓滴不存；因此，建昌圩堤防修筑得非常高厚，高程在 6 米以上，其宽度可以"四马并行"。筑堤之后，为防冲刷，沿堤外开了两条沿山渠道，辟山水北入洮湖，南入丹金溧漕河。圩内则利用中部洼地天荒荡，蓄水备旱，洪水之年也可以起到滞涝的作用。同时堤上设置了四闸，东闸和南闸"备大水之年出水"，西闸和北闸"备大旱之年进水"。建昌圩总面积非常大，旧称"十万天荒九万亩"，后经实测为 73800 亩。④ 该圩于明正德十年（1515），由知县刘天和在原有基础

---

① 〔明〕张国维：《吴中水利全书》卷一八《王臬金坛县水道志》，《景印文渊阁四库全书》第 578 册，台湾商务印书馆 1986 年版，第 680 页。
② 乾隆《镇江府志》卷一八《水利》，清乾隆十五年刻本。
③ 民国《金坛县志》卷二《山水志》，民国十五年铅印本。
④ 《太湖水利史稿》编写组：《太湖水利史稿》，河海大学出版社 1993 年版，第 198～199 页。

上改建而成。与前述的芙蓉圩地区相类似,建昌圩也有严密的水利管理制度,沈成嵩在其作品中描写道:"四马并行的建昌圩大堤,堤外长满了护坡的野草、野花,远远看去,宛若绿色的长城。可平时却没有一个牧童敢在圩堤上放牧、敢在圩堤上割草,更别说动土种庄稼了,谁如果触犯了圩规,轻则罚戏一本,重则在圩内服役两年。"①严格的制度,维护了该圩的长期安定。

(二)都圩埠

都圩埠的水利形势是:"广袤周围三十里,而近西则丫髻山、青龙洞、黄金山、白玉涧,四源全流而下;北则茅山、方山二水分流而下,无以障之。骤雨则茫然极目与洮湖同波,有以泄之则水落而陂出,随形筑埂为田。"因此,其筑岸方法是"随地形筑土为圩、为埠,中曰荡,东曰邵家,曰东庄,曰岳家,凡埠四。北曰大荡,曰张家荡,曰荡景,曰伏草,凡埠三圩一。南曰荡埠,曰上葑,曰中葑,曰下葑,曰张祥,曰戴圩,凡埠五圩一"。即中间留为水面,四面随地形修为14座小的圩埠,共同组成一个大埠。此外"复有枝河二,导水自闸以达于运河,潴于(洮)湖"②。当时财力不济,堤岸高度只有尺许,日后又有不断加高。尤其值得注意的是,这里很明白地说明了圩与埠的关系,即圩大埠小,往往一个大圩包括了数个小埠,这就是文中所记的"荡以大名,谓其纳众流也;圩以都名,谓其包诸埠也"③。此埠于明正德十一年(1516),由知县刘天和修治而成。

---

① 沈成嵩:《圩乡风情》,引自中国常州网,http://zt.cz001.com.cn/cun-ren/article/2008/0429/30919.html。

② 〔明〕张国维:《吴中水利全书》卷二五《刘天和都圩埠闸记》,《景印文渊阁四库全书》第578册,台湾商务印书馆1986年版,第932页。亦见于民国《金坛县志》卷二《山水志》。

③ 〔明〕张内蕴、周大韶:《三吴水考》卷一六《修四区大荡都圩闸记》,《景印文渊阁四库全书》第577册,台湾商务印书馆1986年版,第603页。

（三）长新埠

刘美记载了长新埠的水利状况："大廷桥之下有荒荡,广袤可二十里,民度其宜田也而垦之。垦之既久,无利而有害焉。揆其故,则以蓄水无闸而旱易灾,导水无渠而涝易溢。"为改变这种情况,刘氏率众对该地的水利设施进行了重新整修,修成长新埠："遂鸠工聚财,率众疏凿,通成新旧二渠。旧渠则起自敞塞口,经泾沟入潭头直埠。新渠则起自泾沟口,经团盘、邢坞东西村、张巷、陈观山、欧庄至延庆寺东入大廷桥河。二渠屈曲各长二十余里,自是水势四达而田可耕矣。"此外又修筑二闸："去大廷桥之北二丈许,料石为闸,闸口仅阔六尺,便启闭,防冲决也。泾沟口为一大闸,闸口阔一丈二尺,以便舟楫。"由这两个闸节制水流,"节宣二渠,即旱涝不足虞矣"[1]。明万历六年（1578）,都圩埠由知县刘美兴工修成。从修筑的时间来看,埠田修筑的高峰当在明代中后期,这也与当地的开发进程相符合。

三、水利特点

按照堤岸形制的不同,圩田一般分为两类:纯圩区和半圩区。纯圩区的特点是四面环水,集水面积在堤防保护范围内;而半圩区则是堤防与山丘相连,其集水面积除圩内平原外,还包括相邻的山丘区。[2] 显然,本书所讨论的埠田属于这种半圩区。关于江南圩田的形制,古人多有论述,如北宋范仲淹描述道:"江南旧有圩田,每一圩方数十里,如大城,中有河渠,外有闸门,旱则开闸引江水之利,涝则闭闸拒江水之害,旱涝不及,为农美利。"南宋杨万

① 〔明〕张国维:《吴中水利全书》卷二五《刘美长新埠闸记》,《景印文渊阁四库全书》第 578 册,台湾商务印书馆 1986 年版,第 950 页。

② 罗湘成主编:《中国基础水利、水资源与水处理实务》,中国环境科学出版社 1998 年版,第 128 页。

里则云:"圩者,围也,内以围田,外以围水。盖河高而田反在水下,沿堤通斗门,每门疏港以溉田,故有丰年而无水患。"①即圩田是根据地势把低洼地筑堤圈起来,把水挡在外面,里面开垦成田,在围堤的适当地点开口设闸,旱灌涝排,从而达到水旱无忧。而建昌圩、都圩埠、长新埠等埠田,都位于茅山的坡前洼地区,其集水面积除了圩内平原外,还包括其上游山丘区的集水面积。在雨季临河水位暴涨暴落,变动幅度很大,因此必须考虑集雨区内的山水入侵和外河顶托的影响,其堤防比一般的圩区要高而短,如建昌圩,其堤防高程在6米以上。而为了排除区内积水的需要,还需设置沿山渠道撇除山水,建昌圩、都圩埠、长新埠无不如此,而且往往进水闸与出水闸并设,以减轻水利压力。但由于地势较高,水易走泄,往往要在埠中留中一定面积来蓄水防旱,建昌圩中留有面积广大的天荒湖,都圩埠、长新埠更是从荒荡水面改造而来,其中心也留有相当的水面。早在南宋时期,陈旉就在其所著《农书》中强调过丘陵山区应当留出适当面积来蓄水防旱,埠田的这一特点也是陈旉观点在实际中的应用。在此之后,这一特点也得到传承。

　　埠田的最大特点在于其堤防均与山丘相连,在一面或三面临水之地筑堤,成为半封闭状的圩田,因此大多数的埠田面积并不很大。在金坛县的全部289座埠田中,面积超过十顷的只有43座,各埠的面积相差也非常悬殊,最大的建昌圩面积在八万亩以上,而最小的唐家埠只有25亩左右;但大多数埠田的面积都要小于同时代圩田的规模,如都圩埠,已经是14个小圩埠共同组成的大埠,其得名也正是因为"圩以都名,谓其包诸埠也",这与特殊的自然环境有

① 〔南宋〕杨万里:《诚斋集》卷三二《圩丁词十解》,《景印文渊阁四库全书》第1160册,台湾商务印书馆1986年版,第345页。

285

关,也与明清时期圩田小规模化的趋势相符合。①

其次,埠田的堤岸长度与田地面积往往不成比例。如表6-3所列,过了官埠周长五千五百丈,内有田地二十顷七十亩;田地面积十九顷四十三亩的大埠,堤长却只有一千九百二十丈,只有田地九顷六十亩的新打埠堤长却达二千六百丈。赵岐埠堤周长七百四十丈,田地二十顷三十亩;柘荡埠堤长只有四百五十丈,田面积却也有二十一顷;而堤长一千二百一十丈的蓬池埠,却只有田地五顷;堤长二千六百丈的九里荡埠,更是只有田地十顷八十亩。由此不难看出,埠田只能是一种半圩区。显然,埠田的这些特点,是对丘陵坡洼地特殊地形因地制宜的一种适应,同样,埠田的扩展也显示了太湖流域丘陵地的开发达到了相当高的程度。

显然,埠田就是一种形制比较特殊的圩田。它具备了一般圩田都有的堤岸、沟渠河道、闸坝等基本水利设施,但又在具体形制上有圩田有所区别,如设置分洪渠道、堤岸短而高、面积普遍较小、堤长与面积比例严重失调、蓄水防旱等特点。从文献中可以发现多数的埠田本来是弃而不用的"荒荡",位于丘陵山地的山前坡洼地带,地势落差较大,易旱易涝,开发难度较大,埠田的特殊形制正是对这种环境的适应,其发展轨迹则是江南地区农业开发向西部丘陵山地的坡前洼地扩展的结果。

江南地区除了埠田与坅田外,还有其他形式的圩田,如江阴地区有一种坦田,是当地滨江沿江高地区的特殊产物。对此,明代俞谏曾记载:"昔人以环湖地卑,筑围防以御水,名曰圩田。沿海地高,开泾浜以通灌,名曰坦田。围防通灌之利兴,而田称沃壤,赋甲

---

① 关于圩田规模的变化,即从大圩到小圩,可参考〔日〕滨岛敦俊著,王妙发译《关于江南"圩"的若干考察》,载《历史地理》1990年第7辑,上海人民出版社1990年版。

天下矣。"①姚文灏也说："圩田外有等坦田,往往被灾,而不敢作。今后俱要筑为圩岸,所补田亩一体挪补,其低圩岸内再帮子岸一条,高及一半,如阶级之状。"②曹楝坚的诗集中亦有描述："三吴财赋地,高下仰灌输。圩田水宜扞,坦田水宜潴。"③这些描述与冈身高地区地势高亢,需要深开沟渠泾浜、蓄水灌溉的水利特点是相符合的,而其规模也不会很大,只是由于资料过少,难以细窥其详细状况。

表6-3　金坛县埠田统计简表

名称	情况说明	名称	情况说明	名称	情况说明
建昌圩	在二十八都,周八十四里,圩埂一万五千余丈,田地八万余亩	上淡白埠	在下淡白埠西,周一千四百九十丈,田十四顷二亩	长新北埠	在二十四都,广袤二十里。明神宗万历六年知县刘美督民凿渠筑埂建闸以蓄泄,有记载其事
天荒大埠	在菱场埠西,周一千三百六十丈,田地十三顷六十八亩	中葑埠	在南葑埠西,周二千三百六十丈,田地十四顷	直长埠	在长新埠北,周一千八百丈,田十二顷三十亩

① 〔明〕张国维:《吴中水利全书》卷一四《俞谏请留关税浚白茆疏》,《景印文渊阁四库全书》第578册,台湾商务印书馆1986年版,第426页。

② 〔明〕张国维:《吴中水利全书》卷一五《姚文灏申饬水利事宜条约》,《景印文渊阁四库全书》第578册,台湾商务印书馆1986年版,第515页。

③ 〔清〕曹楝坚:《昙云阁集》卷五《题梁方伯淞泖扁舟图》,《续修四库全书》第1514册,上海古籍出版社2002年版,第477页。

续表

名称	情况说明	名称	情况说明	名称	情况说明
过了官埠	在西岗村西,周五千五百丈,田地二十二顷七十亩	南葑埠	在中葑埠东,周二千三百六十丈,田地十八顷	鲍荡埠	在直里桥西,周二百七十丈,田十四顷
三培埠	在前村东,周三千一百丈,田地二十九顷七十二亩	九里荡埠	在万庵西,周二千六百丈,田地十顷八十亩	直埠	在直溪南,周五千四百丈,田地五十六顷四十亩
大埠	在孟家埠北,周一千九百二十丈,田地十九顷四十三亩	增寿长埠	在九里荡埠东,周二千五百丈,田地十五顷二十亩	东干大埠	在西杨桥东,周二千八百丈,田十顷
青子埠	在桥南村西,周一千三百六十丈,田地十六顷六亩	江家荡埠	在邵家埠东,周一千八百二十丈,田地十五顷十六亩	西官埠	在官埠西,周一千四百丈,田地二十七顷
长大埠	在中溇东,周一千一百丈,田地十一顷	上都圩埠	在二十都界南,周一千七百丈,田地十二顷九十六亩	景家湾埠	在二十八都张庄铺西,周一千八百丈,田地五十一顷六十亩
周家埠	周一千一百五十丈,田地十一顷五十亩	黄土山埠	在大杨埠西,周八百丈,田地十顷二十五亩	东堰埠	在二十九都九曜庙西,周八百四十丈,田地九十顷十三亩
陈思埠	周一千五百丈,田地十三顷八十五亩	南堰埠	在尖埠北,周二千一百二丈,田地十二顷九十亩	赵岐埠	在运河西,周七百四十丈,田地二十顷三十亩

名称	情况说明	名称	情况说明	名称	情况说明
芦荽埠	周一千五百三十丈，田地二十二顷八十二亩	都圩埠	在马兴桥西，周一千五百丈，田地十二顷九十亩	柘荡埠	在后符村西，周四百五十丈，田二十一顷
新圩埠	周一千一百丈，田地十一顷	火烧埠	在车家埠西，周一千九百八十丈，田地十三顷二十亩	前关埠	在运河东，周八百丈，田地二十六顷
下圩埠	在唐大埠东，周一千二百三十五丈，田地十二顷六十亩	赵圩埠	在官埠西，周二千十五丈，田地二十七顷五十亩	长埠	在运河西，周七百五十丈，田地十一顷三十
外另埠	在天荒荡北，周一百六十丈，田地三十顷四十亩	西关埠	在建昌圩南，周一千八百丈，田地十一顷	荽湖埠	在赵家埠北，一名后高湖，周一千九百十五丈，田七十一顷五亩
前关埠	在袁巷村西，周八百五丈，田地四十顷八十五亩	松子埠	在官路西，周四百丈，田十八顷五十二亩	赵家埠	在荽湖埠南，一名前高湖，周围七村，中有田十八顷余，地利颇饶埂口二百二十丈，递年冲坍，甚为劳费。能南向置一闸，则旱涝无忧

资料来源:民国《金坛县志》卷二,按:由于数量众多,本表只统计面积在十顷以上的埠田。

本章小结

在江南地区的开发过程中,始终存在着地区间发展不平衡的问题。水利条件是导致这些不平衡的重要原因,因此从水利史的角度来探讨整个流域的开发模式显得很有必要。日本学者斯波义信借鉴泰国湄南河流域的开发,提出了"河谷扇形平地→三角洲上部→三角洲下部"的开发模式,这一模式对于从宏观长时段上理解江南地区的开发过程有较大的借鉴意义。但我们也应当注意到,由于流域内各地区间自然、人文等环境的差异,江南地区具体的开发进程可能有自己的独特之处,这些都可以从该地区的政区设置、人口与耕地的变动以及地域经济区的形成等方面显示出来;同时江南地区的水利环境既存在区域差异,亦处在不断的变化之中,对地域开发进程展生了相当大的影响,表现最为明显的就是太湖流域西北部的高亢平原区、茅山附近的丘陵地区以及滨海高地区,与滨湖低地平原区存在较大差异。这些方面的差异,使得各地区的发展始终处于一种不平衡的状态。本章重点考察了太湖流域西北部地区的开发历程,同时以该地区夹苧干渎河道的变化和山坡前洼地区的埂田为例,讨论了该地区水利变化及农业开发的历史过程及环境影响。江南地区在长期的历史开发进程中,由于地理环境的差异及技术水平的限制,确实呈现出各地区不均衡发展的态势,在总结其地域开发模式时,不可以"匀质化"地一概视之,也不可盲目套用其他地区的既有模式,而应在进行研究时结合各地区具体情况予以分析。

第七章　圩田景观与地域社会

　　圩田是江南地区最为重要的土地利用方式,在农业史、水利史上都占有重要的地位,目前的研究成果也相当丰富。[①] 但对于圩田景观的形成过程、具体结构,以及对当地的环境的影响等方面的研究基本上是付之阙如的;同时,在圩田体系内部,对地域社会的形成、构造及其具体运作等问题,亦少见研究。江南地区的圩田起源很早[②],到唐末五代时形成了完善的塘浦圩田体系,之后的宋元时期经历了大规模的围湖造田,至明代,太湖周边地区大规模造圩的记载已很少见,可见这一地区以造圩为主要形式的开发进程(圩田化)大体在宋代已经完成。在之后的历史时期中又经历过分圩与联圩(并圩)等几次大的变化[③],特别是中华人民共和国成立后的大规模农田水利建设与园田化等,使得圩田的形态彻底改变。也

---

　　① 赵崔莉、刘新卫:《近半个世纪以来的中国古代圩田研究综述》,载《古今农业》2003 年第 3 期。

　　② 《光绪高淳县志》载:"春秋时,吴筑固城为濑渚邑,因筑圩附于城,为吴之沃土。"目前学界多据此认为这是中国最早的圩田,但这条史料明显后人所加,颇可怀疑。另按:2007 年底,浙江良渚遗址发掘出一座"古城",有人称之为"华夏第一城",据报道,其"城墙"宽度达 40～60 米,似更应为水坝、堤岸之类的水利设施,由此也可见在太湖低洼区,相关水利技术起源的时间当更早。

　　③ 关于分圩的问题,可参考〔日〕滨岛敦俊著,王妙发译《关于江南"圩"的若干考察》,载《历史地理》第 7 辑,上海人民出版社 1990 年版。

正由此,后人对圩田的形态及其变化认识较为困难,后来的研究者只能利用模糊不清的历史文献来推测复原圩田的景观形态与地域社会,这也直接导致了相关研究的缺失,本章即试图对这些问题予以阐述。

第一节　圩田的发展历程

一、圩田的起源与发展

太湖地区的圩田,大约起源于春秋时期,自战国至秦,渐有发展,至汉代,进一步拓广。① 春秋时期,吴、越两国为了争霸需要,首先在太湖地区进行经营,"春秋时,吴筑固城为濑渚邑,因筑是圩附于城,为吴之沃土"②;或引明代曹胤儒之言:"自范蠡围田,东江渐塞。"③学界一般以此为圩田之始。但此二论皆为后人附会,实难确认。圩田的起源似可更向前追述,如《吴越春秋·吴太伯传》载:"故太伯起城,周三里二百步,外郭三百余里,在西北隅,名曰故吴,人民皆耕田其中。"④太伯城方三里左右,而外郭达三百余里,人民又耕田其中,规模非常庞大,与早期的大型圩田形制类似,此城很有可能就是一个规模宏大的圩田。太伯之城已不可见,但在常州附近,有一座与之时代相近的淹城遗址,从其形制来看,亦是内城

---

① 缪启愉:《太湖地区塘浦圩田的形成和发展》,载《中国农史》1982年第1期;黄锡之:《论太湖地区塘浦圩田的成因与变迁》,载《苏州铁道师院学报(自然科学版)》,1995年第1期。

② 民国《高淳县志》卷三《山川志》,民国七年刻本。

③ 〔明〕张国维:《吴中水利全书》卷二二《曹胤儒东南水利议》,《景印文渊阁四库全书》第578册,台湾商务印书馆1986年版,第818~819页。

④ 〔东汉〕赵晔撰,张觉校注:《吴越春秋校注》卷一《吴太伯传第一》,岳麓书社2006年版,第10页。

与外郭环绕,可算是太伯之城的具体而微者。根据缪启愉的研究,吴地的开发与楚人来奔及楚国开发江汉平原的水利经验传播有密切关系,由此为这一地区的开发奠定了基础。《越绝书·吴地传》中记载有"胥卑虚""胥主疁""大疁""鹿陂"等名称,当是吴国时成片农田的田段称呼,用这些名目命名的田段,实际上都有筑堤围田的迹象。这些地名都分布在苏州的北野和东野,正是低洼之区,应当就是圩田的起源。吴、越先后称霸,正是建立在这种开发基础之上的。之后,太湖地区又经历越、楚及秦代的经营,又有所开发。总体来看,当时整个地区的开发程度还很低,大多呈点状分布,生产力水平也相对较低,大致还停留在"火耕水耨"的阶段。太湖地区开发的趋势是以太湖为中心,从四围高地向近湖沼泽地带进展;而随着社会的进步,圩田以较为分散的形式继续不断扩展。①

　　成体系的塘浦圩田,大约形成于唐中叶以后,其是通盘规划、集体力量的产物,这一体系与江南地区历代的军事屯田营田制度有着密切的关系。最早在春秋时期,吴国在固城湖区围田,与楚邻近;越国在古东江水系地区围田,在吴、越边境应当是以军事屯田的形式进行的。三国时,吴国以设立军屯和民屯作为恢复和发展农业生产的重要措施,屯田规模相当大,其分布范围包括毗陵、海昌、溧阳等地,尤以无锡以西地区的屯田规模巨大,"赤乌中,诸郡出部伍,新都都尉陈表、吴郡都尉顾承,各率所领人会佃毗陵,男女各数万口",并分吴郡无锡以西为毗陵典农校尉,设置专官管辖,大将陆逊为海昌屯田都尉②;在太湖西部的溧阳等县,则省县为典农都尉屯田。左思《吴都赋》描写道"屯营栉比,廨署棋布""畛畷无

　　① 缪启愉编著:《太湖塘浦圩田史研究》,农业出版社1985年版,第7～12页。

　　② 〔西晋〕陈寿:《三国志·陆逊传》,中华书局1959年版,第1343页。

数,膏腴兼倍",规模之大可以想见。东晋时在嘉兴地区置屯田校尉,"岁遇丰稔,公储有余"①。南朝时期,这一开发趋势仍然继续,常熟县旧名海虞,在南朝梁大同六年(540)改名为常熟,正是因为"高乡濒江有二十四浦通潮汐,资灌溉而旱无忧;低乡田皆筑圩,足以御水而涝亦不为患,以故岁常熟,而县以名焉"②。这种变化,反映其圩田开发已经达到相当高的水平。之后的唐代也在这一地区大兴屯田,屯田范围相当广阔,"嘉禾土田二十七屯,广轮曲折千有余里",规模相当宏大,其内部则"浚其畎浍达于川,求遂氏治野之法,修稻人稼穑之政。芟以珍草,剔以除木,风以布种,雨以附根,颁其法也"。李翰的《苏州嘉兴屯田纪绩颂》赞扬道:

> 嘉禾之田,际海茫茫,取彼蓁荒,画为封疆。朱公莅之,展器授方,田事既饬,黎人则康。我屯之稼,如云漠漠,夫伍棋布,沟封绮错。朱公履之,勤耨趋获,稂莠不生,螟蟊不作。岁登亿计,征宽税薄,息我蒸人,遂其耕凿。我屯之庾,如京如坻,嘉量是登,方舟是维。赞皇献之,达于京师,饱我六军,肃将天威。畎距于沟,沟达于川,故道既湮,变沟为田。朱公浚之,执用以先,浩浩其流,乃与湖连。上则有涂,中亦有船,旱则溉之,水则泄焉。曰雨曰霁,以沟为天,俾我公私,永无饥年。公田翼翼,私田嶷嶷,不侵其畔,不犯其穑,我仓既盈,尔廪维亿……③

随着区域开发进程的持续,太湖地区在整个江南地区经济地

---

① 《至元嘉禾志》卷一二《宫观·高王菩萨庙》,中华书局1990年影印本,第4494页。

② 光绪《常昭合志稿》卷九《水利志》,清光绪三十年木活字本。

③ 〔唐〕李翰:《苏州嘉兴屯田纪绩颂并序》,见〔清〕董诰等编,孙映逵等点校《全唐文》卷四三〇,山西教育出版社2002年版,第2595页。

位不断上升:"全吴在扬州之域最大,嘉禾在全吴之壤最腴。故嘉禾一穰,江淮为之康;嘉禾一歉,江淮为之俭。"①唐末五代,吴越偏居江南,对其所占据的太湖流域进行了较为悉心的经营,设立了专门机构对太湖流域的圩田进行管理。见于史书记载的有营田吏卒、都水营田使、营田司、都水使者、撩浅军、开江营等不同称谓,尤以后两者为世人所熟知,吴越天宝八年(915),"置都水营田使以主水事,募卒为都,号曰撩浅军,亦谓之撩清;命于太湖旁置撩清卒四部,凡七八千人,常为田事,治河筑堤。一路径下吴淞江,一路自急水港下淀山湖入海"②。军事屯田也同时存在,如乾祐二年(949)"置营田卒数千人,以淞江辟土而耕"③,同时,太湖地区内筑太湖堤岸,外修捍海塘,在前代的基础上悉心经营,基本形成了横塘纵浦交错的塘浦圩田体系。"于江之南北,为纵浦以通于江;又于浦之东西,为横塘以分其势而棋布之,有圩田之象焉。"④根据郏亶的记载,横塘纵浦共有264条,"其塘浦阔者三十余丈,狭者不下廿余丈,深者二三丈,浅者不下一丈"。相应的圩岸也十分高厚,高的达二丈,低亦不下一丈,可防御大水的危害。太湖地区塘浦圩田体系最主要的特点在于河网有纲、港浦有闸、堤岸高厚、高低分治、塘浦深阔,在整体治理的基础上,注意经常性地维护,"田各成圩,圩必有长。每一年或二年,率逐圩之人,修筑堤防,浚治浦港",从而使

① 〔唐〕李翰:《苏州嘉兴屯田纪绩颂并序》,见〔清〕董诰等编,孙映逵等点校《全唐文》卷四三〇,山西教育出版社2002年版,第2595页。

② 〔清〕吴任臣撰,徐敏霞、周莹点校:《十国春秋》卷七八《武肃王世家下》,中华书局1983年版。

③ 〔清〕吴任臣撰,徐敏霞、周莹点校:《十国春秋》卷八一《吴越忠懿王世家上》,中华书局1983年版。

④ 〔南宋〕范成大撰,陆振岳点校:《吴郡志》卷一九《水利》,江苏古籍出版社1999年版,第269页。

之长期发挥作用。对于这一体系,历代都有较高的评价。对于其具体的形制与措施,在郏亶的水利议论中有比较清晰的描述。①

从北宋开始,太湖的塘浦圩田体系逐渐紊乱,尤其是南宋以来太湖水利的状况恶化,使得原有塘浦圩田体系完全被打破。《宋史·食货志》称:"大抵南渡后,水田之利,富于中原,故水利大兴。"此处所言之水利大兴,似当从两方面来理解,一方面南宋由于偏安于半壁江山,为供军国之用,必然加强对财赋之源农田水利的重视;另一方面,在大规模开发之下,公私掺杂,泥沙俱见,围湖造田现象日益严重,最终导致水系破坏,水旱灾害频仍。正是从南宋开始,关于圩田水利的讨论进入了新的阶段。历代治水者中不乏有人想要改善此种情况,但成效均不显著。太湖水系的变化与水利环境变动的大背景有关,也是地域开发的必然结果。在这一过程中,治水与治田、围垦的矛盾,置堰闸挡潮与冲淤、排涝的矛盾,漕粮运输与农田水利的矛盾,丘陵地开发与水土流失问题,水利兴工与管理的矛盾等一系列问题,一直得不到有效的解决,也始终困扰着历代治水者。

二、北宋以来圩田体系的隳坏

从郏亶的论述来看,吴越时期比较完善的圩田体制在北宋时期已经孕育着分裂的因素,如河道占用、泾浜的发育、私围乱垦现象的出现等。总结来说,在塘浦河道方面,其破坏原因如下:

> 农人之利于湖也,始则张捕鱼虾,决破堤岸,而取鱼虾之

---

① 缪启愉编著:《太湖塘浦圩田史研究》,农业出版社1985年版,第22~28页。对于吴越时期的塘浦圩田体系,后世多依郏亶之言而不吝褒赞;中国水科院的朱更翎收集相关史料比照分析后,以为言之过誉,详参朱更翎《吴越钱氏的水利》,见中国水利学会水利史研究会、江苏省水利史志编纂委员会编《太湖水利史论文集》,内部资料,1986年。

利。继则遍放茭芦,以引沙土,而享茭芦之利。既而沙土渐积,乃挑筑成田,而享稼穑之利。既而衣食丰足,造为房屋,而享安居之利。既而筑土为坟,植以松楸,而享风水之利。湖之淤塞,浦之不通,皆由于此。一旦治水,而欲正本清源,复其故道,怨者必多,未为民便也。①

以横塘纵浦与高大圩岸相结合,原本完备的圩田堤防也因种种原因而日渐破坏,郏亶总结原因为:

水田之堤防,或因田户行舟及安舟之便而破其圩,或因人户请射下脚而废其堤;或因官中开淘而减少丈尺;或因田主只收租课而不修堤岸;或因租户利于易田,而故要淹没;或因决破古堤,张捕鱼虾,而渐致破损;或因边圩之人不肯出田与众做岸;或因一圩虽完,傍圩无力,而连延隳坏;或因贫富同圩而出力不齐;或因公私相吝而因循不治。故堤防尽坏,而低田漫然复在江水之下也。②

自北宋统一江南,这一地区的水害灾害发生频率明显增多,北宋景祐年间,范仲淹知苏州时,曾谈及当地的水灾情况,"去年姑苏之水,逾秋不退"③。与其差相同时,张方平知昆山县,论及当时的情形:"初,吴越归国,郡邑地旷人杀,占田无限,但指四至泾浜为界。岁久水旱,泾浜移易,更相侵越。"④与吴越时的情况相比,北宋

①　〔清〕钱泳撰,张伟校点:《履园丛话》卷四《水学》,中华书局1979年版,第99页。
②　〔南宋〕范成大撰,陆振岳点校:《吴郡志》卷一九《水利》,江苏古籍出版社1999年版,第270～271页。
③　〔北宋〕范仲淹:《上吕相公并呈中丞咨目》,见李勇先、王蓉贵校点《范仲淹全集》卷一一,四川大学出版社2002年版,第264页。
④　〔北宋〕王巩:《张方平行状》,见《张方平集》附录,中州古籍出版社2000年版,第784页。

时显然已经有所变化了。元祐年间居官于此的苏轼,也发现当地水害严重:"臣到吴中二年,虽为多雨,亦未至过甚,而苏、湖、常三州,皆大水害稼至十七八。今年虽为淫雨过常,三州之水,遂合为一,太湖、松江与海渺然无辨者。盖因二年不退之水,非今年积雨所能独致也。父老皆言,此患所从来未远,不过四五十年耳,而近岁特甚。盖人事不修之积,非特天时之罪也。"①

对于水害频发的这一变化,范仲淹曾从政治层面检讨其原因:"自皇朝一统,江南不稔则取之浙右,浙右不稔则取之淮南,故慢于农政,不复修举。江南圩田、浙西河塘大半隳废,失东南之大利。"②之后的郏侨讲得更为具体:"盖由端拱中,转运使乔维岳不究堤岸堰闸之制,与夫沟洫畎浍之利,姑务便于转漕舟楫,一切毁之。初则故道犹存,尚可寻绎;今则去古既久,莫知其利。营田之局,又谓闲司冗职,既已罢废,则堤防之法,疏决之理,无以考据,水害无已。"统而言之,即重视漕运而忽视农田水利的建设,其中影响比较大的事件是庆历二年(1042),李禹卿修建的吴江塘路和长桥,严重阻碍了吴淞江的出水口。苏轼曾论述道:"自庆历以来,松江始大筑挽路,建长桥,植千柱水中……夏秋涨水之时,桥上水常高尺余,况数十里积石壅土,筑为挽路乎?自长桥、挽路之成,公私漕运便之,日葺不已,而松江始艰噎不快。江水不快,软缓而无力,则海之泥沙随潮而上,日积不已,故海口湮灭,而吴中多水患。"③自此之后,整个太湖流域的水利问题开始彰显。

---

① 〔北宋〕苏轼著,李之亮笺注:《苏轼文集编年笺注》卷三二《进单锷〈吴中水利书〉状》,巴蜀书社 2011 年版,第 258 页。

② 〔北宋〕范仲淹:《答手诏条陈十事》,见李勇先等校点《范仲淹全集》,四川大学出版社 2002 年版,第 534 页。

③ 〔北宋〕苏轼著,李之亮笺注:《苏轼文集编年笺注》卷三二《进单锷〈吴中水利书〉状》,巴蜀书社 2011 年版,第 258 页。

政治上的权力集中收归中央，导致原有的职官、机构设置均被废去，"营田之职，又谓闲司冗职，既已罢废"。在水利问题显现之后，派遣的治水者又有很多问题，"至天禧、乾兴之间，朝廷专遣使者，兴修水利。远来之人，不识三吴地势高下，与夫水源来历，及前人营田之利，皆失旧闻。受命而来，耻于空还，不过遽采愚农道路之言以为得计，以目前之见为长久之策。"①在这种社会环境下，对自发破坏水利的现象自然是放任不管，又不继以经常养护之制，影响最为严重的莫过于围湖造田。

宋孝宗曾有言曰"浙西自有围田，即有水患"，道出了围湖造田与江南地区水患的关系。围湖造田在中国历史上早已有之，曾有人将其推溯至春秋时期，"自范蠡围田，东江渐塞"。这当然是出自后人的附会。在江南地区的早期开发中，一直是以政府主导的比较有规划的屯田为主要形式，但随着人口的增加，自发的开垦行为越来越多。东晋南朝时的势家大族曾经大肆占山据泽，正反映了这一趋势。至唐代，在苏州常熟地区的豪强地主力量已经相当强大，"惟强家大族，畴接壤制（联），动涉千顷，年登万箱"②。直到北宋之前，农业开发虽已有极大进展，但在地域扩展上显然还有很大潜力，又基本处在较有规划的开发之下，围湖造田现象还没有造成严重的影响。北宋以后，江南地区人口增长显著，却又"田制不立"，又将吴越比较成熟的水利制度废弃，使得农业开发陷入比较混乱的状态之中。自宋代开始，昔之所谓"豪民""兼并之徒"，开始被"田主"这一称呼取代，这正反映了私围乱垦逐渐扩大的趋势。

① 〔明〕归有光：《三吴水利录》卷一《郏侨书》，《丛书集成初编》第3019册，中华书局1985年版，第18页。
② 〔唐〕刘允文：《苏州新开常熟塘碑铭》，见〔清〕董诰等编，孙映逵等点校《全唐文》卷七一三，山西教育出版社2002年版，第4320页。

南宋南渡以后,由于偏安江南半壁江山,军政开支浩大,不得不加重赋役,虽也有屯田之举,但并无通盘规划,"侨寓臣家,结联土著",以自发的围垦甚至是滥垦为主。宋宁宗嘉定年间(1208—1224),仅湖州境内"修筑堤岸,变草荡为新田者凡十万亩"。乾道二年(1166)吏部侍郎陈之茂言:"比年以来,泄水之道既多湮塞,重以豪户有力之家,以平时潴水之处,坚筑塍岸,包广田亩,弥望绵亘不可数计。中下田畴易成泛溢,岁岁为害,民力重困。数年之后,凡潴水陂泽,尽变为阡陌,而水患恐不止今田也。"①除了原有湖泊之外,作为运河水柜的练湖,也曾遭到过围垦。

面对围湖造田的不断扩展,朝廷虽有不少限制之法令,乃至废田还湖之举,但始终未能扭转这一趋势。淳熙年间,大理寺丞张抑说:"浙西诸州豪宗大姓,于濒河陂荡多占为田,名曰塘田,于是旧为田者,始隔绝水出入之地。"②当地驻军往往参与进来,"濒湖之地,多为军下兵卒侵据为田,擅利妨农,其害甚大。队伍既众,易于施工,累土增高,长堤弥望,名曰坝田。旱则据之以溉而民田不沾其利,水则远近泛滥不得入于湖,而民田尽没矣"③。卫泾曾向皇帝上书称:"隆兴、乾道之后,豪宗大姓相继迭出,广包强占,无岁无之,陂湖之利日朘月削,已亡几何,而所在围田则遍满矣。以臣耳目所接,三十年间,昔之曰江曰湖曰草荡者,今皆田也。"④此种开发

---

① 〔清〕徐松辑:《宋会要辑稿·食货八》,中华书局 1957 年影印本,第 6296 页。

② 〔清〕徐松辑:《宋会要辑稿·食货六一》,中华书局 1957 年影印本,第 7662 页。

③ 〔南宋〕李心传:《建炎以来系年要录》卷一六五,《景印文渊阁四库全书》第 327 册,台湾商务印书馆 1986 年版,第 312 页。

④ 〔南宋〕卫泾:《后乐集》卷一三《又论围田札子》,《景印文渊阁四库全书》第 1169 册,台湾商务印书馆 1986 年版,第 654 页。

大多出于个人、家族私利,而不计流域整体利益,如昆山地区,"郡邑地旷人稀,占田无限,但指四至泾渎为界。岁久水旱,泾渎移易,更相侵越"①。部分政府官员以为围田能增加财政收入,"围田既广,则增租亦多,其于邦计不为无补"②。因此尽管宋元时期的政府曾一再下令,或是严禁围裹,在湖边立下标记,不许增展,违者许人首告,给首告者以奖励;或是废掘现有围田,复以为湖。据《宋会要辑稿》统计,自北宋末年至南宋时期,前后所下诏令不下数十次。禁令也曾得到部分实施,如浙西曾开掘张子盖围田 9000 亩,平江府于乾道元年开掘围田 14 处计 10434 亩,浙东开凿绍兴湖田用工 68 万余等。但能够进行围湖造田者大都是豪强势家,政治能量强大,"然围田者无非形势之家,其语言气力足以陵驾官府,而在位者每重举事而乐因循,故上下相蒙,恬不知怪,而围田之害深矣"③。甚至于公然藐视水利惯例与法律禁令,在"平时潴水之处,坚筑塍岸""其初止及陂塘,陂塘多浅,水犹可也,已而侵至江湖,今江湖所存亦无几矣"④。甚至"毁撤向来禁约石碑,公然围筑,稍执何之者,辄持刃相向"⑤。因此,从总的趋势来看,围湖造田并未得到根本性的遏制。

正由于此,这一时期农业开发的成果大多被地主与势家所享

---

① 〔北宋〕王巩:《张方平行状》,见《张方平集》附录,中州古籍出版社 2000 年版,第 784 页。

② 〔南宋〕卫泾:《后乐集》卷一三《又论围田札子》,《景印文渊阁四库全书》第 1169 册,台湾商务印书馆 1986 年版,第 654 页。

③ 〔南宋〕卫泾:《后乐集》卷一三《又论围田札子》,《景印文渊阁四库全书》第 1169 册,台湾商务印书馆 1986 年版,第 654 页。

④ 〔南宋〕卫泾:《后乐集》卷一三《论围田札子》,《景印文渊阁四库全书》第 1169 册,台湾商务印书馆 1986 年版,第 652 页。

⑤ 〔南宋〕卫泾:《后乐集》卷一五《与郑提举札》,《景印文渊阁四库全书》第 1169 册,台湾商务印书馆 1986 年版,第 689 页。

有。周生春的研究表明:宋代江南地区水利田的大规模开发,大部分土地落入地主之手,使得这一地区土地集中程度大大高于其他地区,这种地主所有制的特点使江南水利田密集之地成为南宋地方势力最强大的地区。[①] 与地权的集中相应,这一地区的租佃关系也较为发达,方回在秀州魏塘曾目睹:"吴侬之野,茅屋炊烟,无穷无极,皆佃户也。"[②]与之相应的,在政府力量缺位的情况下,必然是"田主"阶层力量的强化,自发的围垦现象日益增多。南宋时期在1158—1184年间,曾先后6次下令禁围,之后历代朝廷亦屡下禁令,但都不能从根本上扭转这一局面。据张芳的统计,消失的湖泊有华亭的泖湖(包括圆泖、大泖、长泖三泖)、白蚬湖、洋湖、莺窦湖、来苏湖、唳鹤湖、永兴湖,昆山的百家漊、大泗漊、鳗丽湖、江家漊,以及各地众多的草荡;缩窄的湖泊有太湖,华亭淀山湖、当湖,常熟常湖(尚湖),无锡芙蓉湖,杭州西湖,丹阳练湖等。[③] 南宋淳熙十年(1183),漕臣钱冲之请每围立石以识之,共一千四百八十九所。经过长期的围垦,沿至元代,数量大增:"二县四州共计八千八百二十九围。吴县九百一十七围,长洲县一千七百八十八围,常熟州一千一百一十一围,吴江州三千三百六十八围,昆山州一千六百四十五围,嘉定州一千一百围。"[④]之后明清时期,这一趋势仍在继续。

---

① 周生春:《试论宋代江南水利田的开发和地主所有制的特点》,载《中国农史》1995年第3期。

② 〔元〕方回:《续古今考》卷一八《附论班固计井田百亩岁入岁出》,《景印文渊阁四库全书》第853册,台湾商务印书馆1986年版,第368页。

③ 张芳:《太湖地区古代圩田的发展及对生态环境的影响》,"中国生物学史暨农学史学术讨论会"论文,2003年。

④ 正德《姑苏志》卷一五《田赋》,《景印文渊阁四库全书》第493册,台湾商务印书馆1986年版,第309页

表 7 - 1　太湖流域湖泊围垦强度与水位上涨率关系表

湖　名	水位站	围湖强度	湖泊汛期洪水上涨率(%)	
			1954 年	1991 年
洮　湖	王母观	0.20	0.59	0.76
滆　湖	丰　义	0.40	0.42	0.46
太　湖	西　山	0.06	0.25	0.38
阳澄湖	湘　城	0.03	0.23	0.38
澄　湖	周　巷	0.08	0.25	0.35
淀山湖	青　浦	0.02	0.25	0.35

资料来源:佘之祥《长江三角洲水土资源与区域发展》,中国科学技术大学出版社 1997 年版,第 74 页。

　　单从农业经济发展的角度来看,围湖造田在一定程度上增加了田地数量和赋税收入,江南地区之所以有"苏湖熟,天下足"之说,也是建立在此基础之上的。但这种无序的滥围乱垦直接后果就是原有的水利体系被打乱,原有的大面积湖荡的调蓄能力大大下降,部分河道被侵占乃至堵塞。洪水期的水位上涨率增大,极大地增大了河湖堤岸的防洪压力,最终导致水旱灾害频发。龚明之曾论述此事:"今所以有水旱之患者,其弊在于围田。由此水不得停蓄,旱不得流注,民间遂有无穷之害。"[1]袁说友亦曾云:"今浙西乡落围田相望,皆千百亩,陂塘淹溇悉为田畴。有水则无地之可潴,有旱则无水之可戽,易水易旱,岁岁益甚。今不严为之禁,将不数年,水旱易见,又有甚于今日,无复有稔岁矣。"[2]这样只顾眼前而不计长远的盲目开发,虽可

---

　　①　〔南宋〕龚明之撰,孙菊园校点:《中吴纪闻》,上海古籍出版社 1986 年版,第 16 页。

　　②　〔清〕徐松辑:《宋会要辑稿·食货六一》,中华书局 1957 年影印本,第7668 页。

以获得眼前的暂时利益,对支撑南宋朝廷的财政状况有不小的作用,并且是后世江南官田的主要来源;但对整个江南地区的水利体系造成了长久的危害,宋代以后,江南地区的水旱灾害明显增加,与此有密切关系。顾炎武评述道:"宋政和以后,围湖占江,而东南水利亦塞。于是十年之中,荒恒六七,而较其所得,反不及于前人。"①由此,也使这一地区的水利矛盾与社会争端日益频发。

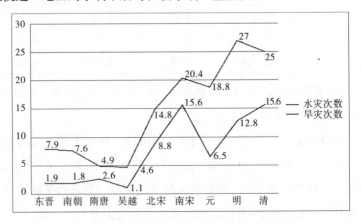

图 2 太湖流域历代水旱灾害情况统计

资料来源:郑肇经主编《太湖水利技术史》,农业出版社1987年版,第255页。

三、圩田与围田

在圩田的发展历程中,一个容易混淆的问题是圩田和围田的关系,古人在使用时往往将两者并称、混用,结果导致现在学界对于两者的形制与水利作用等有不同的见解。缪启愉对此进行过文字学上的考证后认为,圩田的"圩",古音乌,亦音于,"乌""于""虚"三字均为一音之转,《说文解字》解释:"虚,大丘也。"徐灏《说文解字注笺》:"虚为大丘,即所谓四方高中央下者。"《辞海》解释:"(圩)俗读如

---

① 〔清〕顾炎武撰,严文明、戴扬本校点:《日知录》卷一○《治地》,上海古籍出版社2012年版,第428页。

围,亦读如墟。""圩"字还保留着"墟"的古音,证明后来的圩,即古代的虚。圩字读作围,可能比较后起,最早见于南宋杨万里的记载:"农家云:圩者,围也。"①之前北宋的郏亶、单锷等人均用圩田,而南宋以来多用围田,或两词并用。或许正是由于南宋以来围湖造田现象日益严重,民间俗语的使用普及,才导致两者基本混同。如章炳麟曾言:"余尝闻苏州围田,吴越沃野,多称圩田,本由围田,音误作圩。围田多邑遏沼泽为之,今则遍以称水田。"②

由此引发了学界的一些争论,两词究竟该如何使用,或者说二者究竟有何关系,目前主要存在几种不同的看法。一是认为围田和圩田制度不相容,以缪启愉为代表,他认为:单从技术角度来看,围田与圩田没有两样,但筑堤围田是比较低级的和自发性的,圩田是发展到了有着通盘规划和布局的灌溉系统时的田制结构;围田是围占江河湖泖水面为田,是障碍和破坏水利系统的,与圩田不相容。此外,两者在时间上也有先后,圩田主要是指唐末五代吴越时太湖流域较为有序的田制,围田则主要指北宋以后出现的围湖造田,尤以南宋和明代情况严重。随着人口增多和水利技术的进展,农业开发不断向低洼地区发展,使得无规划的围田与整个圩田体系的矛盾逐渐显露,圩田与围田的概念也混淆不分了。③ 这一论断的史料依据主要是元代马端临《文献通考》,该书卷六"水利田"条中分列"圩田水利"和"湖田围田"二目:"圩田、湖田多起于政和以来,其在浙间者隶应奉局,其在江东者蔡京、秦桧相继得之。大概

---

① 〔南宋〕杨万里:《诚斋集》卷三二《圩丁词十解》,《景印文渊阁四库全书》第1160册,台湾商务印书馆1986年版,第345页。

② 章炳麟著,徐复注:《訄书详注·定版籍第四十二》,上海古籍出版社2000年版,第625页。

③ 缪启愉:《太湖地区塘浦圩田的形成和发展》,载《中国农史》1982年第1期。

今之田,昔之湖,徒知湖中之水可涸以垦田,而不知湖外之田将胥而为水也。主其事者皆近倖、权臣,是以委邻为壑,利己困民,皆不复问。"①元代王祯的《农书》中亦将围田与圩田分列"围田,筑土作围以绕田也……度视地形,筑土作堤。环而不断,内容顷亩千百,皆为稼地",而在此外,"复有圩田,谓叠为圩岸,捍护外水,与此相类"。②

农史学家王毓瑚认为:围湖造田在中国古代起源很早,"圩"与"围"二字是一音之转,只是同一事物的不同写法,即二者属同一种田法,仅写法上存在差异而已。圩田(围田)与江淮的"坝田"、湖广的"垸田"等规制相似,其主要标志就是合围的堤岸。而且,围田的出现是在围湖造田的办法发明之后,即围田是从围湖造田衍生出来的。而圩田自隋唐以后成为长江中下游低洼地区的重要水田类型,之后二者基本并称混用,同时围湖造田也并未停止,尤其自北宋后期情况愈演愈烈,造成了严重的后果。③

日本学者玉井是博认为,江淮的"圩田"、浙西的"围田"、与浙东的"湖田",三者形制基本相同,都是低洼水乡地区开发的产物,产生名称之异只是由于江淮、浙西、浙东等不同地域的不同称呼导致的。何勇强引用此观点,并同时以太湖流域的圩田为例,认为这一地区的圩田系统是一个众多圩田的集合体,政府的管理和维护对其正常运作有重要作用。但入宋之后,由于政府管理的公共职

---

① 〔元〕马端临:《文献通考》卷六《田赋六》,中华书局1986年影印本,第71页。

② 〔元〕王祯撰,王毓瑚校:《王祯农书》,农业出版社1981年版,第186页。

③ 王毓瑚:《我国历史上土地利用的若干经验教训》,载《中国农业科学》1980年第1期。

能逐渐废弛,圩田体系处于无序状态,并随之走向衰败。① 因此,为了简要起见,常用"圩田"一词概括"圩田""围田""湖田"三种称呼的农地。综合来看,在具体形态和技术上,圩田和围田并无实质性的区别。但从地域范围上来看,不同地域存在不同称呼,这是很正常的现象,如沈括在论及万春圩时云:"江南大都皆山也,可耕之土皆下湿,厌水濒江。规其地以堤而艺其中,谓之圩。"②《宋史·河渠志》曾载:"废湖为田,自是岁有水旱之患。乞行废罢,尽复为湖。如江东西之圩田、苏秀之围田,皆当讲究兴复。"③明代陈全之也说道:"筑塍为田,湖广谓之垸,湖州谓之𡌨,福建谓之圳,苏州谓之围。"④即使在"圩田"名称使用最广泛的太湖流域,也存在着名称的差异,郏亶曾云:"古之田虽各成圩,然所名不同,或谓之段,或谓之围。今昆山低田皆沈在水中,而俗呼之名,犹有野鸭段、大泗段、湛段及和尚围、盛熟围之类。"⑤南宋大理寺丞张抑论及豪右占据水田时将其称为塘田,"浙西诸州豪宗大姓,于濒河陂荡多占为田,名曰塘田"⑥。明代都御史俞谏的水利奏议中提到高田区与低田区的名称差异时说:"昔人以环湖地卑,筑围防以御水,名曰圩田;沿海地高,

① 〔日〕玉井是博:《宋代水利田の一特异相——以太湖流域的圩田为中心》,转引自何勇强《论唐宋时期圩田的三种形态》,载《浙江学刊》2003年第2期。

② 〔北宋〕沈括:《长兴集》卷九《万春圩图记》,《景印文渊阁四库全书》第1117册,台湾商务印书馆1986年版,第295页。

③ 《宋史》卷九七《河渠志》,中华书局1977年版,第2403页。

④ 〔明〕陈全之:《蓬窗日录》卷一《寰宇一》,《续修四库全书》第1125册,上海古籍出版社2002年版,第25页。

⑤ 〔南宋〕范成人撰,陆振岳点校:《吴郡志》卷一九《水利》,江苏古籍出版社1999年版,第270页。

⑥ 〔元〕任仁发:《水利集》卷七,《四库全书存目丛书·史部》第221册,齐鲁社1996年版,第156页。

开泾浜以通灌。名曰坦田。围防通灌之利兴,而田称沃壤,赋甲天下矣。"[1]在太湖流域西北的溧阳县,围田与圩田二名是通用的,"及唐宋以来,五堰既设,江流渐微。明嘉靖增筑下坝,其流遂绝,于是乎溧阳之地,稍高者筑成围田,俗呼圩田,盖土音围作圩也"[2]。

显然,在不同的称呼差异中,地域色彩非常浓厚。至于圩字的读音,现在依然是"围"和"墟"两个音,这也许正如前所言,是古音和今音的混合,也有民间混用的情况。至于两个音何时开始混用,至迟应该从宋代开始,梁庚尧经过考察后发现,三种称呼至迟以在南宋时已经开始混用,浙西的围田、浙东的湖田有时也称为圩田,江东、淮南的圩田有时也被称为围田或湖田。[3] 南宋的《咸淳毗陵志》载:"(芙蓉湖)岁久湮废,今多成圩矣。"[4]《宋史·五行志》亦载:"乾道元年六月,常、湖州水坏圩田。"在宋代已然如此,更不用说后来的混用了。但无论使用哪一个称呼,作为江南地区最主要的土地利用方式,相信今天的多数人还是可以理解其形制与水利特点的。

第二节　圩田景观的形成及其环境影响

圩田是江南地区最主要的土地利用方式,也是该地区最主要的景观之一。圩田形成过程、具体形态及引发的环境影响,与江南地区的水利事业息息相关。现存最早对江南圩田形态的描述,来自宋代的范仲淹,他在《答手诏条陈十事》中描述道:"江南旧有圩

---

① 〔明〕张国维:《吴中水利全书》卷一四《俞谏请留关税浚白茆疏》,《景印文渊阁四库全书》第578册,台湾商务印书馆1986年版,第426页。

② 嘉庆《溧阳县志》卷五《河渠志》,清光绪二十二年刻本。

③ 梁庚尧:《南宋的农地利用政策》,载《台湾大学文学院文史哲丛刊》,1977年,第131页。

④ 〔南宋〕史能之:《咸淳毗陵志》卷一五,清嘉庆二十五年刊本。

田,每一圩方数十里,如大城。中有河渠,外有门闸,旱则开闸引江水之利,涝则闭闸拒江水之害,旱涝不及,为农美利。"①南宋杨万里在《圩丁词十解》描述道:"江东水乡,堤河两岸而田其中,谓之圩。农家云:圩者,围也,内以围田,外以围水。盖河高而田反在水下,沿堤通斗门,每门疏港以溉田,故有丰年而无水患。"②从这些描述中,我们可以了解到圩田圩岸的高大形制:"江南圩埂高厚,如大府之城,舟行常仰视之。并驱其上,犹有余地。至水发时,数十百圩一时皆破。"③郏亶在其水利书中也记载了,当时的圩田体系,"或五里、七里而为一纵浦,又七里或十里而为一横塘",塘浦深二三丈,阔二三十丈,堤岸高二三丈,按这种规格计算,大圩的面积约在13000~26000亩之间。④ 其堤岸的规模相当宏大:"大水之年,江湖之水,高于民田五七尺,而堤岸尚出于塘浦之外三五尺至一丈,故虽大水不能入于民田也。"⑤对其形制,沈括、杨万里等人的诗文中也时有描述。

　　从现存文献来看,唐宋时期的江南地区,是以大型圩田来配合塘浦体系的。但在实际发展中,圩田的细分碎割的发展趋势也客观存在。在郏亶时代,小圩即开始发育,他批评当时的治水方式:

　　　　不知大段擘画,令官中逐年调发夫力,更互修治。及不曾

　　①　〔北宋〕范仲淹:《答手诏条陈十事》,见李勇先等校点《范仲淹全集》,四川大学出版社2002年版,第533页。
　　②　〔南宋〕杨万里:《诚斋集》卷三二《圩丁词十解》,《景印文渊阁四库全书》第1160册,台湾商务印书馆1986年版,第345页。
　　③　〔南宋〕范成大:《水利图经序》,载孔凡礼辑《范成大佚著辑存》,中华书局1983年版,第167页。
　　④　郑肇经主编:《太湖水利技术史》,农业出版社1987年版,第114页。
　　⑤　〔南宋〕范成大撰,陆振岳点校:《吴郡志》卷一九《水利》,江苏古籍出版社1999年版,第270页。

立定逐县治田年额,以办、不办为赏罚之格。而止令逐县令佐,概例劝导,逐位植利。人户一二十家,自作塍岸,各高五尺。缘民间所鸠工力不多,盖不能齐整。①

正是因为不能整齐划一,各圩的规制、防洪能力大不相同,熙宁四年(1071),"(苏州)大水,众田皆没,独长洲尤甚,昆山陈新、顾晏、陶湛数家之圩高大,了无水患,稻麦两熟,此亦筑岸之验"②。经历过南宋及元代的无序围垦后,圩田规划明显缩小,明代耿橘描述常熟地区的情况:"惟看地形,四边有河,即随河做岸,连搭成围。大者合数十圩,数千百亩共筑一围;小者即一圩数十亩,自筑一围亦可。"③万历《秀水县志》3000亩以上的17圩,3000~5000亩69圩,2000亩以下的145圩。据新中国成立初期的统计,苏州圩田共有300多万亩,分为10000多圩,平均面积仅有300多亩。显然,圩田的平均面积大为缩小,即小圩成为了主要形式。

日本学者滨岛敦俊将江南的农田开发分为两个大阶段。第一阶段是农田开垦,滨岛氏称为"外延式开发",主要特点是围垦荒地,特别是低洼之地,以增加农田面积。第二阶段是农田改良,滨岛氏称之为"内涵式开发",其主要特点是:(1)消除"内部边疆",即开垦原来大圩内的大量荒地;(2)实行"干田化",即改造低湿耕地,提高耕地土壤的熟化程度。④ 其中,"干田化"的意义尤大。因

---

① 〔南宋〕范成大撰,陆振岳点校:《吴郡志》卷一九《水利》,江苏古籍出版社1999年版,第272页。

② 〔南宋〕范成大撰,陆振岳点校:《吴郡志》卷一九《水利》,江苏古籍出版社1999年版,第290页。

③ 〔明〕耿橘:《常熟县水利全书》卷一《筑岸法》,明万历年间刻本。

④ 〔日〕滨岛敦俊:《土地开发与客商活动——明代中期江南地方之投资活动》,见《"中研院"第二届国际汉学会议论文集(明清与近代史组)》,1989年,第101~122页。

为江南向以水多为患,大圩内水无法排出,必然造成大量农田受涝。从农学的角度来看,稻田长期淹水,土壤长期处于缺氧环境,不能利用"氧化—还原"反应的交替作用来发育水稻土,也削弱了土地的生产能力。"干田化"主要采取的方法除了疏通河道排水外,就是"分圩",即将一个大圩分为众多小圩。由于小圩面积有限,符合当时排灌工具工作能力,因此"分圩"能够有效地排出农田积水,使之干燥化。这一农田改良活动的目的和标志,是将低湿土地改造为可以种植冬季旱地作物的良田。农田的改良,使得在同一耕地上的水旱轮作成为可能;而这种水旱轮作,反过来又对农田的改良起到积极的作用。

除了圩田的规制和发展历程之外,圩田的景观形态也为历代所关注。元代王祯《农书》记载:"围田,筑土作围以绕田也。盖江淮之间,地多薮泽,或濒水不时淹没,妨于耕种。其有力之家,度视地形,筑土作堤,环而不断。内容顷亩千百,皆为稼地。"①可见,圩田是根据地势把低洼地筑堤圈起来,把水挡在外面,里面开垦成田,在围堤的适当地点开口设闸,旱灌涝排,水旱无忧,堤岸、闸、坝与内部河渠等是其所必备的。以后明清两代的农书(如《农政全书》《授时通考》)基本照搬了这些内容。这些记载往往使用文学性的描述语言,其附图也一般是中国传统的山水画模式。

真正对圩田形态做出细致描述的是明代耿橘的《常熟县水利全书》和清代孙峻的《筑圩图说》,他们分别在常熟和青浦做了精细的圩田规划,但保留下来的只是其偏向理想化的设计,其治迹早已无处可寻。以往的材料只能给人以模糊的印象,从而使得后人对

---

① 按:王祯《农书》中在围田之后,又说"复有圩田",王毓瑚认为"圩"与"围"是一音之转,应该就是同一种田法,只是写法上的差异而已,详参考王毓瑚《我国历史上的土地利用》,载《中国农业科学》1980年第1期。

圩田形态做出了种种猜测,目前所见江南地区的圩田中,芙蓉圩地区保存的丰富文献,使得我们有可能对其形态进行较为精确的复原。作为一个开发较晚的地区,明清时期的芙蓉圩既保存有丰富的文献资料,近代以来又有较为科学的具体调查。① 以这些资料入手,可以较为清晰地复原明清时期江南地区典型的圩田形态。在此基础上,进一步探讨这一地区圩田区域社会的构建及其运作模式,从而获得对于圩田更为清晰的认识。

一、成圩过程

芙蓉圩之地原系古芙蓉湖,在今江苏无锡、武进②、江阴之间,又名无锡湖、射贵湖,亦作上湖、三山湖,最早见于东汉袁康《越绝书》的记载:"无锡湖周万五千顷,其一千三顷毗陵上湖也,去县五十里,一名射贵湖。"③唐代陆羽作《惠山记》亦称"东北九里有上湖,一名射贵湖,一名芙蓉湖,南控长洲,东洞江阴,北掩晋陵,周回一万五千三百顷。苍苍渺渺,迫于轩户"。芙蓉湖的具体范围,据清人推测,"其南当与延祥乡濠湖接,为控长洲之境;东入兴道乡麻塘港以北,为洞江阴之界;北出兴道乡、越欧渎,为掩晋陵之域;其西则五泻水从东流入

---

① 芙蓉圩地区的文献资料,除了相关地区的方志外,主要保留在两部地方水利书中,即《芙蓉湖修堤录》和《治湖录》,前者主要记载武进(阳湖县)所属部分之事,有道光本、光绪本和光绪续修本三部,其中后两部内容基本一致,后者则以无锡所属部分为主,现行本附有后人所续之《治湖录续后》和《续后治湖录》。此外,其他文献如家谱中也有相关信息,而民国时期在此推广机电灌溉,又有比较详细的实地调查资料可供使用。

② 按:清雍正四年(1726)分武进县东南部为阳湖县,芙蓉圩地区亦改隶阳湖,1912年又并入武进。

③ 〔东汉〕袁康辑录,乐祖谋点校:《越绝书》卷二《吴地传》,上海古籍出版社1985年版,第16页。

于湖。如此则南北不下七八十里,东西亦四五十里"①。汉制百亩为
顷,每亩相当于今 0.69156 亩,据此推算,当时芙蓉湖的面积约为
1051171.02 亩,为太湖流域古代的第二大湖。②

对芙蓉湖的围垦经历了漫长的历史过程。战国末期,楚国春
申君黄歇封地于此时,可能已经有了一定的开发,《越绝书》载:"无
锡湖者,春申君治以为陂,凿语昭渎以东到大田。"③历代不断推进,
至明代才最终全部被围成田。由于芙蓉湖范围广阔,湖床地形高
下不等,其东南部围垦在先,以后逐渐向西北湖区发展。由此,湖
区东南部地区逐步变湖为田,湖区也分化成阳湖、荡饶、临津等诸
湖。东晋立国江南,加快了开发进度,晋陵内史张闿尝治芙蓉湖
水,"泄湖水令入五泻,注于具区,欲以为田",但由于"盛冬著赭衣,
令百姓负土。值天寒凝沍,施功不成而罢"④。魏嵩山据此推断,此
时湖区已经仅限于今锡澄运河以西地区,其东皆尽行围垦。张闿
所围垦的当指已经缩小后的芙蓉湖,未能成功的原因是湖水较深,
施工不便。北宋元祐年间,置"芙蓉、斗门二闸",绍圣中,毛渐开河
导芙蓉湖水入长江,乾道六年,筑五泻堰上下闸,使湖水南入太湖,
北入长江。因此南宋时史能之修《咸淳毗陵志》时已称:"(芙蓉
湖)岁元湮塞,今多成圩矣。"此时芙蓉湖东南部较浅的地区都已经
成田,但西北部较深的地区仍然保留湖泊地貌。直到明宣德年间,
周忱"筑东坝以捍上水,开江阴黄田诸港以泄下流",于是"湖之浅

---

　　①　道光《武进阳湖县合志》卷三《舆地志》,清道光二十三年刻本。按此
说出于清人之附会,未必准确,但其大致范围当相差不多。
　　②　魏嵩山:《太湖流域开发探源》,江西教育出版社 1993 年版,第 98 页。
　　③　〔东汉〕袁康辑录,乐祖谋点校:《越绝书》卷二《吴地传》,上海古籍出
版社 1985 年版,第 15 页。
　　④　洪武《无锡县志》卷二《山川》,《景印文渊阁四库全书》第 492 册,台湾
商务印书馆 1986 年版,第 688 页。

处皆露,筑堤成圩",终于完成了芙蓉湖的围垦。

通常都认为周忱筑圩,已经完成了该湖的开发。但实际上,周忱围田之后,"圩岸尚薄,堰闸之制未备",长江潮水倒灌也未能得到有效控制,所以芙蓉圩常为水所浸没,"产稻不产麦,俗称不麦低田,岁仅一熟。"嘉靖四十年(1561)和万历六年(1578)大水,"居民荡析,仍复湖形,其仅存者,架木石以栖,网鱼虾为食"。万历八年(1580)武进县丞郭之藩以工代赈,会同无锡县一起兴筑圩堤,重筑芙蓉圩堤,周回六十一里,"北障江潮,南捍湖水",收到较好效果,"自是皆成腴产"。但周、郭之举"皆重外围之固,而内圩未备"。直到万历三十年(1602),常州知府欧阳东风根据圩内形势,"并内外疆理之,分大圩为小圩",并且整顿了圩内水利秩序,"因沿塘魏国庄田二千余亩,独高二尺许,庄官横甚,旱则决塘引灌,潦则泄水民田"。欧阳东风"抗直不畏强御,乃具两造,判民于庄田北筑新坝抵之,高低有界,民田由是得稔。又复请支公帑,大筑南塘围堤以及内圩围埂,坝岸、石洞、石闸,靡不备举,圩民赖焉"①。在芙蓉圩的修筑过程中,其堤岸、闸、坝、洞等设施是逐步完善的,欧阳东风的贡献不亚于周忱、郭之藩等人。

以后屡经治理,至清乾隆年间,圩制基本完善。"大围内诸小圩,皆规方起筑……无锡大围岸……包小圩一百,武进大围岸……包小圩二百。"②由于没有精确测量,因此芙蓉圩的面积历来说法不一。芙蓉圩与周围的杨家圩、马家圩(十七圩)等同时成田,"今所号芙蓉圩者,乃其中极低处,筑堤为一大圩,其实堤外诸小圩皆昔

---

① 道光《武进阳湖县合志》卷三《舆地志》,清道光二十三年刻本。
② 〔清〕黄印辑:《锡金识小录》卷二《芙蓉圩图考》,清光绪二十二年刊本。

芙蓉地也"①。因此,在计算芙蓉圩面积时常将邻近小圩计入,导致
混淆。旧称十万八千亩芙蓉圩,但因围中低洼河荡很多,古人亦言
此数"盖合河荡而言之也",其中"西湖芙蓉圩为田十万八千余
亩……东湖杨家圩为田四万七千余亩"②,此外"隶江阴者七千余
亩(指江阴马家圩)"。民国时期,推广机电灌溉,有人也进行了调
查,"全圩面积与水道合计约六万五千余亩,当四十平方公里,水道
约占全圩四分之一,低田不麦之区约占全圩二分之一,稻麦两熟之
良田约占全圩四分之一"③。1982 年,据武进县土地资料调查:芙
蓉圩总面积 57195 亩,其中耕地 40014 亩,内属武进县 31124 亩,水
面面积 6430 亩。④ 据无锡县的调查数据:境内面积 22138.25 亩,
其中水田 14299.29 亩,旱田 1956.13 亩。⑤

二、圩田形态结构的变化

圩田的形态最直观地表现在其水利设施及其呈现的景观,如
各级堤岸、闸、坝与圩内河渠等。清初无锡县令吴兴祚曾经六次到
芙蓉圩地区勘验灾情,这里可以借用他的描述:"圩形如碗,外高内
低,内画纵横,抵水而止,岸如梯阶,渐下渐低。不满二尺之水,犹
可露出界岸,如逾二尺,则一望汪洋,更遇外水涨入,胆破心惊,苍
黎无救矣。"⑥《锡金识小录》亦记载:"此圩形如坦盆,四围稍隆起,

① 〔清〕黄印辑:《锡金识小录》卷二《芙蓉圩图考》,清光绪二十二年刊本。

② 光绪《无锡金匮县志》卷三《水利》,江苏古籍出版社 1991 年影印本,第 63 页。

③ 林保元:《芙蓉圩调查报告》,载《太湖流域水利季刊》1929 年第 4 期。

④ 武进县县志编纂委员会编:《武进县志》,上海人民出版社 1988 年版,第 314 页。

⑤ 无锡县县志编纂委员会编:《无锡县志》,上海社会科学院出版社 1994 年版,第 268 页。

⑥ 道光《武进阳湖县合志》卷三《舆地志》,清道光二十三年刻本。

中心极洼下。内四周作抵水岸,逐层而下,望之若楼梯然。雨至未满二尺,犹微露岸形,若水逾二尺,则各岸平沈汪洋一片矣。更若淫潦不止,外水冲入,则圩田居民胥为鱼鳖,故防守堤岸最为紧要。"①可见,芙蓉圩是一个四周高、中心低的典型的仰盂圩。由于"芙蓉湖乃一巨浸,地处极低,一逢淫潦,四水交集,浸成滔天地势",因此围岸的作用非常重要,"全赖大围为保障",大围的规模非常大,"延袤六十三里,隶阳邑者四十二里,隶锡邑者二十一里。东面以甘家闸为分界,南面以界江坝为分界"②。

由于芙蓉圩分属武进(后分阳湖)、无锡两县,而且"在武邑者北而稍高,在锡境者南而愈下",为防水利争端及划清行政界线,与一般圩田相比,芙蓉圩多出一道界岸作为两县分界,"界岸为圩心大堤,由甘家坝起,至里住坝,两岸夹河"。它将整个芙蓉圩分为两大部分,绵亘三千四百余丈,"南岸则锡邑人承管,北岸则阳邑人承管"。由此界岸高低区可以"划疆以守,不使邻国为壑"。这是最重要的两条堤岸,因此在修筑时作为重点,其规制非常严格。大围"其修筑之法,面阔以一丈八尺为率,脚阔二丈八尺"。为了加固围岸,同时加筑了子岸,"傍做子岸四尺,以帮圩岸脚下"③,而界岸则"定以一丈二尺,亦加子岸四尺",高均为六尺,堤岸高阔,相传界岸"五马可以并行"。从现存圩田堤岸资料的筑岸标准来看,芙蓉圩的大围岸是整个太湖流域地区最高的。

---

① 〔清〕黄印辑:《锡金识小录》卷二《芙蓉圩图考》,清光绪二十二年影印本,第106~107页。

② 〔清〕汤钰编修:《芙蓉湖修堤录》卷三《大围说》,清光绪十五年木活字本。

③ 〔清〕汤钰编修:《芙蓉湖修堤录》卷一《破围筑围记》,清光绪十五年木活字本。

表7-2 历代圩岸堤式规格表

朝代	堤　别	顶宽 (尺)	基宽 (尺)	堤高 (尺)	边坡比	备　注
元 五 等 岸 式	一等田与水平	5.0	10.0	7.5	1:0.33	
	二等田高一尺	4.5	9.0	6.5	1:0.34	
	三等田高二尺	4.0	8.0	5.5	1:0.36	
	四等田高三尺	3.5	7.0	4.5	1:0.38	
	五等田高四尺	3.0	6.0	3.0	1:0.5	
明 五 等 岸 式	一等田低于水	7.5	15.0			
	二等田与水平	7.0	14.0	8.0	1:0.44	
	三等田高一尺	6.0	12.0	7.0	1:0.43	
	四等田高二尺	5.0	10.0	6.0	1:0.42	
	五等田高三尺	4.5	9.0	5.0	1:0.45	
明	常熟县圩田	6.0	9.0	10.0	1:0.15	高出最大水位一尺
明	芙蓉圩大岸	18.0	2.8	8.0	1:0.63	
清	芙蓉圩大岸	9.0	2.4	8.0	1:0.94	
清 四 等 岸 式	一　等	6.8	15.0	8.0	1:0.56	高出最大水位一尺
	二　等	5.0	14.0	7.0	1:0.64	
	三　等	5.0	12.0	5.0	1:0.58	
	四　等	4.0	10.0	5.0	1:0.6	

资料来源:郑肇经主编《太湖水利技术史》,农业出版社1987年版,第138页。

由于圩内地势不平,因此在大围、界岸之外,又有顺水、抵水等岸,它们作为分级控制线,修筑于高低田之间,以防高田水下泻低田。"抵水者,圩田高低不等,高处之水泄入低处,高处立涸,低处受灾。筑岸以御之,则不下灌。顺水者,平水之处,利在疏通,而两岸无防,势将蔓延。筑岸以夹之,则水不旁溢,等岸也。而抵水为尤重。"①万历三十年（1602）欧阳东风所修筑的主要就是这种堤岸，其规制"高一公尺二，宽二公尺余"。这些岸线连接起来，将全圩按地势高低分为头进、二进、三进和圩心等亚区，其基本目标是"高水不入于中，中水不入于下，下水不入于低"。其中"无锡大围岸包小圩一百，武进大围岸包小圩二百"，小圩岸"宽不逾一公尺，高不过四公寸"，数量极多，不再一一列举。

除了上述堤岸外，圩田还有闸、坝、洞等水利设施。芙蓉圩的外河水在江湖水位低落时，北流入江；雨多涨潮时，则会出现倒流现象。圩内河道由于地势西高东低，一般情况下西水东流，旱时内外河水相平，涨潮倒灌时，外水可以倒流入圩。为了控制蓄泄、便于排灌，在大围上设置了外闸。同时，由于"湖心与诸白荡俱隶东面各图，水面浩阔，戽之必牵连无效。设内闸以隔之，只戽田面之水，不戽诸荡白水，易奏厥功"，因此在分级堤岸上设有内闸。外闸共有4座：甘家闸、邱庄闸、双庙闸、梅思闸。内闸8座：西周闸、履祥闸、杨田闸、潘家闸、胡家闸、小梅思闸、张弛闸、中坝闸。"闸在大围者最为紧要，而内闸亦不可不谨。"②由于大围北面靠山，汛期山水与潮水汇合，水大势猛，所以北岸概不设闸，4座外闸均设在东、西、南三面，北面邻近江阴县界，仅设有几处涵洞。

洞有两种，一是"水口有直有横，直者类通舟楫，设坝洞"，为通船而设；另一类"车洞，为旱年戽救而设"。洞的出现应该较晚，清代人"稽之旧册，仅载闸坝，并无岸洞字样。盖洞之为害，前人虑之深矣。可见岸之有洞，系后人贪便私凿，前人原不容有

---

① 〔清〕汤钰编修：《芙蓉湖修堤录》卷五《承管界岸说》，清光绪十五年木活字本。

② 〔清〕汤钰编修：《芙蓉湖修堤录》卷六《闸坝洞说》，清光绪十五年木活字本。

是也"①。可见其前后变化较大,清末有 13 洞。不通外河的水口一般用坝筑断,也有大围坝和界岸坝之分,大围坝有 24 座:洋濠坝、邶庄坝、塘湾坝、官濠坝、柳荡坝、张荡坝、石泾湖坝、西港坝、小湖沟坝、大湖沟坝、蔡家圩坝、吴家圩坝、狄家坝、撞沟坝、大沟坝、石湖坝、戴家坝、梅思坝、匾沟坝、杜家坝、门公坝、蒲濠坝、盛家坝、界泾坝。界岸上也有坝,数量为 9 个:出水溇坝、长清河坝、里住坝、薛家坝、刘家坝、河白湖坝、杨田坝、西头河坝、采菱港中坝。②

此外,芙蓉圩内的河荡极多,"围以外皆水环之,东面接纲头河,直东由惠济桥引江潮,迤北至郑六桥通常城北关,南面为太湖来路,可达锡山西面,比连横山、崔桥两镇,即三山港,北通石堰,南迤横山,可达运渎"。而"围中悉低洼河荡居多,不下数十百处,荡最大者莫如湖心,次者为东西周两白荡、东西刘两白荡、北陈荡、汤白荡、刘白荡、蒋家荡、龙潭等处"。界岸两侧各有干河,但不相通。根据民国时期的统计,可通舟楫的湖荡有 58 处,水面占全圩面积的四分之一。③ 这些湖荡作为滞涝库容,对于汛期调蓄水涝,旱期蓄水防旱、减轻水害是非常有利的,同时河荡、湖荡也是发展水产种植、养殖的有利条件。

上述堤岸、闸、坝、洞等水利建筑物的配合,使得内外水、高低水有所节制,达到了内外分开、高低分开和旱涝分开的要求,实现了"高水不入于中,中水不入于下,下水不入于低"的分级分片管理体系。

---

① 〔清〕汤钰编修:《芙蓉湖修堤录》卷六《闸坝洞说》,清光绪十五年木活字本。
② 〔清〕汤钰编修:《芙蓉湖修堤录》卷六《闸坝洞说》,清光绪十五年木活字本。
③ 林保元:《芙蓉圩调查报告》,载《太湖流域水利季刊》1929 年第 4 期。按:此为民国时调查数据,之前水面面积当会更大。

三、圩田内的农业景观

1. 植被、作物与土产

如前所述，芙蓉圩地区地势低洼，水面广大，与这种环境相适应，其形成了该地特有的农业景观。时人的描述能够给后人提供一个直观印象："蓉湖一围，其内圩之田尤为沃壤，夏秋之交，黍谷垂花，桑麻遍野，至于枕山带河，绿阴千顷，堤柳汀葭，池荷掩映，此亦湖中之胜概也。"①显然，这是对芙蓉圩地区正常年景田园诗般的描写，而实际情况与此出入很大。

在围湖成田之前，芙蓉湖地区的情况非常原生态，"本属大川，为蛟龙出没之处，汪洋浩荡，湖滨烟渚，蒲柳萦回，浴鸥飞鹭，夹岸芙蕖，唐宋诸贤乘舫载酒，为游览之地"②。唐代陆羽留下了这样的描述："（芙蓉湖）湖面百里，一望皆菰蒲荷芰，为江南烟水伟观。"③随着逐步的围湖成田，芙蓉湖水面大量减少，加之当地渔业很重要，而"荷柄多刺，养鱼无所利，柄未出水辄划之"。因此，农民也有意减少荷花的种植，导致荷花资源迅速减少，到清末已经"存者无几，今梁家桥、朱家荡等处不满百池矣"④。与之相应的，是原始的水生资源逐渐被人工种植的粮食作物所取代。尽管从自然条件上来看，江南地区的水热条件是可以实现稻麦复种或双季稻的，但能否真正实现，还要取决于诸多要素。宋代郏亶曾云："吴人以一易、再易之田，谓之白涂田，所收倍于常稔之田。而所纳租米亦依旧

---

① 道光《武进阳湖县合志》卷三《舆地志·水利》，清道光二十三年刻本。
② 〔清〕吴兴祚辑：《治湖录》，清光绪木活字本。
③ 《咸淳毗陵志》卷五《山水》，清嘉庆二十五年刊本，台湾成文出版社1983年影印本，第3592页。
④ 〔清〕汤钰编修：《芙蓉湖修堤录》卷七《土产说》，清光绪十五年木活字本。

数,故租户乐于间年淹没也。"①这反映出地租制度对耕作制的影响。

从自然环境与水土资源来看,芙蓉圩地区适宜于水稻种植。尽管明清时期,稻麦复种制已经在江南地区有了比较普遍的推广,但麦作在芙蓉圩地区仍很少见。由于该地的地形条件限制,"湖田极低,有寸雨即涨尺水,水势有聚无散,故久雨即惊,一潦则洪波停蓄,半年不退"。这种环境不利于麦类作物的生长,被称为"不麦低田"。因此,该地每年仅有水稻的秋熟而没有麦类的夏熟,"荒一熟则两年受饥,如连荒两熟,直至三年之尽方得接食,较之别处之田,连失五熟矣"②。在圩田内部,高低田之间也存在有差别。在水利形势上:"惟是田居最下,上流灌注,沿塘之高阜方庆甘霖,内地之低洼已经忧泪没。此又惊怆最先,患潦独甚者也。"圩田外高内低,导致"旱荒则外围岸边之田或可溉以外塘之水,其内地已一片皆焦";而水灾时,"外围岸边之田或可泄水于外塘,若内地不得曲防害众。只就沿边看荒,似乎稍有生机,又远望芦苇隐现,疑有熟处。不知金玉其外,败絮其中"③。正是由于常患水灾,"往往有极盛之麦,经三日水淹,枯黄过半者",由此导致麦作在这里不普遍。

到民国时期,麦作虽然有了一定的发展,但主要是在沿圩堤岸的头进高田区,低田仍不普遍。1930年,为改良农业,有人曾在当地进行调查,结果表明:"高区岁获稻麦二熟,低区一熟者称为不

---

① 〔南宋〕范成大撰,陆振岳点校:《吴郡志》卷一九《水利》,江苏古籍出版社1999年版,第271页。

② 〔清〕吴兴祚:《湖民积困十条》,载〔清〕汤钰编修《芙蓉湖修堤录》卷八,清光绪十五年木活字本。

③ 〔清〕吴兴祚:《湖民积困十条》,载〔清〕汤钰编修《芙蓉湖修堤录》卷八,清光绪十五年木活字本。

麦,全额低区逾半,故苦潦不畏旱。惟壤性昔称朽腐,注水若漏,旱时灌水颇费时间。每亩产麦约一石,以全余田亩约五万亩计,麦约二万余石。"①而高低田的差异仍非常明显:"(芙蓉圩)沿堤田亩,地势较高,以现状观之,麦杆高可及胸,比较杨家圩为优,尤以东洲前村一带为最佳。据农民言,该处年有收成,每年约可及二石,较之圩外高区为佳。惟洋子坝南部、龙头潭附近、大湖沟西部,皆未下种,约及四五千亩,余如吴慕湾、陶家坝亦属低区。故虽种麦,以受水淹之故,不甚茂盛,甚显明也。"②

丰水的环境不利于麦类的种植,却有利于水稻的生长。这里的水稻较有名气,清人认为"水足,故(米)粒圆湛,颇有精华,胜他处米",因此"铺仓场辄能辨之"。民国时调查亦认为:"全圩农田土质肥沃,产米圆湛有精华。每亩出米二石余,年产稻米约十余万石。"③除了稻米外,其副产品稻杆亦有特色,"稻杆亦长,有火力",这些特点可以使稻杆充当燃料。

至于其他植被如林木等,较为少见,"圩乡多水少树,木有桃、杏、桑、柘之类",这些木材除了薪、棺之用外,往往在洪涝灾害时用作抗洪物资,难以长期保有。只有适水的杨柳比较适应,大量生长,如道光二十年(1840)大水破围,其他树种淹没殆尽,"惟杨柳不畏,水无所害。然剪伐为薪,存者亦寡。至梨栗橘枣,本不经见,非水乡所宜"。与丰水环境相适宜,土产之物多系水生,如莲子、莼菜、菱类及鱼类等,且产量较丰。④

---

① 林保元:《芙蓉圩调查报告》,载《太湖流域水利季刊》1929年第4期。
② 陆传约:《调查杨家圩、芙蓉圩种麦情形报告》,载《太湖流域水利季刊》1930年第4期。
③ 林保元:《芙蓉圩调查报告》,载《太湖流域水利季刊》1929年第4期。
④ 〔清〕汤钰编修:《芙蓉湖修堤录》卷七《土产说》,清光绪十五年木活字本。

2. 土壤景观

芙蓉湖地区长期为湖泊沼泽地貌,成圩不过数百年,因此其土壤性状也有其特点。近代之前,虽无科学的调查与认识,但当地人已经对此有所认识。他们认为:"湖中土性杇腐,旱不盛水,一溉即渗漏田底,随戽随涸,最无救济之术。"或云:"壤性杇腐,注水若漏卮,旱又可虞。"①这种情况反映了当地最初由于地下水位高,湖水与地下水相混,因此土壤颗粒稀疏,难以保持水分和养分的现象。民国时期夏寅治对此地做过调查,取土化验,并与其他低洼地区作了比较也验证了这一说法,具体见下表:

表 7-3 芙蓉圩等低区土壤分析报告表

样本名称	定 名	组织成分(百分比)		
		细 砂	矾 土	铁
芙蓉圩土	粘土	23	68	9
庞山湖黄土	粘土	30	64	6
昆山西畴泥	粘土	25	67	8

资料来源:夏寅治《芙蓉圩等低区土壤分析报告》,载《太湖流域水利季刊》1929 年第 4 期。

其分析报告认为:"(芙蓉圩地区的土壤)粘着力颇强,不易耕锄,亦难透气与水,腐腐殖质、磷酸及窒素,尤见缺乏,宜混粗松之土,方能合用。除豆科作物之外,宜混用少量之石灰,然后有硝化之效力。"②由于在耕作制度上常年是一熟晚稻制,很少进行水旱轮

① 〔清〕吴兴祚:《湖民积困十条》,载〔清〕汤钰编修《芙蓉湖修堤录》卷八,清光绪十五年木活字本。
② 夏寅治:《芙蓉圩等低区土壤分析报告》,载《太湖流域水利季刊》1929 年第 4 期。

作,更谈不上深耕,但毕竟芙蓉圩已经历了数百年的耕作,土壤性状有所改善。尤其是靠近大围岸的土地,由于靠近村庄和河浜,长期挖河挑土、施用河泥等原因,较他处肥沃,且地势较高,因此稻麦均能生长良好。"盖圩外田底为黄土,圩内为黑土,麦根入土较深也。"从圩田的边缘到中心,由于地势渐低,每年淹水时间增长,土壤中滞水现象严重(尤其在淹水季节),透水透气性差,属于典型的滞水水稻土。[①] 民国时期调查所绘地图中的"种麦状况",表面上反映了高低田区小麦生长形势的差异,但实际上既反映了圩内地势高低的差别,也在一定程度上反映了土壤性状的差异。新中国成立后的土壤调查也证明,这一地区的土种主要属于乌栅土(脱潜型水稻土),在水、肥条件上有一定的缺陷,增产的潜力关键在于降低地下水位,解决土、水、气之间的矛盾。[②]

四、圩内环境及其影响

通过上面的论述可以看出,在芙蓉圩地区圩田景观的形成与发展过程中,当地的自然环境是影响其水利、农业景观的主导因素。除了上述的农田、水利景观外,自然环境还深深地影响到了该地区的其他景观,这在当地的生活方式、民俗、管理制度等方面表现得尤为明显。

清初吴兴祚知无锡,曾多次亲临芙蓉湖地区勘灾,对当地的自然环境、风土民情有较清楚的认识:

> 庚子四月,余绾章来锡,劝农北乡。抵芙蓉湖大圩,见湖水盈溢,田禾半沉,就堤隙壤集父老丞耄士谒慕公祠毕,乃命小舟棹芦苇,度阡陌,一望中湖雾苍茫,村墟水匝,因知此系昔

---

① 按:水稻土的定义根据徐琪等《中国太湖地区水稻土》,上海科学技术出版社1980年版,第60~61页。

② 武进县志编纂委员会编:《武进县志》,上海人民出版社1988年版,第169~170页。

曰芙蓉湖之底,形如坦釜,水进无由外泄。通圩六十里之内,东南一隅属于锡邑者尤为洿下,岁产一熟,名为不麦低田。父老谓余言曰:去年被浕,今复继之。高乡获四五稔,而此处一熟未收,未知将作何状。向来居此地者,不时乏食,最苦里中并无升斗之家可与告急,以谋朝夕,故视藜藿糟粮犹为嘉禾,尝以树皮捣粉为餚,野菜和根作齑,聊以果腹。①

清代同治年间的任源祥曾经访友于此地,对当地的生产、生活状态进行了细致的描写:

沟塍纵横,村烟绎络,无贫家亦无豪族。外人入其中,水陆皆不达其中,舟小于叶,遇坝则两人举之,其水阻,亦无常渡,招而应者类此舟也……酉戌间独不被乱,人业相若,舟梁不通,居民以来无盗贼焉。史子避地,自甲申始,所税屋三间,所携妻子数人,残书数卷,日不得再食,吟咏不辍,所与游并不识城县。及有所闻,惟机声昼夜不绝,所见捕鱼具甚奇且备,遂得与世绝矣。此中故不麦,涉冬乃渔,或潦则鱼布以生。稍有桃李桑竹及芙蓉诸草,最盛者杨柳莲花,所在村及水,二者常相依也。其先后各异种,涉五月至七八月间,熏心扇目,五十里皆荷蕖也,此时香不绝于声矣。余既两至其地,一仲冬,观徒手捕鱼;一季夏,饵莲食。②

任氏所见已是芙蓉圩在太平天国战乱后的情景,与最初开发时颇有几分相似。在最初草创阶段,芙蓉圩地区"多芦苇,召民开垦,应募不多,仅数姓居此耳"。因此地广人疏,有田可耕,虽无大

---

① 〔清〕吴兴祚:《湖民积困十条》,载〔清〕汤钰编修《芙蓉湖修堤录》卷八,清光绪十五年木活字本。

② 〔清〕任源祥:《芙蓉湖记》,载〔清〕卢文弨辑《常郡八邑艺文志》卷四,《续修四库全书》第917册,上海古籍出版社2002年版,第504页。

富,亦无大贫。以后遭明清换代时的变乱,很多人"厌弃城市,挈眷菰蒲深处,作桃源避秦计,因以家焉",使得人口大增。至清中期人口大增,"篱落稠密,子孙蕃衍,虽屡遭水患,而散而复聚,户口日增。惟是村渐多,田渐少,食指益浩繁,又仅得一稔,民乃益窘"。但由于芙蓉圩地处偏僻(位于三县之交),"民生不见外事,安于畎亩";自然环境又较为恶劣,因此俗尚俭啬,少有浮华,"终岁敝衣疏食,即嫁娶宴会俱漓薄,不肯糜钱",甚至于"见人服袍带、买鱼肉,必惊问:'谒何人,延何客?'若绸绫之贵,山海之珍,有终身不识者"。正因此种环境,数百年间,其风俗居然变化不大,"鸡鸣犬吠相闻矣,而衣短褐食脱粟如故也"①。

由于水灾频仍,当地农业生产很不稳定,因此副业生产(主要是纺织和渔业)就显得非常重要,当地人自称:"地瘠故民贫,衣食颇艰,农隙以捕鱼佐生理。"而当湖内灾荒时,"皆纺织为生,捕鱼为命",尤其是当地的妇女"勤劬同于男子,夜篝灯纺织,虽严寒盛暑不辍"②。并且这种行为逐渐演化成一种常态而非临时性救济措施,有许多圩民专门从事渔业生产,甚至由此致富,如蓉湖李氏:

> (心传公)讳凤来,字心传。幼失怙恃,依兄业农,祁寒暑雨,公随之耕作田间,无稍懈。我蓉湖为低洼地,多水患,禾苗辄被淹没,居民浚池蓄鱼者多,盖不特因地制宜,其获利亦较农有倍蓰焉。公慕之,乃与兄协谋浚池沼,制网罟以畜鱼为业,而农则不专务矣。由是每岁夏季至江滨取鱼苗,驾艇于江水之上,虽烈风狂潮所不顾也。秋冬两季则又运销鱼苗,或宜

---

① 〔清〕汤钰编修:《芙蓉湖修堤录》卷一《破围筑围记》,清光绪十五年木活字本。
② 〔清〕汤钰编修:《芙蓉湖修堤录》卷七《风俗说》,清光绪十五年木活字本。

溧,或苏杭,或海门,或崇明等处,无一日暇,积数年,家业隆隆起。①

村落的分布也非常有特点。由于地势的原因,太湖的村庄大多分布在圩岸上②,但对于圩内村庄的分布了解较少。芙蓉圩地区对此也有较详细的记载,其具体的情况是:由于圩民迷信风水,"堪舆家谓圩乡以水为龙",因此"凡有大荡,必结大村""荡最大者莫如湖心,而朱、徐、赵、梁诸姓村绕之。次者为东西周两白荡、东西刘两白荡、北陈荡、汤白荡、刘白荡、蒋家荡、龙潭等处,皆有大村领之。万瓦鳞排,与水光相映"。而到了"大湖沟、牌子港、清水河等处""水无结束,其气散而不聚,村落虽有不甚繁衍"③。尤其是在最东部的东洲村一带,由于整个圩田的地势呈西高东低,众水汇集,因此当地的村基筑得高大结实,"惟东洲一隅最高,基与围堤相埒,外有高垄卫之,大水可以无虞"④。其村落规模也比较大。

严峻的生产、生活环境,使得芙蓉圩地区形成了一个非常紧密的水利共同体,除了表现在水利设施的管理之上外,还受多重因素的影响,如共同的周忱信仰、免役权的确认及行政力量的影响等。关于这方面的具体内容,将在下一节中予以阐述。

---

① 李茂荣等纂修:《蓉湖李氏宗谱》卷二《心传公传》,民国三十六年木活字本。

② 最早的村庄分布也有在圩田内部的,见于郏亶的论述。但明清时期尤其是分圩之后,村庄主要分布在圩岸之上,费孝通和滨岛敦俊等人的著述中均指出这一特点,但他们论述的主要是经历分圩后面积较小的圩田状况,而芙蓉圩虽然内部也有小圩的出现,但大围岸作为整体始终没有被打破,因此可以通过它来一窥大圩内的村庄分布状况。

③ 〔清〕汤钰编修:《芙蓉湖修堤录》卷七《河荡说》,清光绪十五年木活字本。

④ 〔清〕汤钰编修:《芙蓉湖修堤录》卷四《村基说》,清光绪十五年木活字本。

第三节　圩田地域社会的构建与运作
——以芙蓉圩为例

　　圩田景观是圩田的外在形式,在此自然基础上形成了圩田地域社会。长期以来,学界对于圩田内部社会的构建与运行等问题,如圩田内部的身份认同、生活方式、赋役分配等,尤其是对这些运行机制下当地的区域社会如何构建等问题的探讨,在深度与广度上都比较欠缺。以往在这方面有较为深入的研究是日本学者的"水利共同体"理论①,但这一理论的主要结论是建立在以华北地区为主要研究对象的研究成果之上的,在情况更为复杂的江南地区,这一结论似乎还有待进一步的验证;国内学者对这一问题亦有研究,近年来钱杭以浙江湘湖为研究对象,对这一地区的水利共同体进行了较为全面的解读,尤其探索了"库域型"水利社会的研究方法②;以行龙为代表的山西学者对华北的水利社会问题进行了有益的探索,有人将这些工作称之为"水利社会史"研究的勃兴,这无

---

　　①　水利共同体的主要结论是:水利设施为共同体所有,修浚所需劳力、资金以灌溉面积来计算,由用水户共同承担,田地、用水量与义务互为表里,即地、夫、钱、水之结合为水利组织之基本原理。日本学者对于水利共同体的研究成果,可参考〔日〕森田明著,郑樑生译《清代水利史研究》,亚纪书房1974年版;《清代水利社会史研究》,台北编译馆1996年版。
　　②　钱杭:《"均包湖米":湘湖水利共同体的制度基础》,载《浙江社会科学》2004年第6期;《真实与虚构之间的历史授权——萧山湘湖史上的〈英宗敕谕〉》,载《史林》2004年第6期;《烈士形象的建构过程——明清萧山湘湖史上的"何御史父子事件"》,载《中国史研究》2006年第4期;《论湘湖水利集团的秩序规则》,载《史林》2007年第6期;《共同体理论视野下的湘湖水利集团——兼论"库域型"水利社会》,载《中国社会科学》2008年第2期。

疑有利于水利社会研究的深入与扩展。① 本节的视角定位于明清时期典型的江南圩田——芙蓉圩地区，通过对相关文献的发掘与解读，认为该地区地域社会的构建与运作中，除了共同的水利任务外，共同信仰造就的心理共同体、特殊政治经济利益形成的自我身份认同以及官方行政力量的介入，均是不可忽视的重要影响因素。

一、圩岸修筑与管理——水利共同体的构建

芙蓉圩的原貌及改造过程，前文已有详细描述。由于芙蓉圩是从湖泊改造而成，因此芙蓉圩地区极易遭受水患，"形如坦盆，四围稍隆起，中心极洼下。……雨至未满二尺，犹微露岸形，若水逾二尺，则各岸平沈，汪洋一片矣。更若淫潦不止，外水冲入，则圩田居民胥为鱼鳖"②。历史上，由于水灾，这里多次破圩，全围"陆沉"，比较严重的有明嘉靖四十年（1561）、万历五年至万历六年（1577—1578）、天启五年（1625），清康熙十九年（1680）以及道光二十年（1840）5 次，其他小灾不胜枚举。严峻的生产、生活环境，使得芙蓉圩地区的开发完成得非常晚，而在开发完成后，为应对这种环境，又形成了一个非常紧密的区域水利共同体，这集中表现在水利设施的管理之上。

对于芙蓉圩来说，各级堤岸的重要性不言而喻，"防水如防寇敌，守堤如守城垣"③，大围及各级堤岸的规制如前述，每年要进行修筑和日常维护，定例外堤五年一小修，十年一大修；内岸一年一

---

① 张爱华：《"进村找庙"之外：水利社会史研究的勃兴》，载《史林》2008年第 5 期。

② 〔清〕黄印辑：《锡金识小录》卷二《芙蓉圩图考》，清光绪二十二年刊本。

③ 〔清〕汤钰编修：《芙蓉湖修堤录》卷一《永禁碑》，清光绪十五年木活字本。

小修,三年一大修。"险要之处,丈明段落,归十甲公做,名为十甲岸"。① 而一般的岸段则"照围内田亩,圩长承管,按田派夫,每当春融,上岸补葺,各守疆界",而且规定"凡遇内外水涨,自应一律从大围戽出"②,由此才可保证全圩的安全。同时,界岸与各小围之坝洞亦不可不防。闸坝的管理原则是"近闸居民承管,或置田给领,以酬其劳,或从起水诸圩轮值。坝则分授圩长承管,各有段落,以赛其功"③。具体安排人员时遵循"各圩岸洞闸坝均归田多者经管"的原则,关于其具体分派,在前文已经有所论述。同时,危害大围、界岸的种种行为是被严格禁止的,道光二十六年(1846)由县令勒石永禁,其内容如下:

一、大围界岸礮砌车洞者,现经其承管切结注册存案,此外添设,是宜永禁。

二、车洞为旱年戽救而设,如外河水涨或贪便放潮,以致猝变,或掘泻低区,以邻为壑,是宜永禁。

三、大围界岸及圩中各岸塍种作取利,侵削岸身,是宜永禁。

四、傍岸鱼池须沿堤石礮,方准养鱼;倘不礮砌,贪便渔利,是宜永禁。

五、大围界岸全凭草根蟠固,止许秋分后对田人樵斫,若非时刈割以及放牧牛羊,是宜永禁。

六、戽水出塘,务设旱闸。或私开围岸,填筑不坚,以致猝

① 〔清〕吴兴祚辑:《治湖录·续后治湖录》,清光绪年间木活字本。
② 〔清〕汤钰编修:《芙蓉湖修堤录》卷六《内河戽水说》,清光绪十五年木活字本。
③ 〔清〕汤钰编修:《芙蓉湖修堤录》卷六《闸坝洞说》,清光绪十五年木活字本。

不及防,是宜永禁。

七、村基最易坍卸,分管圩长固宜岁修,村人亦当时加培补,或任意侵损,是宜永禁。

八、水道张簖,本干例禁,凡遇水旱,设簖外塘,碍水流通,是宜永禁。①

显然,正是这些硬性条例规定,在一定程度上维护了整个芙蓉圩的生存与发展。在面临突发情况如洪涝灾害时,全圩也能利用"大棚车"制度而有效地组织起来,共同抗御灾害。道光二十年(1840)四月大雨,芙蓉圩"积水数尺,插种无地",两县(无锡、阳湖)组织上千架大棚车投入排涝,"连戽十日,水势始渐落"。五月又遇霪雨,又继续组织车戽,始得播种。

二、周忱信仰与免役权——共同体的维系

除了制度性的约束外,整个大圩共同体的构建亦存在于精神层面,其中值得注意的是对周忱的崇拜。周忱在芙蓉圩的成圩过程中功劳卓著,陆鼎瀚赞扬道:"(周忱)其措施政令,不斤斤于施小仁,市小义,而规为久远,培修元气。上有益于国,下有惠于民,利溥当时,泽及后世。"②当地在周忱生时已经为其建了生祠,因此,死后当地人建祠祭祀并不奇怪。但当地人对周忱的感情并不限于此,周文襄祠在其日常生活中的作用也远远超出了祭祀场所的原意。芙蓉圩内有周文襄祠两座,分属两县,"一在锡界围和尚塘桥,一在阳界大围双庙闸"。其祠内"奉公像于中,傍两楹以重修诸公配享"。并设有祠产田亩来维持修葺,"每岁以三月十五日祀文襄

---

① 〔清〕汤钰编修:《芙蓉湖修堤录》卷一《永禁碑》,清光绪十五年木活字本。

② 〔清〕陆鼎瀚:《芙蓉圩重建周文襄公祠记》,见〔清〕汤钰编修《芙蓉湖修堤录》卷一,清光绪十五年木活字本。

公,公保障蓉湖,所谓捍大患、御大灾,厥功前后相埒。里人于祠神日演剧趁墟,报赛不绝,而水旱疾病亦必赴祷"①。圩内每次兴筑大工,都设局于祠内,开工前以少牢祭祀,完工后亦要告成事于祠。

对于周忱的神迹,当地人甚至编造出种种神话来对其进行美化,"凡遇大水,辄见围堤神灯灿然,围赖不破。昔有人与我圩为仇,欲决水灌圩,携铁锹上堤,遇文襄神叱之回,至家暴死"。而在大灾来临时,周忱也往往会有神迹显示,"二十年破围前数日,公示梦于人,公之灵著斯土,由来已久。即今之毁而复完者,非公之阴相默佑,未必能如是"②。当地人为了强化对周忱的这种崇拜,甚至不惜编造周忱的身世,以求得地域上的认同感。周忱本籍江西吉水,为正史所载,并无疑问。③ 当地人却私下将其改为本地人:"(周忱)公名忱,本(无)锡人,父元礼。文襄幼学于王学士达善门下,一名永龄,忽为贾人挟去,遂隶吉安。(公)后抚吴时,至锡山求祖祠,豁其地税。"④这显然是虚构的。对于周忱的结局,也有不同于正史的说法,《明史》载周忱虽屡遭人言,备受弹劾,但"帝素知忱贤,大臣亦多保持之,但令致仕",景泰四年(1453)卒后亦得文襄之谥,可算善终。⑤ 当地民间传说却是另一番情景:"周忱因平冤狱、理财赋,侵犯了土豪权贵的利益,他们就诬告周忱在芙蓉圩屯兵积粮,图谋造反。朝廷派钦差前来稽查,钦差与奸人勾结,未到圩内

---

① 〔清〕汤钰编修:《芙蓉湖修堤录》卷七《周文襄公祠宇说》,清光绪十五年木活字本。
② 〔清〕汤钰编修:《芙蓉湖修堤录》卷七《周文襄公祠宇说》,清光绪十五年木活字本。
③ 《明史·周忱传》载:"周忱,字恂如,吉水人。永乐二年进士,选庶吉士……景泰四年十月卒,谥文襄。"
④ 〔清〕吴兴祚辑:《治湖录》,清光绪年间木活字本。
⑤ 《明史》卷一五三《周忱传》,中华书局1974年版,第4216页。

实地调查,仅在高处了望,见圩内'桥千'(农民用三根竹竿拱桥晒稻)林立,就诬说是兵勇列队,日夜操练,将此作为铁证飞奏朝廷,结果将周忱处斩了。"①在周忱去任之后,吴民已经为其立有生祠,在民间的影响力已经彰显,成为后人可以利用的精神偶像。在周忱死后的数百年中,这一作用被更加放大。上述各项都是出于当地人的假托和伪造,而这种假托和伪造显然是有着团结人心、增强本地凝聚力的作用。

在周忱祠中,尚有诸多附祀配享之人,主要是对此地开发建设有重要影响的官员,如晋内史张闿、明江南巡抚海瑞、明江南巡抚夏元吉;此外,又不断有后来对该圩影响巨大之人被配享入周忱祠中。配享之人,除了对该圩修筑、管理影响巨大的官员外,也有对当地生产、生活中居主导的乡绅、生员,还有本地所出的人才、官宦等,主要有:

> 明常州知府欧阳公东风、明武进县丞郭公之藩、国朝江南巡抚慕公天颜、国朝江南巡抚宋公荦、国朝阳湖知县潘公恂、国朝常州府知府查公文经、国朝知州衔阳湖县知县张公之杲、国朝知州衔阳湖县知县吴公时行、国朝阳湖知县金公镕、国朝阳湖知县文公川、国朝阳湖知县黄公登鲸、国朝阳湖知县温公巨京、国朝原任杭州海防同知吕公荣、国朝原任汶上县知县刘公弼全、国朝原任汝州直隶州知州董公大醇、国朝原任柏乡县知县余公怀清、国朝原任广州府知府即用道余公保纯、国朝原任吏科给事中瞿公溶、国朝候补通判刘公遵义、国朝朝议大夫举人赵公起、国朝国子监生谈公勋、国朝议叙布政使司理问厅姚公信、国朝议叙九品职衔孟公汝诚、国朝邑庠生汤公载、国

① 何国才:《芙蓉圩史话》,见政协武进县文史资料研究委员会编《武进文史资料》1993 年第 15 辑,第 168 页。

朝邑庠生岳公兆熊、国朝邑庠生周公瑸、国朝禀贡生侯选训导汤公钰、国朝国学生汤公鋑、国朝邑庠生任公椿甲、国朝处士李公冀华、国朝处士周公秀卿。①

这些人,或为学或为官,或为绅,均在历次修圩中扮演了主要角色。以周忱为开端和代表,通过不断附祀配享,激励着当地乡绅士宦为本地谋利以求入祠;同时,通过在周忱祠进行的各项活动,将全圩民众联系起来,在心理层面构建起一个区域的小共同体,从而使得这一区域共同体有了更加紧密的心理纽带。

周忱之所以在圩内受到如此的崇拜,除了其兴修水利之功外,更与当地居民的切身利益有紧密联系。首先是赋税问题,芙蓉圩初成时,自然环境较差,生产力不高,田地"止科米每亩五升,积贮官仓以备湖民旱潦,不入赋额",而低洼的湖荡地,"每荡一亩止完芦课银二分",赋税额度极为宽松。② 至嘉靖年间,知县王其勤始加丈量,将其列为低田,增入赋额,但赋税等级相比他处仍是宽松很多,这一点各处文献都记载得很清楚。其次是差徭,这在明清时期被视为比赋税更为沉重的负担。芙蓉圩由于地势低洼,每年修筑圩岸任务繁重,因此其他的差徭就被免除了。当地文献记载道:"以文襄定制,圩民专以筑岸堤防为务,一切大小差徭概行优免。"③

但这些记载均出自后人之手,周忱时代乃至其后的文献不见有此记载,是否真有这样的规定尚难得知。芙蓉圩地区优免差徭的记载,最早出现于清代康熙年间,而且两县所属部分获得优免的时间并不一致。无锡县所属地区:"康熙九年(1670)夏,大水,坏芙

---

① 〔清〕汤钰编修:《芙蓉湖修堤录》卷七《周文襄公祠宇说》,清光绪十五年木活字本。

② 〔清〕吴兴祚辑:《治湖录》,清光绪年间木活字本。

③ 〔清〕吴兴祚辑:《治湖录·续后治湖录》,清光绪年间木活字本。

蓉湖堤,知县吴祚修之……编设圩长三十六名,岸甲一百八名,照田分派督催,凡充圩图之役者专值堤工,优免杂项差徭。"①武进(时阳湖未分出)所属的优免则实现于康熙十八年(1679),由当地的圩长里甲刘桂、朱章际、王京宪、周奚玳等具词提出,申请"一应差徭如大兵、纤夫、槽刀、料树、河夫、桌凳等项,俱蒙照沿塘、沿江等图一例优免"。由时任知县郭萃转呈知府并苏常道台,批复的结果是:

> 蓉湖水乡,本县深悉困苦,一应杂差照例优免。所呈修筑圩岸,仰即竭力举行,勿致虚应塞责,有负轸恤之至意等。因蒙给付各房在案,第未奉给帖分散各图,优免无凭,德泽未能垂久,伏乞恩准给帖分散各图,俾群黎永沾袵席等情。前来据此合行给帖付照,仰大宁乡蓉湖二十九都一图、二图、三图、四图、五图、六图,暨二十八都一图圩长里甲知悉,嗣后凡遇应用大兵、纤夫、槽刀、料树、河夫、桌凳等项,概行优免。如有经胥混派苛扰,许即执帖赴禀提究。②

此次批复,开了优免的先例,并严格规定了优免的各图名称及优免事项,此后这一规定不断得到强化。康熙三十三年(1694),巡抚宋荦重修芙蓉圩后,详请"圩民每年修筑堤岸,所有一切大小杂差概行免派",并勒石于武进县署前及周文襄祠中,使这一惯例成为定制。③ 自此以后,每逢政府准备量田加赋或加派差徭时,圩民总是以此惯例为据,要求豁免;即使基层行政区划(主要是都、图)

---

① 光绪《无锡金匮县志》卷三《水利》,清光绪七年刻本。

② 《康熙十八年武进县知县郭给付优免帖》,载道光《武进阳湖县合志》卷一〇《赋役志四》,清道光二十三年刻本。按:郭萃,福建上杭人,康熙十三年任武进县知县,十九年去任,见同书卷一八《官师》。

③ 道光《武进阳湖县合志》卷三《舆地志·水利》,清道光二十三年刻本。

发生变动,这种优免也不断地被人为地强化。而且,这种优免详细的记载于方志和当地的主要治水文献之中,每每于发生相关纠纷时被提出作为证据。尤其是雍正年间改行顺庄法之后,基层行政区域亦有所变化(即武进分置阳湖,芙蓉圩地区亦改隶之),圩内民众对于这种优免地位是极为看重的,于是又有了乾隆二十四年(1759)的重新更定免役都图:

> 只缘康熙年间田亩均装,雍正年来,改作顺庄。碑文所载乡都图分今古不符,又兼武邑分隶阳湖,胥役变更,年深月久,案卷难稽。且武邑署前碑记已废,虽周文襄公祠内碑记尚存,坐落圩乡,未能通县周知,若不公吁重建碑文署前,以垂永久,或恐遇差混派,临事周章,圩民受累。伏乞改正乡都图分,载明优免规条、永遵旧例、合圩顶德等情,粘呈碑摹信牌告示,并开实在圩图九图半到县。查得该圩区图久经勒石优免,只因未分县以前名目稍异,恐滋藉混,随经饬查更定去后,即据该圩地保范廷献等并原呈刘仁兴等覆称,原碑所载,一切杂差既行优免,未曾分列规条,难免经书藉混,如挑捞河道、剥(驳)运船只、修筑城工、差案纤夫,一切雇办大小杂务并恳明示碑记,庶免临时周章。至于分县时大宁分出丰北,政成分出丰南,原碑所载大宁乡共七图半,今坐落圩中,实止丰北乡二十九都一、二、三、五、六、七等六图,政成乡二图半,实系丰南二十六都五半图,二十七都五、六两图。尚有政成二十五都二图原碑失载,应请增入,其大宁二十七都七半图,二十八都一图,俱系坐落圩外,应请删除等情,前来据此为照。该圩业于去夏经前署县沈因勘水潦之便,查绘圩图在案,今核与据呈,实在坐落圩中之九图半相符,合行更定重勒碑记署前,永远循旧优免,以杜混冒,须至碑文者,计开实在坐落圩图应免九图半:丰北二十九都一、二、三、五、六、七共六图,丰南二十六都五半图,

二十七都五、六共两图,政成二十五都二图。①

在优免差役的诱人利益面前,坐落在大围之内的都图,特别强调其本身坐落于圩内的特殊地理位置,而同时又将坐落圩外的都图排斥出去。尤其在基层政区调整的情况下,整个大圩作为既得利益整体,更加紧密地联系起来,其自我认同也不断得到强化。此后数次兴修水利时,虽不乏胥吏混派工役或银两等事,但均为当地人引成例驳回,如乾隆三十一年(1766)开浚孟河、德胜河、澡港三河时,按协浚惯例工役、夫银由武进、无锡、江阴三县共同承担,但当地人即以此例为据而强调道"(芙蓉圩)全赖圩岸闸坝高厚坚固,旱涝蓄泄有资保,无冲决之患,每年春和农隙,按田出夫,大加修葺一次,仍设有圩长八十一名,于夏雨滂沱之际昼夜巡视岸闸,遇有稍捐,立时修整,以备不虞,是以荷宪洪恩,怜念圩民岁有修圩劳苦,一切差徭勒石既行优免",由此最终得以免派夫役。② 传统的惯性是如此之大,直到民国年间依然发挥着作用。甚至在赋税已经被征收的情况下,当地乡绅李虹笛等以《修堤录》为据,以惯例为词,连续向县、道、省三级申诉要求免除,而最终居然得以返还,可以说是绝无仅有之事:

> 岁已巳,本邑开浚北塘。夫北塘为运河,亦四大役之一。
> 我蓉湖应予免,其经费由全邑田赋带征,而我蓉湖亦在征中,
> 时蓉湖之人无敢异议者……其时费已征去,而君(李虹笛)与
> 刘禹九先生毅然自信,依据蓉湖修堤录,备文县府请免。讵不
> 准,请于省,省初亦不准,再请之又不准,则又请而卒获免,已

---

① 《乾隆二十四年阳湖县知县潘更定优免碑》,载道光《武进阳湖县合志》卷一〇《赋役志四》,清道光二十三年刻本。

② 〔清〕汤钰编修:《芙蓉湖修堤录》卷八《乾隆三十一年十一月十五日阳湖县详府批准免三河银两案据》,清光绪十五年木活字本。

征之费悉数退还,至今圩民感而称道之。①

三、界岸——行政力量的标志

芙蓉圩由于是围湖成田,地属两县分管,为了分界而在圩中筑有界岸一道。修筑界岸首先是水利的原因:"阳之田有低于锡者,锡之田有低于阳者,全赖划疆以守,不使邻国为壑。"界岸的规制仅次于大围,面阔一丈,脚阔一丈八尺,高六尺,外加子岸四尺,其宽度相传五马可以并行。界岸具体分布如下:"自甘家闸北塊起至薛家坝东半座止,水口、村基、实岸共计一千五百八十二丈三尺,外界岸在内,系东二十一圩屏障,以捍锡邑高阜之水。自薛家坝西半座起,至狄家坝止,水口、实岸、村基共计一千零一丈四尺五寸,系西十四圩屏障,以捍西圩高阜之水。自横河沟梢起,至界泾坝止,水口、村基、实岸共计三百八十五丈七尺,系政成二图屏障,以捍锡邑高阜之水。"②如此,就将全圩内的高低田进行了分割,有利于防御洪水。在具体修筑时,为了确保坚固,又在其侧加筑抵水岸,"由杨田闸向北至狄家坝连界岸作抵水岸,又与丰北一图相隔,令一图更向上游作下闸坝抵水岸",由此使得"阳锡既分,东西亦判",更重要的是在水利上也实现了两县分离和高低分离,"使高处之水不灌入低处,高处不涸,低处不淹,实为两利"。界岸在管理上则由两县具体分段管理:"界岸为圩心大堤,由甘家坝起,至里住坝,两岸夹河,南岸则锡邑人承管,北岸则阳邑人承管。自里住坝过黄婆湾,至杨田闸,则阳邑人承管,由杨田闸至界泾坝,则锡邑人承管。其莫家港西岸则又政成人修之。若杨田闸至狄家坝连接界岸迤而北为阳

———————

① 李茂荣等纂修:《蓉湖李氏宗谱》卷二《李君虹笛传》,民国三十六年木活字本。

② 〔清〕汤钰编修:《芙蓉湖修堤录》卷五《界岸说》,清光绪十五年木活字本。

邑,东西圩界岸全系阳邑,与锡邑无涉。"①至少在表面的规章制度上,将双方的界限划分明确,责任也规定清楚了。

实际上由于地域上邻近导致水利上的相关,矛盾与争端总是存在的,有时甚至连附近属江阴管辖的马家圩(俗称十七圩)等地也往往会卷入到其中,由此使得这里的水利问题复杂化。早年周忱修筑芙蓉圩时,由于其职位很高,总管江南数府事务,因此可以用上级行政力量来解决问题,这些矛盾在当时表现得还不明显。在此之后,问题主要在地方层面上解决,矛盾和争端也就开始增多。万历年间郭之藩在修岸时向上级报告说:"近年卑职遵奉水院治田事例,亦止将本县地方量加增葺,不知本县各圩与无(锡)、江(阴)两县濒湖之圩地壤相接,形势互倚,俱未及行文知会,一起修筑。以故本县之已筑者,虽稍有堤防,然亦随因隔县之未筑者,洪流冲荡,其势同归地浸没废弛而后已耳。"为此郭之藩发出过"地关两县,心力不齐"的感慨。② 除了筑岸工作外,戽水亦是重要的矛盾原因,芙蓉圩"自筑圩以来,无通圩戽水出塘法,一遇霪潦,西面田尚可支持,东面则水无泄处,坐以待毙而已。盖圩田高下错出,地广人稠,心力不齐,古人有谋及之者,而格于形势,辄尼不行"。道光二十一年(1841)阳湖县出面,联合无锡县共同行动,"谕饬通圩戽水出塘,移会锡邑,一体遵照。又躬自督率,务期有成,以补昔人所未备,诚法良意美也"。可见在此之前,两县所属基本上处于各

---

① 〔清〕汤钰编修:《芙蓉湖修堤录》卷五《界岸说》,清光绪十五年木活字本。

② 〔清〕汤钰编修:《芙蓉湖修堤录》卷八《武进县治农县丞郭(之藩)为修复极低圩岸拯救流离以充国赋事准本县关奉本贴府帖》,清光绪十五年木活字本。按郭之藩,湖广潜江人,入拔贡,明万历六年任武进县丞,后曾任广东紫金县令等职,其履历见《光绪武进阳湖县志》卷一八《官师》,江苏古籍出版社1991年影印本。

自为战的局面;以此为开端,开创了"大棚车"戽水的新制度。这次活动是官方主持的,因此效果相当不错,"此次官为经理,民既怀德,亦复畏威,惰者可使之勤,散者可使之聚,功不难以旬日计"。但一旦脱离官方力量的主导而由民间力量自主管理,则情形大为不同,"若概责成圩长,东嚣西叫,坐踞高处者必不乐为低处合戽,效尤观望,此推彼诿,将同筑室道谋,是用不集,不可不虑"①。显示了官方力量与民间力量的能量差异。

关于筑岸、戽水、经费、人夫等问题的纠纷屡见不鲜,其结局往往要由官方出面方可解决,如乾隆十九年(1754)大水,因排水问题,民间矛盾突出,"(佳维)公鸠督西圩诸村落戽水救苗,竭尽劳瘁。而东圩之人志涣议杂,转相构讼,势甚煽动。公据理申诉,卒得直于官,活苗无算,圩人赖以粒食,皆公之力也"②。又道光三十年(1850)大水,"(协占)公立车救田禾,因邻邑人霸阻灌塘成讼,公不惜家财,挺身而出,暨族兄容照、弟子英诸公讼之府庭,而灌塘旧章得定。既又偕堂兄净氛公等刊刻塘簿,俾圩内一切章程,迄今有所遵守"③。而最为典型的事件发生在咸丰年间,"(无锡吴氏)世居芙蓉圩吴慕湾村,毗连阳邑,田最低。逢水灾,为阳邑人牵制不能戽救,圩人患之"。咸丰初年,"(子英)公与堂兄又新、容照、鉴卫督率圩民大修界岸、圩岸,将水灌入界河,挺出外塘,戽救田禾。阳邑人率众霸戽,公遂偕数兄赴府县控诉,府邑尊饬谕阳邑绅董押令阳邑人与公讲和,定'大则提塘,小则灌塘'八字为戽水永远章

---

① 〔清〕汤钰编修:《芙蓉湖修堤录》卷六《戽水说》,清光绪十五年木活字本。

② 〔清〕任九鮨等修:《蒋家荡任氏宗谱》卷一一《列传》,清光绪二十二年木活字本。

③ 〔清〕吴用宾纂修:《无锡蓉湖吴氏族谱》卷七《协占吴公传》,清光绪六年木活字本。

程。至今每逢水患，庌救甚便。民之赖其利者已三十年矣"①。以上所述，还只是事关两县，而关于在围岸上开口引水灌溉的矛盾，由于分水不均，更是涉及了三县(阳湖、无锡、江阴)的利益，最终的解决也是由级别更高常州知府出面，颁碑永禁私开水口方得以解决。

> 据阳邑乡董生员任椿甲、锡邑圩董生员余治、江邑乡董生员谢仲明等赴府禀称：生等阳锡江芙蓉、冯家、十七等圩自明周文襄公筑湖成田，外设大围以御水患，各有洞闸以备庌灌。道光二十年大围溃决，蒙宪拨费修筑，详定以该圩地势低洼，常被水患，永保围岸，不准私开，违者照例治罪。立有禁碑，修堤录可据。讵今夏亢旱，阳邑刘行方、江邑刘春松胆大私开三缺，藉称救田四千余亩。坝截上流潮水，以致下流附近四万余亩毫无勺水，争讼连年。兹特遵谕会议，永守旧章。除禀道宪外，环叩恩宪给示永禁。饬县立案等情，除批示并檄县一体示禁、勒石遵守外，合行给示永禁。为此示仰合圩地保佃农人等知悉，须知芙蓉圩围岸攸关全圩农田水利，嗣后务各遵守旧章，毋得违禁开坝，以杜后患，如敢故违，定即严究惩办，决不姑宽。②

相同的地理环境，分属两县不同境域，其田赋等则却存在差异，亦对当地居民的生活情形产生了不同的影响："然在武邑者北而稍高，在锡境者南而愈下，而武邑田一亩折平田六分六厘六毫，

---

① 〔清〕吴用宾纂修：《无锡蓉湖吴氏族谱》卷七《子英吴公暨薛孺人传》清光绪六年木活字本。按：提塘是指在外水高于内水的情况下，将圩内涝水由低区庌至高区，再由高区庌至外河，对这一原则比较详尽的解释可参〔明〕耿橘、〔清〕孙峻撰，汪家伦整理《筑圩图说及筑圩法》，农业出版社1980年版。

② 《咸丰六年常州知府平永禁芙蓉圩开坝碑》，见光绪《武阳志余》卷六《碑示》，江苏古籍出版社1991年影印本，第274页。

在锡者折平田七分四厘一毫。高反轻,低反重,故锡民尤苦之。"①经济利益的加入,也使得区域水利问题更为复杂化。

本章小结

圩田是随着江南地区的开发而发展起来的,在这一过程中,伴随着人类对自然环境的强力改造。圩田景观正是这一改造过程的结果,它始于先秦,至唐末五代时形成了比较完善的塘浦圩田体系。之后,随着水利环境变化与围湖造田的发展,开始了由大圩向小圩的分化过程,这一过程在太湖流域东部地区比较普遍,但在西部地区仍然有如芙蓉圩、建昌圩这样的大圩存在。在 1949 年以后,又经历了联圩、并圩和基本农田水利建设(园田化)等,才形成了今日的圩田景观,且随着这一地区工业化的推进,圩田景观仍处于变化之中。在圩田的发展过程中,因地域差异而有"圩田""围田""湖田""坦田"及前述"埠田"等不同称呼,但其规制形态较为相似。圩田是人工对自然改造的产物,也是承载江南历史发展的环境基础之一。伴随着的圩田的开发,原始的水乡泽国,改造成鱼米之乡,农业经济得到迅速发展,江南也一跃而成为中国的"基本经济区"。与此同时,江南的区域小社会,在圩田的基础上逐步构建起来,形成了有地域特色的江南社会。当然,在这一过程中,人地关系也发生了巨大的变化,与水争田,过度围垦,使江南地区承受了越来越多的水旱灾害。

芙蓉圩作为一个典型的大圩,基本上反映了这一历史进程,同时也有其自身的特点。芙蓉圩具有一般圩田的岸、闸、坝等各项水

---

① 〔清〕黄印辑:《锡金识小录》卷二《芙蓉圩图考》,清光绪二十二年刊本。

利设施,但在普遍的分圩趋势下,特殊的环境使其保留了当地独特的大圩景观,并在此基础上构建了圩田地域社会。在芙蓉圩地区的圩田地域社会构建过程中,严密的水利管理制度是其基础,对周忱的共同信仰则造就了其共同的心理认同感,而关于免役身份的界定与改正则是其核心内容,这些都可视为地方社会自身的构建与运作过程中不可忽视的因素。在江南这一乡绅力量强大的地区,乡绅们在解决这些水利争端过程中,发挥了极为重要的作用。钱杭曾指出,这些士绅为了争取本地区的现实利益,并使之获得合法的历史授权以显示其合理性,会对文献和口头方式保存下来的历史记录进行挖掘、牵合、想象、增删乃至作伪。① 在芙蓉圩的历史上,这一特点表现得非常明显,为了将既得利益固定化,当地士绅不断地对《芙蓉湖修堤录》和《治湖录》这两部文献进行重修和刊刻;同时,对于周忱的崇拜及其身世的进行虚构和作伪,使免役权在时间上模糊化,而对免役都图则严格界定,使免役权在空间上明晰化,无不凸显此特点。

但仅靠乡绅的力量,通过民间协调的方式无法完全解决当地的诸多问题与矛盾,最终只能诉诸行政力量的裁决。行政力量的影响集中表现在界岸上,界岸是地理界限,水系在这里分隔,导致筑岸、排水时的矛盾;界岸更是行政力量的体现,政区亦在这里分隔,使得芙蓉圩分属两县,而同级行政设置,使得与水利相关的事务均要通过两县协作方可有效解决,甚至对于共同的信仰周忱也要两县各建一庙。当矛盾出现时,又往往要超出县级管辖范围,通过更高层级的府、道乃至省级政府来协调解决。这一体制影响深远,直到今天,尽管经过联圩、并圩,两县共同成立了"芙蓉大圩圩

---

① 钱杭:《真实与虚构之间的历史授权——萧山湘湖史上的〈英宗敕谕〉》,载《史林》2004年第6期。

务委员会"(后改称"芙蓉大圩管理委员会"),并订立有相关协作管理制度,但在具体事务的实施中,仍然是两县各自为政,各自分设一个委员会;在实现了机电排灌之后,还是两县各自分设一个管理处,"武进地段管理处"设在芙蓉乡水利管理站,"无锡地段管理处"则设在玉祁乡黄港机电管理站,具体执行大圩管理制度。①

在士绅权力极为强大的江南地区,小范围地域社会的建构与运作是多种因素共同作用的产物,行政力量则居于决定地位,它对于免役权的形成与传承具有决定性意义,并在此层面上促进了区域共同体的形成与维持;另一方面,行政力量深深渗入地方,并居于决断地位,又使区域社会的运行极度依赖于行政权力。中国古代政治发展的趋势之一是行政权力愈来愈向基层社会延伸,芙蓉圩地域社会的构建、运作与此趋势相符合。以往的水利共同体模式以用水权为核心来解释地域社会,基本是依据华北地区的情况而得出的结论,有其合理之处。但在江南这一自然、人文环境更为复杂丰富的地区,这一理论的解释力尚显不足。透过对芙蓉圩这一较小区域的研究,无疑有助于我们对江南圩田地域社会的复杂性获得更为清晰的认识。

---

① 何国才:《芙蓉圩史话》,见政协武进县文史资料研究委员会编《武进文史资料》1993 年第 15 辑,第 169 页。

第八章　历史经验与现实关照

　　宋代以来的江南研究,向来是学界热点,相关研究资料极为丰富,取得的研究成果也非常多。本书以水利史入手,主要探讨了宋代以来江南地区与之相关的环境、社会等诸问题。在对以往研究成果进行评析、充分挖掘资料的基础上,对江南地区与水利相关的重要环境、社会等问题进行了新的探讨和补充。作为区域研究的热点,江南研究的水平一直保持在较高水准。本书力求有所创新,揭示这一地区自宋代以来水利与环境及社会的关系,展示历史过程的复杂与丰富。本书的主要内容,可以从技术、环境和社会三个层面出发,归纳如下:

　　水利史研究从来都与社会密切关联。水利志书是最主要的研究资料,本书对这一地区宋代以来的水利志书资料进行了较为细致的梳理,厘清了其发展脉络,并对主要水利志书做了简要述评。在此基础上,讨论了相关水利议论的理论与实际基础,并对其进行分类整理,重点讨论了郏亶、单锷等人的水利议论及其影响,以及影响治水事业的诸多因素;尤其是对其中的三江水学(吴淞江、东江、娄江)在江南水利事业中的影响进行分析。最后,以明代归有光为个案,对治水人物进行分析,讨论了在实际水利需要之外,不同的政治、经济等利益诉求对治水议论乃至具体治水措施的影响,从而揭示水利史的复杂与丰富。这一立论,也是我们理解宋代以来江南水利的基础。

从环境层面来看,江南滨海深受潮汐的影响。本书通过研究,复原了宋代以来海洋潮汐的影响范围及其在历史时期的变化情况,发现感潮地区的范围在历史上有很大变化:唐宋时期,感潮区主要集中在杭州湾沿岸与吴淞江流域;明清时期则转移到黄浦江流域和沿江地带。河流水系等自然环境的制约与变化,影响了感潮区的范围,随着这一地区开发力度的加强,人为因素的影响也越来越大。潮汐影响的方式多样,主要包括有风暴潮、潮水倒灌、咸水入侵和泥沙淤积等,潮汐严重影响到感潮区内的河道水文,并进而影响到当地的水利格局,引发了下游高田区与上游低田区的水利矛盾;潮汐带来的咸水入侵、浑潮泥沙淤积,改变了感潮区内河流的水文状况,修塘、筑坝、置闸和疏浚河道成为当地重要的水利任务。以淡潮为主的潮汐,可以为农业灌溉所利用;浑潮带来的泥沙则严重影响了感潮地区的土壤成分与施肥状况。随着冈身地区的开发及感潮区域的转移,其地域开发与经济结构形成了以棉为主的特点,其环境基础正是前述诸项的变化。潮汐的影响还不止于水利层面,也影响到该地区的农业环境、生态系统与社会生活,如土壤构成、肥力状况、蟹类种群转移及状元谶语等;进而对江南内部区域间的水利格局造成了影响,引发了上下游之间的水利博弈。

回顾历史,展望未来,不得不引发我们对江南未来环境研究的思考。从外部条件来看,放眼世界,海洋占有地球表面的绝大部分,在全球的自然灾害中,海洋灾害系统约占到了70%,因而海洋对人类社会和经济发展有着重要的影响。在以往的研究中,学界对于海洋及其对人类社会的影响的探讨相对欠缺。海洋潮汐在历史上对人类活动造成过怎样的影响,对现在人们应对灾害有什么经验和教训,都是值得我们认真思考和研究的。近年来,海洋灾害频发,影响巨大。2004年12月26日印度洋大海啸,共计成22.6

万人死亡及严重的财产损失,可能是世界近 200 多年来死伤最惨重的海啸灾难。2005 年 8 月 29 日横扫美国东南部的的卡特里娜飓风,造成了 800 亿美元以上的损失,被认为是美国历史上损失最大的自然灾害之一。2010 年 10 月 25 日,印尼西苏门答腊省明打威群岛附近海域发生里氏 7.2 级地震并引发海啸,造成至少 509 人死亡、21 人失踪、上万居民无家可归。频发的灾害,以其巨大的破坏性,激发了人们对于海洋灾害的关注,海洋灾害研究一时间成为学术热点,一批研究成果迅速涌现。但在面对这股研究热潮时,伊懋可(Mark Elvin)的话值得我们深思:"从研究方法上来看,要以一种整体的环境史观来看待世界,观察自然与人类社会的关系及其互动。"①从这种思路出发,可以发现,潮汐是江南地区常见的自然现象,其影响既是长期的,也是多方面、全方位的;潮汐的影响不单单体现在突发的潮汐灾害上,突发潮灾的危害较大,在史籍中容易留下记载,但经过一段时间可以恢复;日常潮汐的影响最持久、最深远,却最易为人们所忽视。

就江南自身来的环境来看,在全球气候趋向变暖的背景下,海平面有上升的趋势,这种变化可能加重潮汐对江南沿海地区的影响。在高海平面条件下,感潮区的范围可能会有所扩大,潮汐所带来的咸水入侵的几率增加,侵入内河的距离也会增加,泥沙淤塞、海岸侵蚀的危害有可能加重,同时,也会加剧洪涝灾害的频率和危害程度。由于三峡工程、南水北调及沿江各地取用长江水量日益增多,长江入海径流有减少的趋势,一正一反之间,二者的力量对比更加失衡。海水有可能控制长江口并侵入腹内,带来更为严重的影响。近年的水文状况显示,上海附近河流的潮流界相对上移,

---

① 〔澳〕伊懋可:《积渐所至——中国环境史论文集》导论,"中研院"经济研究所 1995 年版,第 1~38 页。

最高潮位也在不断抬升,黄浦江米市渡的最高潮位都能达到3.96米,加重了防汛任务,米市渡的防汛警戒水位原为3.30米,1996年已经重新确定为3.50米。[①] 同时,由于潮汐的顶托作用导致的排水困难,在落潮过程中,内河的污水不能全部排出,涨潮时又被顶回,致使污水在河道中回荡,污染物质日积月累,终使水质恶化,苏州河的黑、臭现象难以解决,即是最显著的例子,这是工业化、城市化以来的新问题。在目前可预见的未来环境变动中,潮汐对江南地区的影响有日益加重的趋势。江南地区自唐宋以来直至今天都是整个中国经济、文化最发达的地区之一,城市、人口、产业密集,因此研究历史上感潮地区的变化及其造成的影响,探讨其可能的变化趋势,研究应对策略以趋利避害,具有重要的现实意义。

水利的进展与区域开发、农业土地利用方式密切相关,又使水利史研究与地域开发紧密联系起来。本书从水利史的角度出发讨论宋代以来江南地区的开发进程,并着重讨论了日本学者斯波义信所提出的"江南"开发模式,认为这一模式照搬了泰国湄南河流域的开发历程,有其合理之处;但与江南地区的具体实际仍有差异,仍需要进一步的微观论证。在此基础上,以较少被关注的太湖流域西北部地区的开发进程入手,重点讨论了这一地区开发过程中相关的水利问题,如夹苧干渎的湮塞、垾田的发展历程及其环境影响等。水利是农业的命脉,圩田也是水利史的重要研究内容。本书讨论了江南圩田的起源与发展,宋代以来圩田体系的变化历程等,对圩田、围田、湖田等名称差异予以辨析。结合芙蓉圩地区丰富的资料,进行了圩田区域社会的个案研究,重点探讨了江南圩田景观格局的形成过程、景观结构及其环境影响,并讨论了在这一

---

① 阮仁良主编:《上海市水环境研究》,科学出版社2000年版,第127页。

环境基础上所形成的地域社会特征及其运行机制。

从江南的内部环境来看,今天江南地区的水系治理实践显示,本书中所论述的一些历史上久已有之的水利问题仍然存在,有些情况还更加严重。尽管经过中华人民共和国成立后多年的集中治理,太湖流域已初步形成北排长江、东出黄浦江、南排杭州湾的排水格局,同时利用太湖等湖泊调蓄洪水,构建出"蓄泄兼筹、以泄为主"的流域防洪体系。但是,整个流域的防洪能力仍达不到全面防御流域50年一遇的标准。这一防洪标准,还因为地面沉降、河道淤积、城镇及圩区面积扩大、水面围垦等因素被进一步降低。① 这些问题可称之为水利技术层面的缺失,有赖于水利技术的进步来解决。更为严重的问题仍然在于社会层面。比防洪标准低下更让人忧心的,依然是地方利益作祟下的治水策略。太湖流域自古河网密布、河道纵横,还有大量的湖泊、沼泽与湿地等,这些本应该成为很好的洪水排泄通道和调蓄库容。但很多地方从自身利益出发,采取了基于防洪自保的"联圩并圩"的"包围"策略。深挖河道,高筑堤坝,既要堵住外来水,又要将本区内水外排。本已有限的排水通道、调蓄库容难以容纳,结果自然是加重了水灾的危害。自古以来,江南治水的主要经验就是疏导。各自为政、贪图局部小利、以邻为壑的做法,不但是缺乏整体规划的表现,也违背了治水规律,将会更加破坏区域内水循环的完整性和系统性,为太湖流域生态破坏、退化、恶化埋下祸根。此情此景,似乎是历史的翻版。

从社会发展角度来看,今天的太湖流域地区社会经济快速发展,长三角依然是中国的核心经济区之一,但与此同时 ,人口、资

---

① 黄勇:防洪自保各自为战,太湖流域治水策略亟待改进,见新华网江苏频道,2005年6月5日,http://www.js.xinhuanet.com/xin_wen_zhong_xin/2005 - 06/05/content_4378688.htm。

源、环境与经济发展之间的矛盾也进一步加剧。由于长期以来主
要依靠增加资源和劳动力投入、过度消耗自然资源和破坏生态环
境来发展经济,已导致太湖流域生态环境急剧恶化。① 如日益严
重的水污染问题,伴随着快速的工作化,太湖流域多次出现严重的
水污染事件,连面积最大的太湖也不能幸免,2007 年 5 月底,太湖
蓝藻大爆发,导致无锡自来水多日不能饮用,严重影响了当地的生
产和生活,长期的水污染导致的富营养化正是其原因。② 即使在农
业生产领域,随着西方式无机农业的弊端日益显现,农业生产中化
肥、农药等的使用也成为重要的污染源,因此"生态农业"的呼声开
始高涨,试图在传统生产方式中寻找问题的解决之道。③

　　与传统水利问题相比,水污染是更加复杂的问题。从表面来
看,这是当代工业化快速推进的结果。仔细分析却可以发现,20 世
纪 90 年代以来,太湖流域的水域被迅速污染,这主要不是科学技
术问题,而是经济社会问题。有社会学研究者曾指出,这一现象的
主要原因在于:利益主体力量的失衡,污染的制造者、承受者与治
理者处于完全不对等的地位;农村基层组织的行政化的同时,伴随
着村民自组织的消亡以及农村社区传统伦理规范的丧失。传统的
水利规范与社会规范失去了约束力,而新的社会规范并未产生或
没有发挥应有的效力,水污染的快速扩展也就不难理解。在传统
时代,也并非没有污染,只是由于农业社会长期形成的生产、生活
方式有利于圩田系统的生态平衡,村落的社会规范及村民的道德

---

① 许刚:《太湖流域社会经济发展对水环境的影响研究——以无锡市为
例》,载《地域研究与开发》2002 年第 1 期。
② 汪晓东:《无锡蓝藻水危机,污染是主因》,见人民网环保专题,2007
年 6 月 4 日,http://env.people.com.cn/GB/8220/84923/5814760.html。
③ 陈仁瑞:《关于太湖流域的水环境与生态农业的若干思考》,载《古今
农业》2005 年第 2 期。

意识也有效地约束了村民的水污染行动,这一点在工业化快速推进以前的农村也可以得到证实。显然,解决这一问题的根本途径是建立与市场经济体系相适应的法律制度建设。这种些转变与建设,可以从传统社会的应对中汲取相关经验。[①] 王建革的研究也指出,江南环境的衰退能否止住,可能不在乎技术的发明创造,而在乎家国天下情的复兴。[②] 海面上升的威胁、内河防洪标准的低下,乃至日益严重的水污染等问题,可以靠水利技术的进步来弥补,但只能局部、暂时缓解问题,以邻为壑的治水方略、水利上的地方保护主义得不到解决,就无法从根本上消除水患。归根到底,人与社会才是解决这些问题的关键。

技术、环境、社会三个层面,并不是各自独立,而是始终互相贯穿的。透过本书的讨论,我们可以明显地发现,无论是当前学术的发展趋势,还是现实情况的需要,单纯的水利技术史虽仍有扩展空间,但已经显得过于单薄。与之相呼应,水利社会史的研究已经为学界所重视,而水利环境史也正方兴未艾。从环境史研究的角度出发,区域研究仍然是研究中国人地关系历史的重要途径,而水环境变化的研究,亦应当是环境史研究的重要内容。[③] 因此,当前水利史的研究方向,应当从单纯的水利工程技术史向水利环境史研究转变,并与水利社会史研究相结合,将水利研究置于更为广阔的研究平台之上。在扩大水利史研究范围的基础上,更要扩大研究视野,重视新资料的发掘,尤其是对地方性水利书与承载环境变化信息的历史文献的发

---

① 陈阿江:《水域污染的社会学解释——东村个案研究》,载《南京师范大学学报(社会科学版)》2000 年第 1 期。

② 王建革:《江南环境史研究》,中华书局 2016 年版,第 587 页。

③ 邹逸麟:《多角度研究中国历史上自然和社会的关系》,载《中国社会科学》2013 年第 5 期;《有关环境史研究的几个问题》,载《历史研究》2010 年第 1 期。

掘与解读,将技术史、社会史、环境史密切结合,方可使水利史研究更
加丰富、精彩;在研究内容上,除了传统的水利史研究内容外,也要注
意开拓新内容,尤其是多学科可以共同参与并互相验证的研究内容。
在研究方法上,要更加注重现实关怀,古今的水利问题的差别,主要
在于技术层面,而在社会层面有诸多类同之处,注重对社会层面的分
析,可能会更有助于解决现实问题。

　　对于这一发展趋势,相关学界已经有相当的认知,水利史学界
认为:"随着水利科学方法的综合和多元,水利科学研究将与哲学、
历史、经济、法律、艺术等人文科学相互渗透和融合";通过各学科
的互补,"有利于丰富和完善水利工作者的哲学思维和科学文化素
养,有利于未来水利技术的创新"。[1] 社会史学界也有相似的看法,
并与社会学界、人类学界乃至历史地理学界之间保持着密切的沟
通与合作,取得了不少的成果。但从目前的情况来看,与水利史研
究相关的各学科之间大多处于各自为战的局面,尤其水利社会史
学界与传统水利史学者尚缺乏广泛的交流和沟通,双方基本仍处
于自说自话的状态,既无定期的会议联系机制,也少有共同合作的
机会。[2] 各相关学科之间交流与对话机制的构建,以及实现共享资
料与合作研究,尚待时日。

　　要实现向水利环境史研究的转变,在具体的研究方法上,也需
要付出很大的努力。多学科的综合是当前研究的大趋向,水利环
境史的研究也不例外。伊懋可(Mark Elvin)一再强调:"环境史的

　　① 谭徐明:《水利史研究室 70 年历程回顾》,汪恕诚:《历史的探索与研
究——水利史研究文集·序一》,均见中国水利水电科学院水利史研究室编
《历史的探索与研究——水利史研究文集》,黄河水利出版社 2006 年版。
　　② 张爱华:《"进村找庙"之外:水利社会史研究的勃兴》,载《史林》2008
年第 5 期。

长期方法学目标必须是,针对每一个探讨的问题,就其需要有系统的结合自然科学与社会科学的方法。处理这个观念和分析上的异质性是环境史学术兴趣主要部分的来源,也是它最难之处。"①这段话说明了研究环境史所需要的多重背景学科知识,也指明了其困难之处。无独有偶,蓝克利(Christian Lamouroux)在研究宋代黄河水患时也得出相同看法:"(环境史的)研究,同时要分析社会和自然领域之历史,在方法上有许多困难,其程度要更甚于其他学科的学者。"②显然,要实现这一转变,除了在水利史研究自身的方法与资料上有所创新外,还需大量参考吸收其他学科如现代水利学、地理学、农学、社会学等诸多学科的研究成果,相互佐证,以免偏颇。

本书所作,只能说是基于这种研究趋势的一次肤浅的尝试。江南研究无疑是一座"富矿",限于自身的学术能力和写作水平,想要涵盖江南研究的所有方面显然是不现实的。从问题意识上来看,本书在探讨的深度与广度上都还远不够,所取得的成果及结论也难以令人满意。即使单就水利史而论,有些问题如环境变化与水利技术的选择及其效果、行政区与水利区的关系及其影响等都也未能进行探讨,对于运河、海塘等重要水利问题讨论的也较少,只能暂时留作遗憾了。学术研究总是处在不断的发展之中,只有通过不断的尝试,方可以认识到当前研究的进展及其不足,也唯有如此,才能不断接触到新的研究材料,探索出新的思路和方法,推进相关研究的进展。

---

① 〔澳〕伊懋可:《积渐所至——中国环境史论文集·导论》,台湾"中研院"经济研究所1995年版,第1~37页。

② 〔法〕蓝克利:《黄淮水系新论与1128年的水患》,见刘翠溶、伊懋可主编《积渐所至——中国环境史论文集》,台湾"中研院"经济研究所1995年版,第829~877页。

附　录

江南历代水利志书统计表

著　作	作　者	内容简介	常见版本
《吴门水利书》	〔北宋〕郏亶	包括《奏苏州治水六失六得》和《治田利害七论》两部分,其主要观点在于治水治田相结合的原则和"高圩深浦,驾水入港归海"的方案	《四库全书》《吴郡志》
《吴中水利书》	〔北宋〕单锷	这是一部研究太湖地区水利问题的专著,作者在这一地区生活三十余年,亲历每一沟、渎调查,其主张对后代治湖影响颇大。全书一卷	《四库全书》《东坡集》
《水利集》	〔元〕任仁发	该书主张浚江河以泄水,筑堤岸以障水,置闸渎以限水。全书共十卷	《续修四库全书》《四库全书存目丛书》
《浙西水利书》	〔明〕姚文灏	该书收集了宋代至明初关于治理太湖的论述,作者按自己的主张加以删削,汇编而成。该书主张以开江、置闸、围岸为首务,而河道、田围则兼修之,全书共三卷	《四库全书》、农业出版社1984年汪家伦校注本(未全文收录)

著　作	作　者	内容简介	常见版本
《三吴水利论》	〔明〕伍馀福	全书分八篇,一论五堰,二论九阳江,三论夹苧干,四论荆溪,五论百渎,六论七十三溇,七论长桥百洞,八论震泽,都是吴中水利要害。全书共一卷	《丛书集成初编》
《东吴水利考》	〔明〕王圻	该书论述了太湖地区的水利问题,尤详于苏、松、常、镇四郡。全书共十卷,前九卷为图并附说,后一卷为历代名臣奏议。	明刻本(《四库全书》《中国水利志丛刊》
《三吴水利录》	〔明〕归有光	四卷,该书采集前人水利议七篇,自作《水利论》二篇,并附有三江水利图。强调治吴中之水,宜专力于松江,松江既治,则太湖之水东下无阻	《丛书集成初编》《四库全书》
《全吴水略》	〔明〕吴韶	该书首载松、苏七府总图,次作捍海塘纪,次列太湖、三江及诸水原委,并详采疏导、修筑及历代官司职掌、公移事实,全书共七卷	《四库全书存目丛书》
《吴中水利通志》	〔明〕不著撰者	该书详述苏、常、镇、杭、嘉、湖诸府之水以及历代修浚之迹、考议、奏疏等,叙述迄于明嘉靖二年。全书共十七卷。前七卷分序各府之水,并附各历代修浚之迹。后十卷分别为考议、公移、奏疏、纪述	明嘉靖三年锡山安国铜活字本(《四库全书存目丛书》《中国水利志丛刊》)

著　作	作　者	内容简介	常见版本
《吴江水考》	〔明〕沈㳄	全书共五卷,前二卷为水道考、水图考、水源考、水官考、水则考、水年考、提水岸式水蚀考、水治考、水栅考,后三卷为水议考。该书大旨以吴江为太湖之委、三江之首,凡苏、松、常、镇、杭、嘉、湖七郡之水,共潴于湖、流于江而归于海者,皆总汇于此,故述其原委之要。清代黄象曦有增辑	清乾隆五年刻本(《四库全书》《中国水利志丛刊》)
《三吴水考》	〔明〕张内蕴、周大韶	全书共十六卷,诏令考一卷,水源考一卷,水道考三卷,水年考一卷,水官考一卷,水议考三卷,水疏考三卷,水移考一卷,水田考一卷,水绩考一卷,水文考一卷	《四库全书》备注:四库提要著为十六卷,合计则为十七卷。经核对原书,水议考实为二卷,提要有误
《吴中水利全书》	〔明〕张国维	该书广采历代关于苏、松、常、镇四郡的水利文献,分类编纂。全书共二十八卷,内容涉及图说、水源、水脉、水名、河形、水年、水官、水治、诏命、敕书、奏状、章疏、公移、书、志、考、说、论、议、序、记、策对、祀文、诗歌等	明崇祯十年刻本(《四库全书》《中国水利志丛刊》)
《常熟县水利全书》	〔明〕耿橘	十卷,主要记载了万历年间耿橘在常熟地区的水利事迹与相关讨论	明万历年间刻本(南京图书馆、常熟图书馆藏)

著 作	作 者	内容简介	常见版本
《常熟水论》	〔明〕薛尚质	以白茅、许浦、福山三浦为常熟宣泄所赖,故作此以明其利害。主要内容为《水利论》一篇,《杂论》十条	《丛书集成初编》《四库全书存目丛书》
《镇江水利图说》	〔明〕姜志礼	成书于明代,为区域性水利记载,全书共一卷	国家图书馆藏明刻本
《三吴水利条议》	〔清〕钱中谐	全书共一卷,分六篇,首论设水官以专责成,次论太湖三江五堰,又次论开吴松江,又次论水势,最后论五堰不可决	清道光年间刊本(《昭代丛书》《中国水利志丛刊》)
《明江南治水记》	〔清〕陈士礦	该书记录了以夏原吉为主的明代人治理太湖的事迹,大致主张广浚分支,共享三江之水,多为尾闾,以杀震泽之怒。全书共一卷	《四库全书存目丛书》《丛书集成初编》
《太仓州新刘河志娄江志》	〔清〕白登明、顾士琏	新刘河为太仓知州白登明开凿朱泾旧迹,即娄江旧名。顾士琏实佑是役,故辑其始末为一卷,以自著水利诸论以及治水要法各编附刊于后	《续修四库全书》
《三江水利纪略》	〔清〕庄有恭、苏尔德等修,张世友等辑	该书记乾隆二十八年江苏巡抚庄有恭兴修苏、松、太三江水利事。首列三江图及奏议公文,次列章程条议,然后叙述各河源委、工程量及经费,全书共四卷	清乾隆二十九年刻本(《中华山水志丛刊》《中国水利志丛刊》)

著　作	作　者	内容简介	常见版本
《太湖备考》	〔清〕金友理	全书共十六卷。本书主要记述太湖水系、胜事。为巡幸、图说、目录、序、师资姓氏、引用书籍、凡例、太湖、沿湖水口、滨湖山、水治、水议、兵防、湖防论说、记兵、职官、湖中山、泉、港渎等,清金玉相有续纂	清刻本(《四库全书》《江苏地方文献丛书》《中国水利志丛刊》)
《浙西水利备考》	〔清〕王凤生	该书记述了作者在道光年间奉命勘查浙西的途中见闻,并证以前贤之论。其中,首冠东南七府水利总图,系据《吴中水利书》原本略为增益;次为三江大势情形;次为杭、嘉、湖三府所属州县水道	清道光四年刻本(《四库全书》《中国方志丛书》)
《东南水利论》	〔清〕张崇儉	全书共三卷。上卷论吴松江水利,中卷论嘉(定)宝(山)水利,下卷论松(江)南(汇)水道,各卷均有图说	清光绪年间刻本(《中国水利志丛刊》)
《东南水利略》	〔清〕凌介禧	全书共六卷。卷一为太湖沿湖水道图,共二十五幅;二、三两卷论三江太湖源流异同;四、五两卷分论各地水道要害;六卷为当道往来讨论书札	清道光十三年刻本(《中华山水志丛刊》《中国水利志丛刊》)
《重浚江南水利书》	〔清〕陈銮	该书记载道光间治理长江下游太湖地区水害的工程情况,首冠江苏水道图等十一幅;末考历代治水事迹。全书共七十五卷,附叙录八篇	《四库未收书辑刊》《中华山水志丛刊》

著　作	作　者	内容简介	常见版本
《续纂江苏水利全案》	〔清〕李庆云	该书为续陈銮《江南水利书》,体例亦相仿。系收集记载同治五年至光绪十四年兴修江苏四府一州水利案牍编纂而成。全书正编四十卷,卷首一卷,附编十二卷	清光绪十五年木活字本(《中华山水志丛刊》)
《江苏水利图说》	〔清〕李庆云	该书共有二十八幅水利图,各图后面均有文字说明	清宣统二年刻本(《中国方志丛书》《中国水利志丛刊》)
《京口山水志》	〔清〕杨棨	记载镇江府地区及所属各县(丹徒、丹阳、金坛、溧阳)的山水形势及相关事宜,全书共十八卷	清道光二十四年刊本(《中国方志丛书》)
《民国江南水利志》	沈佺、秦绶章等	全书共十一卷。卷首为序、叙例及图绘,卷一议论,卷二财用,卷三测量,卷四至九为河工,卷十塘工,卷十一题名和附录。其中已引入现代的地图绘制法、测量法及预算和决算等	民国十一年木活字本(《中华山水志丛刊》)
《武进市区浚河录》	沈保宜、曾省三	记民国时期武进开浚市河的工程记录及经费等内容	民国三年活字本(《中华山水志丛刊》)
《重浚太仓州七鸦浦记》	〔清〕苏品仁	全书共一卷,记太仓地区七鸦浦的水利形势与修浚情况	清光绪年间刻本(《中华山水志丛刊本》)

续表

著 作	作 者	内容简介	常见版本
《海宁县水利要略》	佚名	全书共一卷,记海宁一县的河、湖、闸、坝及水利兴修事事宜	民国年间抄本(《中华山水志丛刊本》)
《横桥堰水利记》	〔清〕徐用福	该书又名《浙西泖浦水利记》,主要记载嘉兴地区横桥堰的水利状况,汇集了相关的资料与议论	清光绪二十五年刻本
《乌程长兴二邑溇港说》	〔清〕梁恭辰	记载了乌程、长兴二县所属溇港的水利状况	清光绪年间刻本(《中华山水志丛刊》)
《练湖志》	〔清〕黎世序	该书收集了历代关于练湖治理的奏章、公牍、论说、图考、碑记、诗文等。民国四年孙国钧又增辑嘉庆十八年以后事,合刊印行。全书共十卷	清嘉庆年间刻本(《故宫珍本丛刊》)
《练湖歌叙录》	〔清〕汤谐	汇集清朝康熙年间有关湖事的官署案卷,十卷。嘉庆十八年,邵庚南等辑纂《练湖歌叙录》,并续编嘉庆年间的湖事一卷连同原作同时付印,该版本现存上海图书馆。民国初年,孙国钧相继编成《练湖歌叙录》三续本一卷和四续本六卷。民国六年《练湖歌叙录》及其所有续编一并修订再版,由上海振华公司印行(上海图书馆和丹阳档案馆收藏此版本)	清嘉庆十八年刻本(《中华山水志丛刊》)

著 作	作 者	内容简介	常见版本
《西湖游览志》《西湖游览志余》	〔明〕田汝成	志二十四卷,志余二十六卷。记载西湖名胜、掌故传说等,内容丰富	明嘉靖年间刻本(西湖文献丛书)
《西湖志》	〔清〕李卫、程元章等纂	该书成于清雍正十三年,系在在田汝成《西湖游览志》的基础上,重新搜罗文献增删材料而成。全书共四十八卷,图文并茂,分列水利、名胜、山水、堤塘、桥梁、园亭、寺观、祠宇、古迹、名贤、方外、物产、冢墓、碑碣、撰述、书画、艺文、诗话、志余、外纪等二十门,另有图四十一幅	《故宫珍本丛刊》
《西湖志纂》	〔清〕沈德潜、傅王露辑,梁诗正奉敕合纂	该书是一部上呈皇帝御览的有关西湖风景名胜的进呈本。初刊于乾隆十六年,为十二卷本,二十七年又增辑为十五卷,首卷收西湖全图、西湖十景图、行宫八景图、龙井八咏图、增修十八景图等整版版画三十七幅	《四库全书》
《西湖新志》	胡祥翰	分山水、堤桥、寺观、祠宇、园墅、冢墓、人物、方外、物产、志余十门,共十四卷,补遗六卷	民国十年铅印本(《西湖文献丛书》)
《南湖志》	〔明〕陈幼学撰	该书成于明万历三十七年,记载了浙江南湖的有关情况,前为图说,后为南湖志考。全书共一卷。清梁恭辰增辑有增辑	清光绪五年刻本(《中华山水志丛刊》)

续表

著　作	作　者	内容简介	常见版本
《续浚南湖图志》	〔清〕佚名辑	该书记述了光绪十六年至三十二年兴修浙江南湖水利工程的情况。首冠总图,附图说;次辑章程等吏牍之文	清光绪三十三年浙江官书局刻本(《中华山水志丛刊本》)
《筑围图说》(又名《孙耕远筑圩图说》)	〔清〕孙峻	全书共一卷,主要记述了修筑圩田的技术事宜,并有附图	清刻本(《续修四库全书》、中国农书丛刊农业出版社1980年汪家伦整理本、《中国水利志丛刊》)
《筑围说》	〔清〕陈瑚	全书共一卷,记清代陈瑚在蔚村地方(昆山、太仓交界)修筑围田之事	《续修四库全书》
《芙蓉湖修堤录》	〔清〕汤钰、陈镐等	全书共八卷,分图说、碑文、卷宗、说、旧册附刊等内容,主要记载清代芙蓉圩地区的水利事宜,内容极为详细。清光绪三十四年有重修增补本	清光绪十五年木活字本、清光绪三十四年木活字本
《治湖录》	〔清〕吴兴祚	全书共两卷,记清代芙蓉圩和杨家圩地区的水利事宜,除各项水利设施、民间惯例外,另录有历代治圩相关文献,后人有所增补。	清光绪年间木活字本

著 作	作 者	内容简介	常见版本
《东南水利》	〔清〕沈恺曾	是书前四卷录康熙以来太湖、刘河、白茆、孟河诸处兴修开浚奏议公牍,第五卷录折解、缓征、议赈、兵粮、关税诸奏议。第六卷、七卷皆前代水利沿革,于湖郡修筑之外,亦附录赋额、田税、均粮、盐口诸事	清康熙年间刻本(《四库全书存目丛刊》、《中国水利志丛刊》)
《江苏水利全书》	武同举	此书为武同举历时十三年编纂而成,生平致力于水利文献史料之搜集,初为编纂"江苏通志水工志稿",后独自成书。凡手稿十四巨册,一百余万字。全书共计七编四十三卷,包括长江淮河运河太湖水利,江南海塘里下河及盐垦区水利,淮北沂沭流域水利,资料极为丰富	南京水利试验处1950年版
《震泽编》	〔明〕蔡升辑,王鏊编	全书共八卷。震泽为旧县名,在江苏省东南部,清雍正初年自吴江析置,民国元年复入吴江县。是书记五湖、两洞庭、石、泉、古迹、风俗、人物、土产、赋税、水利、官团、寺观庵庙、杂记、集诗、集文等内容	明三槐堂刻本(《中国水利志丛刊》)
《具区志》	〔清〕翁树澍	全书共十六卷,是书以明蔡羽《太湖志》、王鏊《震泽编》为本,参酌增损,续成此书	《四库全书存目丛刊》

续表

著　作	作　者	内容简介	常见版本
《江苏水利图说》	〔清〕李庆云	记江苏全省所属各县的水利情况,配有地图,内容较简略	清宣统二年刻本(《中国水利志丛刊本》)
《赤山湖志》	〔清〕尚兆山	全书共六卷。记江苏镇江句容县赤山湖事,内容有图考、源委图、文等	民国三年铅印本(《金陵丛书》《中国水利志丛刊》)
《薛家浜河谱》	谭秉钧辑	不分卷,辑录旧时薛家浜河(武进、宜兴交界)防旱修塘的相关条规等	民国二十三年活字本(《中国水利志丛刊》)
《白茆河水利考略》	扬子江水利委员会编	全书共十九章。考论江苏常熟东南白茆河水利,内容有河位置、流注、与太湖及苏松常水利关系、通江引潮之害、建闸筑坝之利,建闸兴替、筑坝情形以及近期建闸计划等	民国二十四年铅印本(《中国水利志丛刊》)
《阳江舜河水利备览》	〔清〕胡景堂	全书共四卷,阳江指阳湖、江阴二县,舜河即今三山港。本书主要集前人奏疏、公牍、章程、水利诸论等记录舜河水利情况	清光绪十四年木活字本(中国水利志丛刊)
《金陵水利论》	〔清〕金潽	主要论述南京地区的水利,内容较简略	清道光十四年刊本(《中国水利志丛刊》)

著 作	作 者	内容简介	常见版本
《延寿河册》	〔清〕佚名	全书共四卷,本书主要收录有关江苏常州府武进县境内延寿河兴修水利文,并记录相关延河田亩细数等	清光绪二十年活字本(《中国水利志丛刊》)
《两浙水利详考》	〔清〕佚名	主要对清时两浙水利加以考释,内容简略	《小方壶斋舆地丛钞》《中国水利志丛刊》
《湖州府属水道总图说》	〔清〕王凤生	不分卷,是书详述旧时浙江湖州府及下属诸县属水道,一图一说	清刊本(《中国水利志丛刊》)
《常州武阳水利书》	〔清〕王铭西	不分卷,记旧时常州武进、阳湖二邑水利情况	清同治年间刻本(《中国水利志丛刊》)
《嘉兴府水道图说》	〔清〕师承瀛辑	主记嘉兴府属水道的情况及其变化,内容比较简略	清光绪四年刻本
《嘉兴鸳鸯湖小志》	陶元镛	鸳鸯湖即今嘉兴南湖,是书记浙江嘉兴鸳鸯湖的各项水利情况,内容较丰富	民国二十四年铅印本
《海塘录》	〔清〕翟均廉	全书共二十六卷。记述史料始于汉唐,下限至清乾隆二十九年(1764),收入《四库全书》时,又在卷首增补了乾隆三十年、四十五年、四十九年的诏谕和诗作。记述的地域范围仅局限于当时的杭州府辖境,即钱塘、仁和、海宁三县海塘。内容除有关海塘的修筑史实外,尚有图说、疆域、名胜、古迹、祠祀、艺文等	《四库全书》

续表

著 作	作 者	内容简介	常见版本
《两浙海塘通志》	〔清〕方观承	全书共二十卷,主要记载浙江杭、嘉、宁、绍、温、台六郡海塘资料	清乾隆年间刊本(《续修四库全书》《中国水利志丛刊》)
《海塘新志》	〔清〕瑯玕	全书共六卷。为续乾隆《海塘新志》而作,专记海塘兴筑毁圮情况。	清乾隆年间刊本(《中国水利志丛刊》)
《海塘揽要》	〔清〕杨镕	全书共十二卷,集清代历次海塘修筑之要,集前述诸书之大成	清嘉庆年间刻本
《续海塘新志》	〔清〕富呢扬阿编	全书共四卷,记叙道光十二年至十九年浙江海塘修筑事宜	清道光年间刊本(《中国水利志丛刊》)
《海塘成案》	〔清〕严烺	记道光年间的海塘事宜	清道光年间刻本
《海塘说》	〔清〕高晋	记乾隆朝海塘事宜,内容简略	《小方壶斋舆地丛钞》
《海塘新案》	〔清〕马新贻、杨昌浚等	不分卷。记清同治年间修治江南海塘的相关事宜	清钞本
《宝山海塘图说》	朱日宣、刘镜蓉	全书共两卷,主要记载宝山县所属海塘的形势、规制及相关事宜	民国十年铅印本(《中国水利志丛刊》)
《吴越国武肃王捍海石塘志》	〔清〕钱文瀚	辑录了诸家志乘传记所载筑塘史,特别记述了五代吴越武肃王钱镠筑捍海塘之事。全书共一卷	清嘉庆二年刻本(《武林掌故丛编》)

著　作	作　者	内容简介	常见版本
《江苏海塘新志》	〔清〕李庆云	八卷,卷首一卷。主记江苏省所属海塘的水利形势与修筑情况	清光绪十六年刻本(《故宫珍本丛刊》《中国水利志丛刊》)
《松江漴阙石塘录》	〔明〕吴嘉胤	记载明代松江府漴阙石制海塘的修建工程及相关事宜。清冯敦忠有续辑	清雍正二年刻本(上海图书馆藏)
《华亭海塘全案》	〔清〕陶澍	记清道光年间陶澍等人修筑华亭县所属海塘事宜	清道光年间刻本(复旦大学图书馆藏)
《太镇海塘纪略》	〔清〕宋楚望	记清乾隆年间太仓州、镇洋县地方修筑海塘相关事宜,全书四卷	清乾隆年间刻本(国家图书馆)
《东坝记录(附荡滩文)》	马敬培	记清代及民国年间修治东坝的工程记录,并附荡滩开浚文档	民国九年铅印本
《浚孟渎德胜澡港三河全案(附重浚江宁城河全案)》	〔清〕陶澍	记清道光年间陶澍等人主持的江南水利事迹,主要内容是孟渎、德胜、澡港三河的相关工程资料的汇编	清道光十五年刊本
《开浚镇洋干支各河图说》	〔清〕吴镜沅	该书记录了开浚镇洋县境诸河工事,各为绘图,详加说明,并附纪事、叠韵诗十二首,全书不分卷	清光绪二十六年刻本

续表

著　作	作　者	内容简介	常见版本
《浚上南马家浜河工案牍》	谢源深	清宣统年间上海、南汇两县修浚马家浜的河工案牍汇编	清宣统元年上海浦东塘工善后局铅印本
《浚上南川都台浦河工案牍》	谢源深	清宣统年间上海、南汇、川沙三县修浚都台浦的河工案牍汇编	上海时中书局1909年版

备注：《丛书集成初编》，中华书局1985年影印本。

《景印文渊阁四库全书》，台湾商务印务馆1986年版。

《续修四库全书》，上海古籍出版社2002年版。

《四库全书存目丛书》，齐鲁书社1997年版。

马宁主编：《中国水利志丛刊》，广陵书社2006年版。

石光明、董光和、杨光辉主编：《中华山水志丛刊》，线装书局2004年出版。

《江苏地方文献丛书》，江苏古籍出版社1998—1999年版。

《故宫珍本丛刊》，海南出版社2000—2001年版。

主要参考文献

古代文献

地方志,以下引自台湾成文出版社"中国方志丛书"

苏州府属

〔明〕王鏊等纂:正德《姑苏志》,明正德元年刻本。

〔清〕高士䳵、杨振藻修,钱陆燦等纂:康熙《常熟县志》,清康熙二十六年刻本。

〔清〕劳必达修,陈祖范等纂:雍正《昭文县志》,清雍正九年刻本。

〔清〕金吴澜等修,汪堃等纂:光绪《昆新两县续修合志》,清光绪六年刻本。

〔清〕李铭皖、谭钧培修,冯桂芬纂:同治《苏州府志》,清光绪八年刻本。

〔清〕郑钟祥、张瀛修,庞鸿文等纂:光绪《重修常昭合志稿》,清光绪三十年木活字本。

连德英修,李傅元纂:民国《昆新两县续补合志》,民国十二年刻本。

松江府属

〔清〕常琬修,焦以敬等纂:乾隆《金山县志》,清乾隆十七年刻本。

〔清〕谢庭薰修,陆锡熊纂:乾隆《娄县志》,清乾隆五十三年刻本。

〔清〕冯鼎高修,王显曾等纂:乾隆《华亭县志》,清乾隆五十六年刻本。

〔清〕宋如林修,孙星衍等纂:嘉庆《松江府志》,清嘉庆二十三年刻本。

〔清〕应宝时等修,俞樾等纂:同治《上海县志》,清同治十年刻本。

〔清〕龚宝琦、崔廷镛修,黄厚本等纂:光绪《金山县志》,清光绪四年刻本。

〔清〕韩佩金修,张文虎等纂:光绪《重修奉贤县志》,清光绪四年刻本。

〔清〕陈方瀛修,俞樾等纂:光绪《川沙厅志》,清光绪五年刻本。

〔清〕金福曾等修,张文虎等纂:光绪《南汇县志》,清光绪五年刻本。

〔清〕汪坤厚等修,张云望纂:光绪《娄县续志》,清光绪五年刻本。

〔清〕汪祖绶等修,熊其英等纂:光绪《青浦县志》,清光绪五年刻本。

〔清〕杨开第修,姚光发等纂:光绪《重修华亭县志》,清光绪五年刻本。

〔清〕博润修,姚光发等纂:光绪《松江府续志》,清光绪十年刻本。

吴馨等修,姚文枏等纂:民国《上海县续志》,民国七年刻本。

严伟等修,秦锡田纂:民国《南汇县续志》,民国十八年刻本。

于定等修,金咏榴等纂:民国《青浦县续志》,民国二十三年刻本。

方鸿铠等修,黄炎培纂:民国《川沙县志》,民国二十六年铅印本。

镇江府属

〔清〕高得贵修,张九徵等纂:康熙《镇江府志》,清康熙十三年刻本。

〔清〕李景峄等修,史炳等纂:嘉庆《溧阳县志》,清嘉庆十八年刻本。

〔清〕刘诰等修,徐锡麟等纂:光绪《丹阳县志》,清光绪十一年刻本。

〔清〕朱畯等修,冯煦等纂:光绪《溧阳县续志》,清光绪二十五年活字本。

冯煦等纂修:民国《重修金坛县志》,民国十五年铅印本。

常州府属

〔南宋〕史能之纂:咸淳《重修毗陵志》,清嘉庆二十五年刻本。

〔明〕张恺纂:《常州府志续集》,明正德八年刻本。

〔清〕于琨修,陈玉璂纂:康熙《常州府志》,清康熙三十四年刻本。

〔清〕陈延恩修,李兆洛等纂:道光《江阴县志》,清道光二十年刻本。

〔清〕阮升基修,宁楷纂:嘉庆《新修宜兴县志》,清嘉庆二年刻本。

〔清〕卢思诚等修,季念诒等纂:光绪《江阴县志》,清光绪四年刻本。

〔清〕王其淦等修,汤成烈等纂:光绪《武进阳湖县志》,清光绪五年刻本。

〔清〕斐大中等修,秦缃业等纂:光绪《无锡金匮县志》,清光绪七年刻本。

〔清〕施惠等修,吴景墙等纂:《宜兴荆溪县新志》,清光绪八年刻本。

〔清〕黄印辑:乾隆《锡金识小录》,清光绪二十二年活字本。

陈善谟等修,周志靖纂:《光宣宜荆续志》,民国十年刻本。

太仓州属

〔明〕韩浚修,张应武纂:万历《嘉定县志》,明万历三十三年刻本。

〔清〕梁蒲贵等修,朱延射等纂:光绪《宝山县志》,清光绪八年刻本。

王祖畬纂修:宣统《太仓州志》,民国八年刻本。

王祖畬纂:民国《镇洋县志》,民国七年刻本。

张允高等修,钱淦等纂:民国《宝山县续志》,民国十年铅印本。

范钟湘、陈传德修,金念祖、黄世祚纂:民国《嘉定县续志》,民国十九年铅印本。

曹炳麟纂修:民国《崇明县志》,民国十九年刻本。

吴葭修,王钟琦纂:《宝山县再续志》,民国二十年铅印本。

赵恩巨修,王钟琦纂:《宝山县新志备稿》,民国二十年铅印本。

嘉兴府属

〔明〕樊维城、胡震亨等纂修:《海盐县图经》,明天启四年刊本。

〔清〕许瑶光等修,吴仰贤等纂:《嘉兴府志》,清光绪四年刻本。

〔清〕彭闰章修,叶廉锷纂:《平湖县志》,清光绪十二年刻本。

湖州府属

〔清〕赵定邦等修,丁宝书等纂:《长兴县志》,同治十三年修,清光绪十八年增补刊本。

乡镇志,引自《中国地方志集成·乡镇志专辑》,上海书店出版社、江苏古籍出版社、巴蜀书社 1992 年版。

〔清〕高如圭原纂,万以增续纂:《章练小志》,民国七年铅印本。

〔清〕顾镇纂,周昂增订:《支溪小志》,清钞本。

〔清〕金端表纂:《刘河镇记略》,清道光年间稿本。

〔清〕倪大临纂,陶炳曾补辑:《茜泾记略》,清钞本。

〔清〕时宝臣纂修:《双凤里志》,清道光年间钞本。

〔清〕佚名:《江东志》,清钞本。

〔清〕曹焯撰,陆松龄增订:《沙头里志》,清钞本。

〔清〕张人镜纂:《月浦志》,清光绪十四年稿本。

〔清〕陈树德、孙岱纂:《安亭志》,清嘉庆十三年刻本。

〔清〕杨学渊纂:《寒圩小志》,清稿本。

〔清〕曹焯纂,陆松龄增订:《沙头里志》,清钞本。

〔清〕姚裕廉等纂:《重辑张堰志》,民国九年铅印本。

以下方志引自中华书局 1990 年版《宋元方志丛刊》。

〔南宋〕杨潜修,朱端常、林至、胡林卿纂:绍熙《云间志》,清嘉庆十九年刊本。

〔南宋〕项公泽修,凌万顷、边实纂:淳祐《玉峰志》,清宣统元年刻本。

〔南宋〕孙应时纂修,鲍廉增补,〔元〕卢镇续修:宝祐《琴川志》,明刻本。

〔南宋〕马光祖修,周应合纂:景定《建康志》,清嘉庆六年刻本。

〔南宋〕罗叔韶修,常棠纂:《澉水志》,清道光十九年刻本。

〔南宋〕谈钥纂修:嘉泰《吴兴志》,民国三年刊本。

〔元〕单庆修,徐硕纂:至元《嘉禾志》,清道光十九年刻本。

以下方志引自《江苏地方文献丛书》

〔唐〕陆广微撰,曹林娣校注:《吴地记》,江苏古籍出版社 1986年版。

〔南宋〕范成大撰,陆振岳点校:《吴郡志》,江苏古籍出版社 1999 年版。

〔北宋〕朱长文撰,金菊林校点:《吴郡图经续记》,江苏古籍出版社 1999 年版。

〔元〕俞希鲁编纂,杨积庆、贾秀英等校点:《至顺镇江志》,江苏古籍出版社 1999 年版。

〔清〕姚承绪撰,姜小青校点:《吴趋访古录》,江苏古籍出版社 1999 年版。

〔清〕顾禄撰,王迈校点:《清嘉录》,江苏古籍出版社 1999 年版。

其他方志资料

〔元〕王仁辅纂:至正《无锡县志》,"锡山先哲丛刊",凤凰出版社 2005 年版。

〔明〕郭经修,唐锦纂:弘治《上海县志》,明弘治十七年刻本。

〔明〕陈威、喻时修、顾清纂:正德《松江府志》,明正德七年刻本。

〔明〕罗炌修,黄承昊纂:崇祯《嘉兴县志》,"日本藏中国罕见地方志丛刊",书目文献出版社 1991 年版。

〔明〕方岳贡修,陈继儒纂:崇祯《松江府志》,"日本藏中国罕见地方志丛刊",书目文献出版社 1991 年版。

〔明〕张寅纂:嘉靖《太仓新志》,"汇刻太仓旧志五种",明崇祯二年刻本。

〔明〕桑悦纂:弘治《太仓州志》,"汇刻太仓旧志五种",清宣统元年刻本。

〔清〕李文耀修,谈起行、叶承纂:乾隆《上海县志》,清乾隆十五年刻本。

〔清〕顾传金辑,王孝俭等标点:《蒲溪小志》,上海古籍出版社 2003 年版。

〔清〕钦连修,顾天成等纂:雍正《分建南汇县志》,清雍正十二年刻本。

〔清〕王昶纂修:嘉庆《直隶太仓州志》,清嘉庆七年刻本。

〔清〕潘恂、王祖肃等修,虞鸣球、董潮纂:《武进县志》,清乾隆三十年刻本,"故宫珍本丛刊·江苏府州县志",海南出版社 2001年版。

〔清〕孙琬、王德茂修,李兆洛、周仪暐纂:《武进阳湖县合志》,清道光二十三年刻本。

水利书

〔宋〕单锷:《吴中水利书》,影印文渊阁《四库全书》,台湾商务印务馆 1986 年版。

〔元〕任仁发:《水利集》,《续修四库全书》五八一《史部政书类》,上海古籍出版社 2002 年版。

〔明〕耿橘:《常熟县水利全书》,明万历年间刻本。

〔明〕耿橘、〔清〕孙峻著,汪家伦校注:《筑圩图说及筑圩法》,农业出版社 1980 年版。

〔明〕归有光:《三吴水利录》,《丛书集成初编》,中华书局 1985年影印本。

〔明〕沈㳟:《吴江水考》,影印文渊阁《四库全书》,台湾商务印务馆 1986 年版。

〔明〕伍余福:《三吴水利论》,《丛书集成初编》,中华书局 1985年影印本。

〔明〕王圻:《东吴水利考》,明刻本,《四库全书存目丛书》,齐鲁书社 1997 年版。

〔明〕薛尚质:《常熟水论》,《丛书集成初编》,中华书局 1985年影印本。

〔明〕姚文灏编辑,汪家伦校注:《浙西水利书校注》,农业出版社 1984 年版。

〔明〕张国维:《吴中水利全书》,影印文渊阁《四库全书》,台湾商务印务馆1986年版。

〔明〕张内蕴、周大韶:《三吴水考》,影印文渊阁《四库全书》,台湾商务印务馆1986年版。

〔清〕汤钰、陈镐:《芙蓉湖修堤录》,清光绪十五年木活字本、清光绪三十四年木活字本。

〔清〕陈銮:《重浚江南水利全书》,《四库未收书辑刊》第7辑,北京出版社1998年版。

〔清〕顾士琏:《太仓州新刘河志娄江志》,《四库全书存目丛书》史部二二四,齐鲁书社1996年版。

〔清〕黎世序:《练湖志》,故宫珍本丛刊,海南出版社2001年版。

〔清〕王凤生:《浙西水利备考》,清光绪四年刻本。

〔清〕吴兴祚:《治湖录》,清光绪年间木活字本。

〔清〕朱正元辑:《江苏沿海图说》,清光绪二十五年刻本。

论著

〔北魏〕郦道元撰,陈桥驿校:《水经注校释》,杭州大学出版社1999年版。

〔唐〕陆龟蒙著,宋景昌、王立群点校:《甫里先生文集》,河南大学出版社1996年版。

〔宋〕陈旉著,万国鼎校注:《陈旉农书校注》,农业出版社1965年版。

〔北宋〕范仲淹著,李勇先、王蓉贵校点:《范仲淹全集》,四川大学出版社2002年版。

〔南宋〕龚明之撰,孙菊园校点:《中吴纪闻》,上海古籍出版社1986年版。

〔北宋〕苏轼著,李之亮笺注:《苏轼文集编年笺注》,巴蜀书社

2011年版。

〔南宋〕杨万里:《诚斋集》,影印文渊阁《四库全书》,台湾商务印务馆1986年版。

〔南宋〕黄震:《黄氏日抄》,影印文渊阁《四库全书》,台湾商务印务馆1986年版。

〔南宋〕卫泾:《后乐集》,影印文渊阁《四库全书》,台湾商务印务馆1986年版。

〔元〕王祯著,王毓瑚校:《王祯农书》,农业出版社1981年版。

〔元〕陶宗仪:《南村辍耕录》,中华书局1959年版。

〔元〕佚名:《居家必用事类全集》,《北京图书馆古籍珍本丛刊》六一《子部杂家类》,书目文献出版社1998年版。

〔明〕陈子龙等编:《明经世文编》,中华书局1962年版。

〔明〕顾炎武撰,严文明、戴扬本校点:《日知录》,上海古籍出版社2012年版。

〔明〕归有光著,周本淳校点:《震川先生集》,上海古籍出版社2007年版。

〔明〕邝璠撰,石声汉、康成懿校注:《便民图纂》,农业出版社1959年版。

〔明〕唐顺之:《荆川先生文集》,明万历元年刊本。

〔明〕吴宽:《匏翁家藏集》,明正德三年刻本。

〔明〕徐光启撰,石声汉校注,西北农学院古农学研究室整理:《农政全书校注》,上海古籍出版社1979年版。

〔明〕叶盛撰,魏中平点校:《水东日记》,中华书局1980年版。

〔清〕陈瑚:《确庵文稿》,《四库禁毁书丛刊》集部一八四,北京出版社1997年版。

〔清〕陈瑚:《筑围说》,《续修四库全书》九七五《子部农家类》,上海古籍出版社2002年版。

〔清〕顾炎武著，黄珅校注：《天下郡国利病书》，上海古籍出版社2012年版。

〔清〕顾沅辑：《吴郡文编》，上海古籍出版社2011年版。

〔清〕顾祖禹撰，贺次君、施和金点校：《读史方舆纪要》，中华书局2005年版。

〔清〕贺长龄等辑：《清朝经世文编》，台湾文海出版社1972年影印本。

〔清〕姜皋：《浦泖农咨》，《续修四库全书》九七六《子部农家类》，上海古籍出版社2002年版。

〔清〕卢文弨辑：《常郡八邑艺文志》，清光绪十六年刻本。

〔清〕钱泳撰，张伟校点：《履园丛话》，中华书局1979年版。

〔清〕邵之棠编：《皇朝经世文统编》，台湾文海出版社1980年影印本。

〔清〕王锡祺辑：《小方壶斋舆地丛钞》，杭州古籍书店1985年影印本。

〔清〕徐松辑：《宋会要辑稿》，中华书局1957年影印本。

〔清〕姚廷遴：《历年记》，《清代日记汇钞》本，上海人民出版社1982年版。

〔清〕叶梦珠撰，来新夏点校：《阅世编》，上海古籍出版社1981年版。

现代文献

论著类

宝山县水利局编著：《宝山县水利志》，上海社会科学院出版社1994年版。

《长江水利史史略》编写组：《长江水利史略》，水利电力出版社

1979 年版。

程潞等编著:《上海农业地理》,上海科学技术出版社 1979年版。

丹阳市水利局史志办公室编:《丹阳水利志》,中国农业科技出版社 1994 年版。

丁海斌:《中国古代科技文献史》,上海交通大学出版社 2015年版。

东南大学农科:《江苏省农业调查录:苏常道属》,江苏省教育实业联合会 1923 年版。

东南大学农科:《江苏省农业调查录:沪海道属》,江苏省教育实业联合会 1924 年版。

段绍伯编著:《上海自然环境》,上海科学技术文献出版社 1989年版。

费孝通:《江村经济:中国农民的生活》,商务印书馆 2001年版。

冯贤亮:《明清江南地区的环境变动与社会控制》,上海人民出版社 2002 年版。

冯贤亮:《近世浙西的环境、水利与社会》,中国社会科学出版社 2010 年版。

顾炳权编:《上海历代竹枝词》,上海书店出版社 2001 年版。

韩茂莉:《宋代农业地理》,山西古籍出版社 1993 年版。

洪焕椿编:《明清苏州农村经济资料》,江苏古籍出版社 1988年版。

黄苇、夏林根编:《近代上海地区方志经济史料选辑(1840—1949)》,上海人民出版社 1984 年版。

火恩杰、刘昌森主编:《上海地区自然灾害史料汇编:公元751—1949 年》,地震出版社 2002 年版。

冀朝鼎著,朱诗鳌译:《中国历史上的基本经济区与水利事业的发展》,中国社会科学出版社1981年版。

嘉定县水利局编著:《嘉定县水利志》,上海社会科学院出版社1991年版。

江苏省地方志编纂委员会编:《江苏省志·水利志》,江苏古籍出版社2001年版。

江苏省革命委员会水利局编:《江苏省近二千年洪涝旱潮灾害年表》,1976年。

江苏省国营练湖农场《练湖志》编写办公室编:《练湖志》,1988年。

李伯重:《唐代江南农业的发展》,农业出版社1990年版。

李伯重:《多视角看江南经济史:1250—1850》,生活·读书·新知三联书店2003年版。

李伯重著,王湘云译:《江南农业的发展1620—1850》,上海古籍出版社2007年版。

李书田等:《中国水利问题》,商务印书馆1937年版。

梁庚尧:《南宋的农村经济》,新星出版社2006年版。

梁庚尧:《南宋的农地利用政策》,《台湾大学文学院文史哲丛刊》,1986年。

梁家勉主编:《中国农业科学技术史稿》,农业出版社1989年版。

刘淼:《明清沿海荡地开发研究》,汕头大学出版社1996年版。

卢嘉锡总主编,周魁一著:《中国科学技术史·水利卷》,科学出版社2002年版。

陆人骥:《中国历代灾害性海潮史料》,海洋出版社1984年版。

缪启愉编著:《太湖塘浦圩田史研究》,农业出版社1985年版。

南京农业大学中国农业遗产研究室:《太湖地区农业史稿》,农业出版社1990年版。

彭雨新、张建民:《明清长江流域农业水利研究》,武汉大学出版社1992年版。

漆侠:《宋代经济史》,上海人民出版社1987年版。

青浦县水利局编著:《青浦县水利志》,1986年。

阮仁良主编:《上海市水环境研究》,科学出版社2000年版。

上海市文物保管委员会辑:《上海地方志物产资料汇辑》,中华书局1961年版。

上海水利志编纂委员会编:《上海水利志》,上海社会科学院出版社1997年版。

上海通社:《上海研究资料》《上海研究资料续集》,上海书店出版社1993年版。

石声汉:《石声汉农史论文集》,中华书局2008年版。

松江县水利局编著:《松江县水利志》,上海科学技术出版社1993年版。

宋正海:《东方蓝色文化:中国海洋文化传统》,广东教育出版社1995年版。

宋正海:《中国古代海洋学史》,海洋出版社1989年版。

宋正海主编:《中国古代自然灾异动态分析》,安徽教育出版社2002年版。

太仓县纪念郑和下西洋筹备委员会、苏州大学历史系苏州地方史研究室编:《古代刘家港资料集》,南京大学出版社1985年版。

太湖水利史稿编写组:《太湖水利史稿》,河海大学出版社1993年版。

汪家伦、张芳编著:《中国农田水利史》,农业出版社1990年版。

王大学:《明清"江南海塘"的建设与环境》,上海人民出版社

2008 年版。

王建革:《水乡生态与江南社会(9—20 世纪)》,北京大学出版社 2013 年版。

王建革:《江南环境史研究》,科学出版社 2015 年版。

王利华主编:《中国历史上的环境与社会》,生活·读书·新知三联书店 2007 年版。

魏嵩山:《太湖流域开发探源》,江西教育出版社 1993 年版。

吴滔、〔日〕佐藤仁史:《嘉定县事:14 至 20 世纪初江南地域社会史研究》,广东人民出版社 2014 年版。

吴俊范:《水乡聚落:太湖以东家园生态史研究》,上海古籍出版社 2016 年版。

武同举:《江苏水利全书》,南京水利实验处 1950 年版。

谢湜:《高乡与低乡:11—16 世纪江南历史地理研究》,生活·读书·新知三联书店 2015 年版。

徐琪等:《中国太湖地区水稻土》,上海科学技术出版社 1980 年版。

姚汉源:《中国水利发展史》,上海人民出版社 2005 年版。

袁志伦主编:《上海水旱灾害》,河海大学出版社 1999 年版。

张芳:《明清农田水利研究》,农业科技出版社 1998 年版。

张根福、冯贤亮、岳钦韬:《太湖流域人口与生态环境的变迁及社会影响研究(1851—2005)》,复旦大学出版社 2014 年版。

郑学檬:《中国古代经济重心南移和唐宋江南经济研究》,岳麓书社 2003 年版。

郑肇经主编:《太湖水利技术史》,农业出版社 1987 年版。

中共江苏省委编:《江苏省农业生产情况》,内部资料,1955 年。

中国科学院《中国自然地理》编辑委员会编:《中国自然地理·历史自然地理》,科学出版社 1982 年版。

中国科学院南京地理与湖泊研究所:《太湖流域水土资源及农业发展远景研究》,科学出版社1988年版。

《中国农业百科全书》编辑部:《中国农业百科全书·水利卷》,农业出版社1986年版。

武汉水利电力学院、水利水电科学研究院《中国水利史稿》编写组:《中国水利史稿》,水利电力出版社1985年版。

中国水利水电科学研究院水利史研究室编:《历史的探索与研究——水利史研究文集》,黄河水利出版社2006年版。

中国水利学会水利史研究会等编:《太湖水利史论文集》,内部资料,1986年。

华毓鹏等:《视察无锡、江阴、武进、丹阳、丹徒、金坛、宜兴、溧阳水利记录》,民国年间铅印本,上海图书馆藏。

江南水利局:民国《江南水利志》,民国十一年木活字本,上海图书馆藏。

江苏水利协会编:《江苏水利协会杂志》,复旦大学图书馆藏。

太湖流域水利工程处编:《太湖流域水利季刊》,复旦大学图书馆藏。

论文

安介生:《历史时期江南地区水域景观体系的构成与变迁——其于嘉兴地区史志资料的探讨》,载《中国历史地理论丛》2006年第4期。

蔡泰彬:《明代练湖之功能与镇江运河之航运》,载《中国历史学会史学集刊》1995年第27期。

陈吉余:《长江三角洲的地貌发育》,载《地理学报》1959年第25卷第3期。

陈吉余:《长江三角洲江口段的地形发育》,载《地理学报》1957年第23卷第3期。

陈吉余:《两千年来长江河口发育的模式》,载《海洋学报》1979年第1期。

陈家麟:《长江口南岸岸线的变迁》,载《复旦学报·历史地理专辑》1980年增刊。

陈仁瑞:《关于太湖流域的水环境与生态农业的若干思考》,载《古今农业》2005年第2期。

陈亚平:《保息斯民:雍正十年江南特大潮灾的政府应对》,载《清史研究》2014年第1期。

程潞等:《江苏省苏锡地区农业区划》,载《地理学报》1959年第25卷3期。

程宇诤:《胥溪五堰兴废及其社会经济影响研究》,苏州大学2013年硕士学位论文。

丁晓蕾:《历史时期太湖地区生态环境变化状况研究——以与水争田为中心》,载《池州师专学报》2005年第2期。

段绍伯:《黄浦江河道变迁考》,载《上海师范大学学报(哲学社会科学版)》1996年第2期。

冯贤亮:《明清江南乡村民众的生活与地区差异》,载《中国历史地理论丛》2003年第4期。

冯贤亮:《明清时期中国的城乡关系———种学术史理路的考察》,载《华东师范大学学报(哲学社会科学版)》2005年第3期。

冯贤亮:《清代江南乡村的水利兴替与环境变化——以平湖横桥堰为中心》,载《中国历史地理论丛》2007年第3期。

冯贤亮:《清代江南沿海的潮灾与乡村社会》,载《史林》2005年第1期。

何勇强:《论唐宋时期圩田的三种形态——以太湖流域的圩田为中心》,载《浙江学刊》2003年第2期。

胡吉伟、荆世杰:《水利政治与生态环境变迁——以明清、民国时期太湖上游东坝地区的衰落为例》，载《南京林业大学学报（人文社会科学版）》2013 年第 3 期。

吉敦谕：《宋代水利田考释——兼评江淮两浙的农业经济》，收入云南民族学院历史系编《民族历史文化》，云南大学出版社 1990 年版。

李伯重：《明清江南农业资源的合理利用》，载《农业考古》1985 年第 2 期。

李伯重：《斯波义信〈宋代江南经济史研究〉评介》，载《中国经济史研究》1990 年第 4 期。

李伯重：《简论"江南地区"的界定》，载《中国社会经济史研究》1991 年第 1 期。

李伯重：《"天""地""人"的变化与明清江南的水稻生产》，载《中国经济史研究》1994 年第 4 期。

李伯重：《宋末至明初江南农业变化的特点和历史地位》，载《中国农史》1998 第 3 期。

李伯重：《明清江南肥料需求的数量分析》，载《清史研究》1999 年第 1 期。

李从先等：《海洋因素对镇江以下长江河段沉积的影响》，载《地理学报》1983 年第 2 期。

梁庚尧：《宋元时代苏州的农业发展》，收入许倬云、毛汉光、刘翠溶主编《第二届中国社会经济史研讨会论文集》，汉学研究资料及服务中心 1983 年印行。

林承坤：《古代长江中下游平原筑堤围垦与塘浦圩田对地理环境的影响》，载《环境科学学报》1984 年第 2 期。

林承坤：《古代刘家港崛起与衰落的探讨》，载《地理研究》1996 年第 2 期。

刘翠溶、伊懋可主编：《积渐所至——中国环境史论文集》，"中研院"经济研究所 1995 年。

陆鼎言:《圩区考》,载《水利学报》1999 年 5 期。

闾国年等:《长江三角洲地区人地关系的历史渊源与协调发展研究》,载《南京师范大学学报(自然科学版)》1998 年第 4 期。

罗小峰、陈志昌:《长江口盐水入侵时空变化规律》,载《中国环境水力学(2002)》,中国水力水电出版社 2002 年版。

马湘泳:《太湖流域农业生产的几个关键问题》,载《地理学报》1984 年第 1 期。

马湘泳:《江浙海塘与太湖地区经济发展》,载《中国农史》1987 年第 3 期。

马湘泳:《元明时期刘家港的地理条件分析》,载《中国历史地理论丛》1995 年第 4 期。

满志敏:《上海地区宋代海塘与岸线的几点考证》,载《上海研究论丛》第 1 辑,上海社会科学院出版社 1988 年版。

满志敏:《两宋时期海平面上升及其环境影响》,载《灾害学》1988 年第 2 期。

满志敏:《黄浦江水系形成原因述要》,载《复旦学报(社会科学版)》1997 年第 6 期。

缪启愉:《吴越钱氏在太湖地区的圩田制度和水利系统》,载《农史研究集刊》第二册,科学出版社 1960 年版。

潘凤英:《太湖东山连岛沙坝形成的探讨》,载《南京师范大学学报(自然科学版)》1981 年第 2 期。

潘凤英:《历史时期江浙沿海特大风暴潮研究》,载《南京师范大学学报(自然科学版)》1995 年第 1 期。

潘清:《明代太湖流域水利建设的阶段及其特点》,载《中国农史》1997 年第 2 期。

潘清:《清代太湖流域水利建设述论》,载《学海》2003 年第

6 期。

宁可：《宋代的圩田》，载《史学月刊》1958 年第 12 期。

秦冬梅：《六朝京口、晋陵地区农业的发展及其原因》，载《中国农史》1995 年第 1 期。

汪家伦：《古代太湖地区的洪涝特征及其治理方略的探讨》，载《农业考古》1985 年第 1 期。

汪家伦：《郏亶和他的水利书》，载《中国水利》1983 年第 4 期。

汪家伦：《北宋单锷〈吴中水利书〉初探》，载《中国农史》1985 年第 2 期。

汪家伦：《东晋南朝江南水利的发展》，载《古今农业》1988 年第 2 期。

汪家伦：《东吴屯田与农田水利的开发》，载《中国农史》1989 年第 1 期。

汪家伦：《明清长江中下游圩田及其防汛工程技术》，载《中国农史》1991 年第 2 期。

王成兴：《中国古代对潮汐的认识》，载《安徽大学学报（哲学社会科学版）》1999 年第 5 期。

王家范：《明清江南研究的期待与检讨》，载《学术月刊》2006 年第 6 期。

王建革：《技术与圩田土壤环境史：以嘉湖平原为中心》，载《中国农史》2006 年第 1 期。

王建革：《从三江口到三江：娄江与东江的附会及其影响》，载《社会科学研究》2007 年第 5 期。

王建革：《宋元时期太湖东部地区的水环境与塘浦置闸》，载《社会科学》2008 年第 1 期。

王建革：《华阳桥乡：水、肥、土与江南乡村生态》，载《近代史研究》2009 年第 1 期。

王建革:《10—14 世纪吴淞江地区的河道、圩田与治水体制》,载《南开学报(哲学社会科学版)》2010 年第 4 期。

王建革:《清代东太湖地区的湖田与水文生态》,载《清史研究》2012 年第 1 期。

王建革:《明代太湖的出水环境与溇港圩田》,载《社会科学》2013 年第 2 期。

王建革:《芦苇群落与古代江南湿地生态景观的变化》,载《中国历史地理论丛》2016 年第 2 期。

王颋:《元代吴淞江治理及干流"改道"问题》,载《中国历史地理论丛》2003 年第 4 期。

王文、谢志仁:《从史料记载看中国历史时期海面波动》,《地球科学进展》2001 年第 2 期。

王文、谢志仁:《中国历史时期海面变化(Ⅰ)——塘工兴废与海面波动》,载《河海大学学报(自然科学版)》1999 年第 4 期。

王文、谢志仁:《中国历史时期海面变化(Ⅱ)——潮灾强弱与海面波动》,载《河海大学学报(自然科学版)》1999 年第 5 期。

吴滔:《明清嘉定的"折漕"过程及其双面效应》,载《学习与探索》2012 年第 3 期。

吴滔:《明清江南地区的"乡圩"》,载《中国农史》1995 年第 3 期。

余蔚、张修桂:《自然灾害与上海地区社会发展》,载《复旦学报(社会科学版)》2002 年第 5 期。

于运全:《20 世纪以来中国海洋灾害史研究评述》,载《中国史研究动态》2004 年第 12 期

岳钦韬:《近代铁路建设对太湖流域水利的影响——以 1920 年代初沪杭甬铁路屠家村港"拆坝筑桥"事件为中心》,载《中国历史地理论丛》2013 年第 1 期。

张爱华:《"进村找庙"之外:水利社会史研究的勃兴》,载《史林》2008 年第 5 期。

张芳:《耿桔和常熟县水利全书》,载《中国农史》1985 年第 3 期。

张芳:《宋代两浙的围湖垦田》,载《农业考古》1986 年第 1 期。

张芳:《宁镇扬地区历史上的塘坝水利》,载《中国农史》1994 年第 2 期。

张芳:《中国传统灌溉工程及技术的传承和发展》,载《中国农史》2004 年第 1 期。

张剑光、邹国慰:《唐五代环太湖地区的水利建设》,载《南京大学学报(哲学社会科学版)》1999 年第 3 期。

张修桂:《上海地区成陆过程概述》,载《复旦学报(社会科学版)》1997 年第 1 期。

张修桂:《上海地区成陆过程研究中的几个关键问题》,载《历史地理》第 14 辑,上海人民出版社 1998 年版。

张修桂:《上海浦东地区成陆过程辨析》,载《地理学报》1998 年第 3 期。

张修桂:《崇明岛形成的历史过程》,载《复旦学报(社会科学版)》2005 年第 3 期。

张修桂:《太湖演变的历史过程》,载《中国历史地理论丛》2009 年第 1 期。

赵崔莉、刘新卫:《近半个世纪以来的中国古代圩田研究综述》,载《古今农业》2003 年第 3 期。

庄华峰:《古代江南地区圩田开发及其对生态环境的影响》,载《中国历史地理论丛》2005 年第 3 辑。

周生春:《试论宋代江南水利田的开发和地主所有制的特点》,载《中国农史》1995 年第 3 期。

周振鹤:《释江南》,见《随无涯之旅》,生活·读书·新知三联书店 1996 年版。

周致元:《明代东南地区的海潮灾害》,载《史学集刊》2005 年第 2 期。

邹逸麟:《历代正史〈河渠志〉浅析》,载《复旦学报(社会科学版)》1995 年第 3 期。

邹逸麟:《略论长江三角洲生态环境和经济发展的历史演变及规划策略》,载《城市研究》1998 年第 6 期。

邹逸麟:《论长江三角洲地区人地关系的历史过程及今后发展》,载《学术月刊》2003 年第 6 期。

邹逸麟:《有关环境史研究的几个问题》,载《历史研究》2010 年第 1 期。

邹逸麟:《多角度研究中国历史上自然和社会的关系》,载《中国社会科学》2013 年第 5 期。

外人论著(含译文)

〔澳〕马克·埃尔文(伊懋可):《市镇与水道》,载施坚雅主编、叶光庭译《中华帝国晚期的城市》,中华书局 2000 年版。

〔荷兰〕费梅尔(Eduard B. Vermeer):《一个人工湖泊的兴亡:公元 300—2000 年中国江苏的练湖》,载王利华主编《中国历史上的环境与社会》,生活·读书·新知三联书店 2007 年版。

〔美〕黄宗智:《长江三角洲小农家庭与乡村发展》,中华书局 1992 年版。

〔日〕滨岛敦俊:《明代江南农村社会の研究》,东京大学出版会 1982 年版。

〔日〕长濑守:《宋元水利史研究》,国书刊行会 1983 年版。

〔日〕大泽正昭著,刘瑞芝译:《关于宋代"江南"的生产力水准的评价》,载《中国农史》1998 年第 2 期。

〔日〕森田明:《清代水利史研究》,亚纪书房1974年版。

〔日〕斯波义信著,方健、何忠礼译:《宋代江南经济史研究》,江苏人民出版社2001年版。

〔日〕北田英人:《中国江南三角洲にゎげる感潮地域の变迁》,《东洋学报》1982年第63卷第3、4号。

〔日〕北田英人:《八至一三世纪江南の潮と水利·农业》,《东洋史研究》1986年第47卷第4号。

〔日〕北田英人:《中国江南の潮汐灌溉》,《史朋》1991年24号。

〔日〕滨岛敦俊:《关于江南"圩"的若干考察》,《历史地理》第7辑,上海人民出版社1990年版。

〔日〕滨岛敦俊:《旧中国江南三角洲农村的聚落与社区》,《历史地理》第10辑,上海人民出版社1992年版。

〔日〕滨岛敦俊著,沈中琦译:《农村社会研究笔记》,载复旦大学历史学系、复旦大学中外现代化进程研究中心编《近代中国的乡村社会》,上海古籍出版社2005年版。

〔日〕滨岛敦俊:《土地开发与客商活动——明代中期江南地主之投资活动》,《"中研院"第二届国际汉学会议论文集(明清近代史)》,1989年。

〔日〕辻三郎著,曹沉思译:《景观地理学》,商务印书馆1936年版。

〔日〕川胜守:《明代江南水利政策的发展》,《明清史国际学术讨论会论文集》,天津人民出版社1982年版。

〔日〕森田明著,郑樑生译:《清代水利社会史研究》,"台北编译馆"1996年。

〔日〕森田明著,雷国山译,叶琳审校:《清代水利与区域社会》,山东画报出版社2008年版。

后　记

　　本书是在我的博士学位论文基础上修改而成。我在毕业后拖延了许多年方才出书，最终也未能达成心理预期，颇感惭愧。本次修订过程是对自身史学三才功底与写作能力的又一次检验，过程与结果虽不甚完美，但终究承载了自己的努力与热情，惟可以敝帚自珍来聊以自慰。回首往事，自有一番感慨，并无天赋的我竟奇迹般地完成在上海、北京两地的求学历程，非常荣幸能够在复旦大学历史地理研究所和中国人民大学清史研究所两个国内知名研究机构留下自己的足迹，完成了学术"双城记"。

　　感谢复旦大学历史地理研究所王建革教教授，作为我的硕士生导师，引领我走上学术之路，触摸到江南研究这座学术富矿，可惜我自己学艺不精，浅尝辄止。我非常荣幸能够成为邹逸麟先生的博士弟子，先生的道德文章与人品学风，永远是我学习的楷模。在本书出版之际，又承先生惠赐嘉序。中国人民大学清史所华林甫教授对我多有照顾与提携，并慨允将拙作纳入"中国人民大学历史地理学丛书"（甲种第九号），本书正是在他的督促与支持下完成的。感谢复旦大学历史地理研究所和中国人民大学清史研究所的诸多师友多年来的大力帮助与支持，使我顺利完成了相关的学习与工作。感谢齐鲁书社夏建立、史全超两位编辑为本书的顺利出版所付出的辛勤工作。

　　我本生长于农村，除读书之外，一无所长。感谢我的家人，是

他们始终给予我全力而无私的支持。感谢父母的养育之恩，感谢
爱妻的厮守陪伴，感谢岳父岳母的大力支持，小女乐心顽皮可爱，
为我们带来了无尽的家庭欢乐。小书本无可称道，但我要献给他
（她）们。

孙景超
2017 年 3 月于北京
2019 年 3 月再记于北京